Adobe Photoshop CC 图像设计与制作

主　编　李喆时

副主编　闫　娜　郭　俐

北京希望电子出版社
Beijing Hope Electronic Press
www.bhp.com.cn

内容简介

本书以应用案例的讲解为主，以理论知识的阐述为辅，对 Photoshop CC 2019 软件进行了全面介绍。全书共 12 章，分别讲解了零起点学图像处理、选区工具的应用、路径工具的应用、图层的应用、文本的应用、图像的绘制与编辑、图像的修饰与修复、图像的颜色调整、通道的应用、蒙版的应用、滤镜的应用、自动化处理与打印输出等内容。每章最后都安排了两个有针对性的拓展案例，以供练习使用。

本书结构合理，图文并茂，易教易学，适合作为图像设计与制作相关课程的教材，也可作为广大平面设计人员和美术设计爱好者的参考用书。

图书在版编目（CIP）数据

Adobe Photoshop CC 图像设计与制作 / 李喆时主编. -- 北京 : 北京希望电子出版社, 2021.2（2024.1 重印）

ISBN 978-7-83002-791-9

Ⅰ. ①A… Ⅱ. ①李… Ⅲ. ①图象处理软件－教材Ⅳ. ①TP391.413

中国版本图书馆 CIP 数据核字(2021)第 026290 号

出版：北京希望电子出版社
地址：北京市海淀区中关村大街 22 号
中科大厦 A 座 10 层
邮编：100190
网址：www.bhp.com.cn
电话：010-82620818（总机）转发行部
010-82626237（邮购）
传真：010-62543892
经销：各地新华书店

封面：黄燕美
编辑：石文涛
校对：龙景楠
开本：787mm×1092mm 1/16
印张：17
字数：403 千字
印刷：三河市骏杰印刷有限公司
版次：2024 年 1 月 1 版 4 次印刷

定价：85.00 元

前言
PREFACE

“十三五”期间，数字创意产业作为国家战略性新兴产业蓬勃发展，设计、影视与传媒、数字出版、动漫游戏、在线教育等数字创意领域日新月异。“十四五”规划进一步提出“壮大数字创意、网络视听、数字出版、数字娱乐、线上演播等产业”。

计算机、互联网、移动网络技术的迭代更新为数字创意产业提供了硬件和软件基础，而Adobe、Corel、Autodesk等企业提供了先进的软件和服务支撑。数字创意产业的飞速发展迫切需要大量熟练掌握相关技术的从业者。2020年，中国第一届职业技能大赛将平面设计、网站设计与开发、3D数字游戏、CAD机械设计等技术列入竞赛项目，这一举措引领了高技能人才的培养方向。

职业院校是培养数字创意技能人才的主力军。为了培养数字创意产业发展所需的高素质技能人才，我们组织了一批具备较强教科研能力的院校教师和富有实战经验的设计师，共同策划编写了本书。本书注重数字技术与美学艺术的结合，以实际工作项目为脉络，旨在使读者能够掌握视觉设计、创意设计、数字媒体应用开发、内容编辑等方面的技能，成为具备创新思维和专业技能的复合型人才。

写/作/特/色

1. 项目实训，培养技能人才

对接职业标准和工作过程，以实际工作项目组织编写，注重专业技能与美学艺术的结合，重点培养学生的创新思维和专业技能。

2. 内容全面，注重学习规律

将数字创意软件的常用功能融入实际案例，便于知识点的理解与吸收；采用“案例精讲→边用边学→经验之谈→上手实操”编写模式，符合轻松易学的学习规律。

3. 编写专业，团队能力精湛

选择具备先进教育理念和专业影响力的院校教师、企业专家参与教材的编写工作，充分吸收行业发展中的新知识、新技术和新方法。

4. 融媒体教学，随时随地学习

教材知识、案例视频、教学课件、配套素材等教学资源相互结合，互为补充；二维码轻松扫描，随时随地观看视频，实现泛在学习。

课/时/安/排

全书共12章，建议总课时为72课时，具体安排如下：

章节	内容	理论教学	上机实训
第 1 章	零起点学图像处理	1 课时	2 课时
第 2 章	选区工具的应用	2 课时	4 课时
第 3 章	路径工具的应用	2 课时	4 课时
第 4 章	图层的应用	2 课时	4 课时
第 5 章	文本的应用	2 课时	4 课时
第 6 章	图像的绘制与编辑	2 课时	4 课时
第 7 章	图像的修饰与修复	2 课时	4 课时
第 8 章	图像的颜色调整	2 课时	4 课时
第 9 章	通道的应用	2 课时	4 课时
第 10 章	蒙版的应用	2 课时	4 课时
第 11 章	滤镜的应用	3 课时	6 课时
第 12 章	自动化处理与打印输出	2 课时	4 课时

本书结构合理，讲解细致，特色鲜明，侧重于综合职业能力与职业素质的培养，融“教、学、做”于一体，适合应用型本科院校、职业院校、培训机构作为教材使用。为方便教学，我们还为用书教师提供了与书中内容同步的教学资源包（包括课件、素材、视频等）。

本书由李喆时担任主编，闫娜、郭俐担任副主编。这些老师在长期的工作中积累了大量的经验，在写作的过程中始终坚持严谨细致的态度，力求精益求精。由于水平有限，书中疏漏之处在所难免，希望读者朋友批评指正。

编　者

目录
CONTENTS

第1章 零起点学图像处理

第2章 选区工具的应用

野蛮生长
野蛮生长

陌生人，我也为你祝福

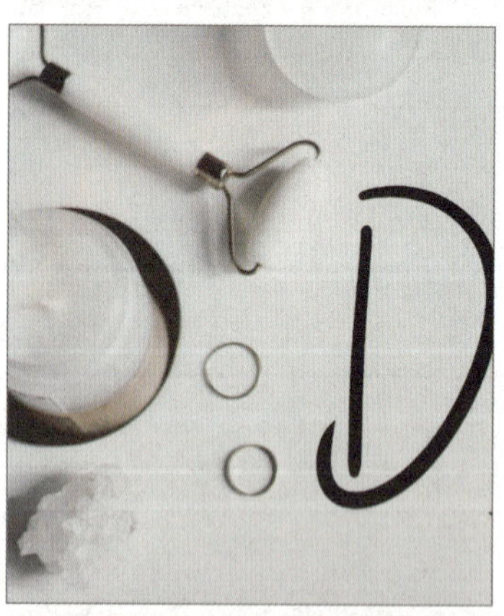

第6章 图像的绘制与编辑

第7章 图像的修饰与修复

第8章 图像的颜色调整

2020年“5·18国际博物馆日”的主题:
致力于平等的博物馆：多元和包容
Museums for Equality: Diversity and Inclusion
国际
博物馆日

第11章 滤镜的应用

第12章 自动化处理与打印输出

附录 Adobe Photoshop CC键盘快捷键

第1章 零起点学图像处理

内容概要

Photoshop是一款操作方便、功能强大的图像处理软件，在正式学习其操作技能之前，首先要对其相关的知识进行学习与了解，例如色彩、图像的专业术语、Photoshop的应用领域以及工作界面等。

知识要点

- 平面设计的相关知识。
- Photoshop的应用领域。
- Photoshop的工作界面。
- Photoshop的基本操作。

数字资源

【本章案例素材来源】：“素材文件\第1章”目录下

【本章案例最终文件】：“素材文件\第1章\案例精讲\制作个人名片.psd”

案例精讲 制作个人名片

案 / 例 / 描 / 述

本案例设计的是一张个人名片，画面以渐变的蓝色为主，凸显出活力感，画面简洁大方。在实操中主要用到的知识点有新建文件、导入文件、创建参考线、设置网格、文本输入、渐变填充、复制图层、新建/重命名组等。

扫码观看视频

案 / 例 / 详 / 解

本案例分为两个部分，首先制作名片背面，主要是渐变背景的制作和logo的置入；然后制作正面的图像及文字信息。下面将对案例的制作过程进行详细讲解。

步骤01 打开Photoshop软件，执行“文件”→“新建”命令，打开“新建文档”对话框，参照图1-1设置参数，完成后单击“创建”按钮即可。

步骤02 按Ctrl+R组合键，显示标尺，四周创建0.1 cm的参考线，如图1-2所示。

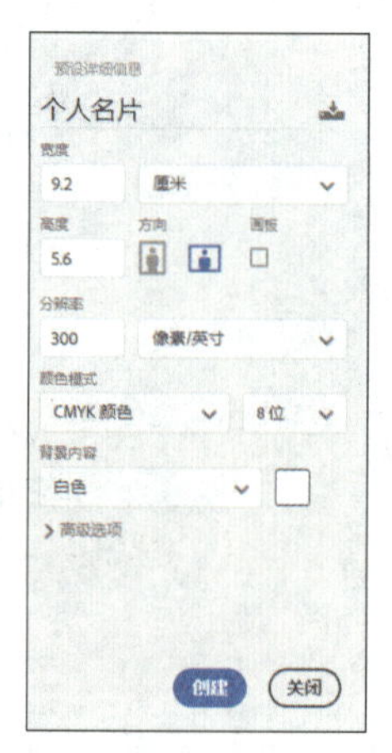

图 1-1

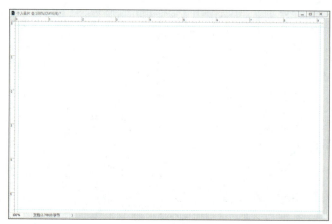
图 1-2

步骤03 选择“渐变工具”，在属性栏中单击“渐变颜色条”，打开“渐变编辑器”对话框，参照图1-3设置参数。

步骤04 在图像编辑窗口按住鼠标左键从左向右拖动，释放鼠标应用渐变，如图1-4所示。

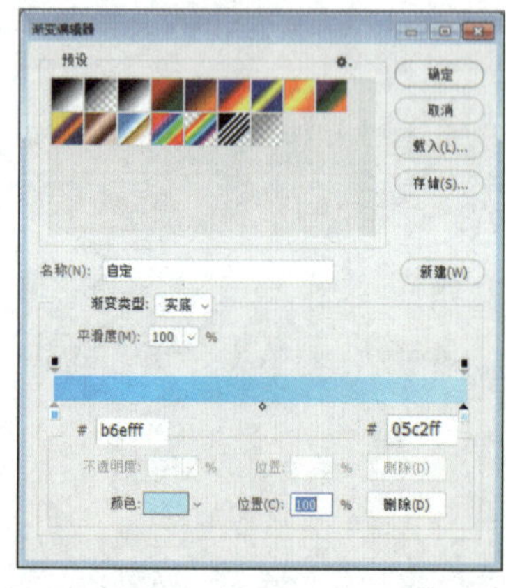

图 1-3

图 1-4

步骤05 执行“编辑”→“首选项”→“参考线、网格和切片”命令，打开“首选项”对话框，参照图1-5设置网格参数。

步骤06 按Ctrl+' 组合键，显示网格，如图1-6所示。

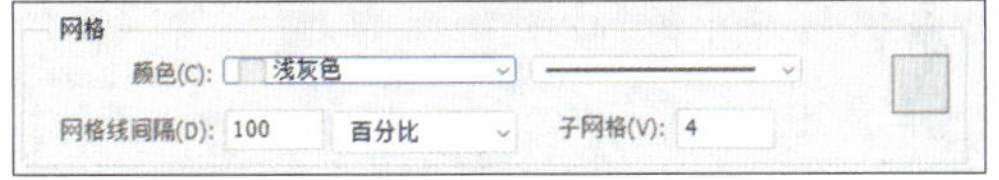

图 1-5

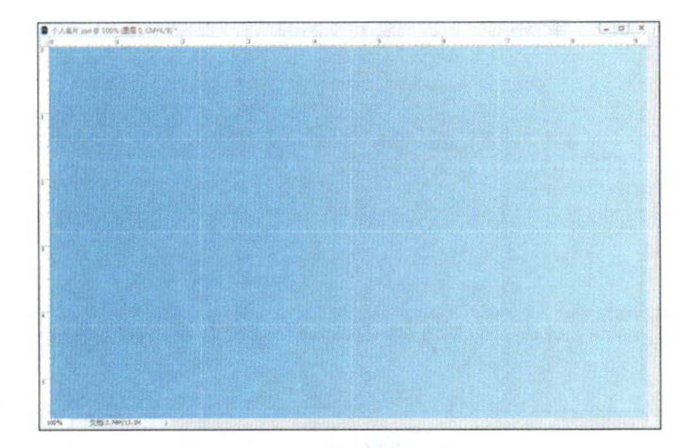

图 1-6

步骤07 选择“矩形工具”，绘制并填充白色，按Ctrl+T组合键自由变换图形，单击属性栏切换参考点复选框，使矩形居中对齐，如图1-7所示。

步骤08 绘制描边为白色的矩形，如图1-8所示。

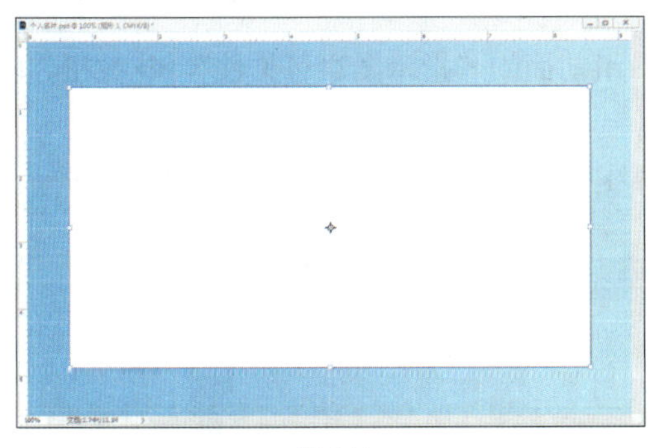

图 1-7

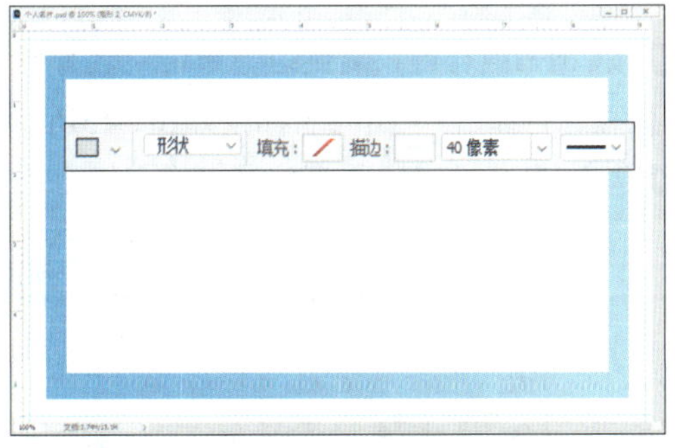

图 1-8

> **提示：**按Ctrl+T组合键自由变换图形时，出现的参考点在默认情况下处于隐藏状态。如果想要显示参考点，在属性栏中选中切换参考点复选框即可。

步骤09 单击“图层”面板下方的“创建新图层”按钮，新建透明图层。选择“渐变工具”，在图像编辑窗口中按住鼠标左键从右向左拖动，释放鼠标应用渐变，如图1-9所示。

步骤10 按Ctrl+Alt+G组合键创建剪贴蒙版，如图1-10所示。

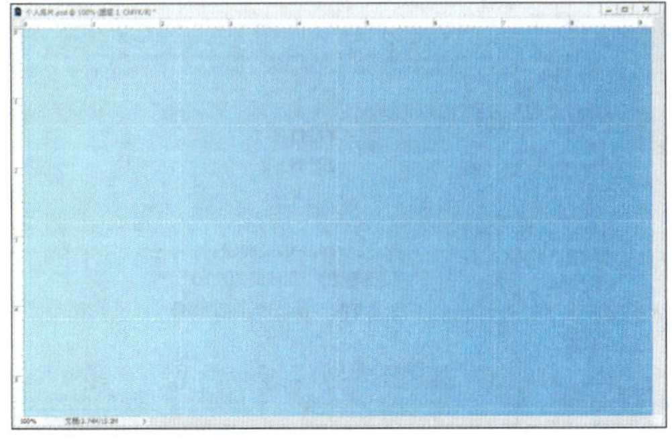

图 1-9

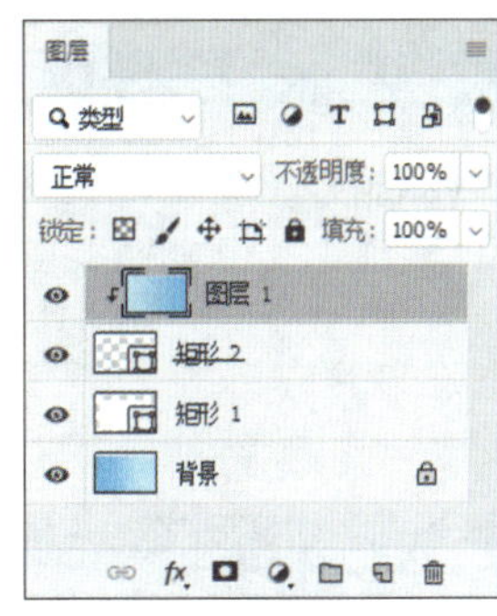

图 1-10

步骤 11 执行“文件”→“置入嵌入对象”命令，在打开的“置入嵌入对象”对话框中选择素材文件“logo.png”并调整大小，如图1-11所示。

步骤 12 选中除“背景”外的所有图层，单击“图层”面板下的“创建新组”按钮，然后双击名称处进行重命名，如图1-12所示。

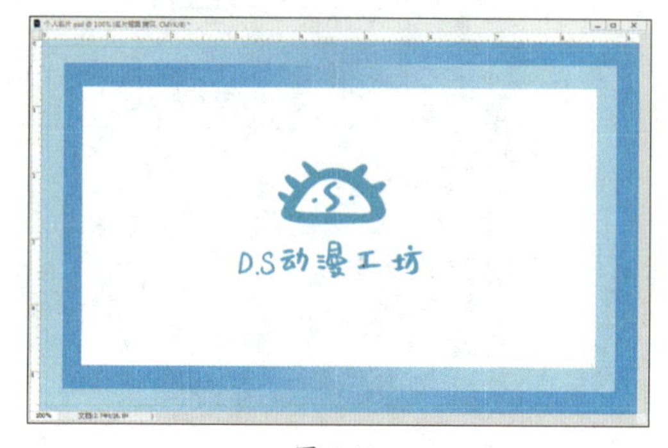

图 1-11

图 1-12

> **提示：** 在变换图形时，拖动角手柄调整所选图层的大小时，无须按住Shift键，就可以等比例进行变换。按住Shift键可以自由变换。

步骤 13 按Ctrl+J组合键，复制组，单击“名片背面”组前面的“指示图层可见性”按钮，隐藏该组，然后更改拷贝组的名称，如图1-13所示。

步骤 14 选中“logo”图层，按Ctrl+T组合键自由变换图形，并将其移到右下角，如图1-14所示。

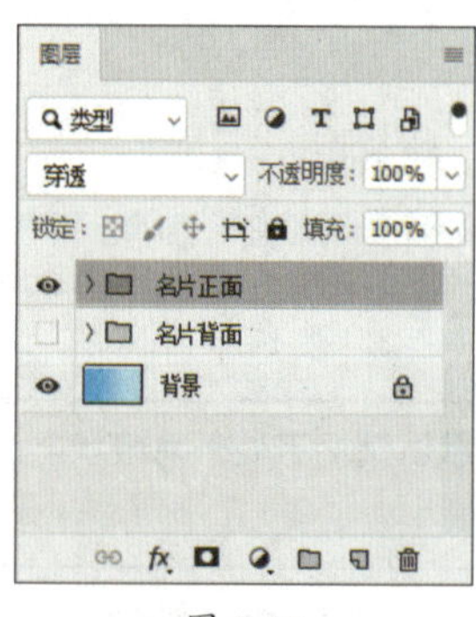

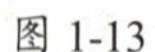
图 1-13

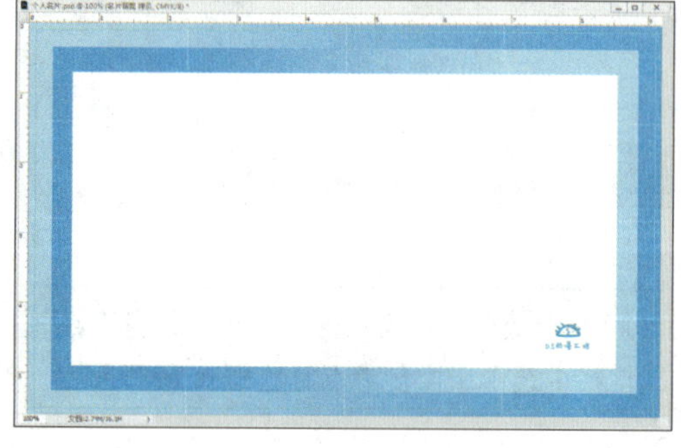

图 1-14

步骤 15 选择“横排文字工具”，输入两组文字，字体大小分别为12点和7点，如图1-15所示。

步骤 16 输入3组文字，字体大小均为8点，如图1-16所示。

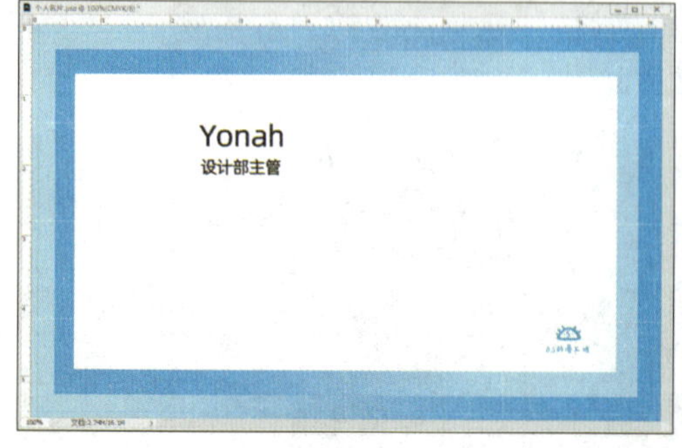

图 1-15

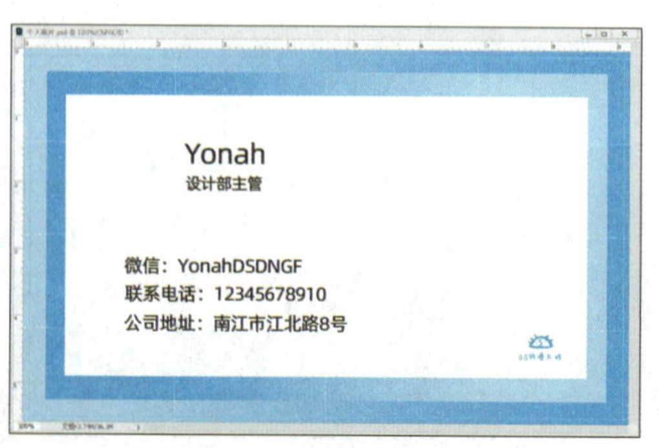

图 1-16

步骤17 执行“文件”→“置入嵌入对象”命令，在打开的“置入嵌入对象”对话框中分别选择素材文件“二维码.png”和“太空人.png”并调整大小，如图1-17所示。

步骤18 创建参考线，调整位置，如图1-18所示。

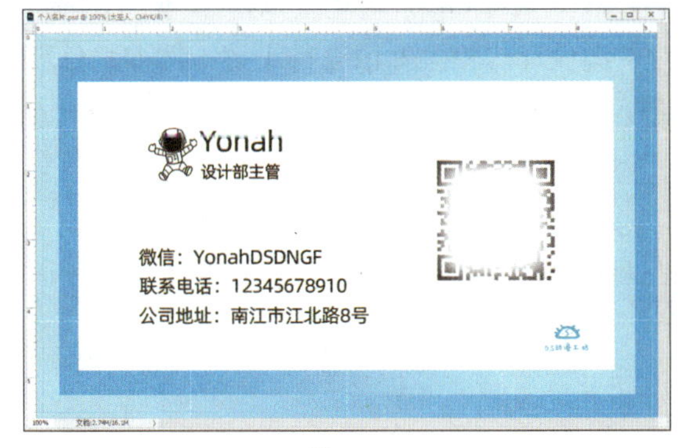

图 1-17

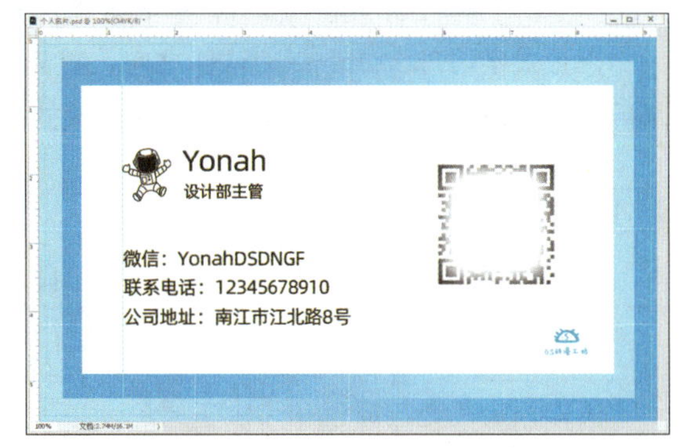

图 1-18

步骤19 最终效果如图1-19和图1-20所示。

图 1-19

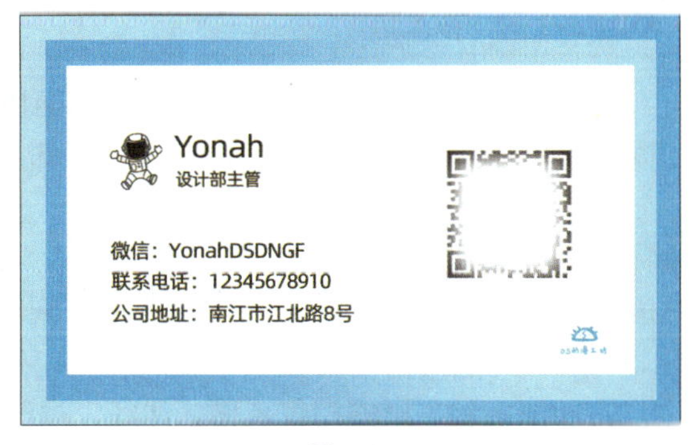

图 1-20

至此，完成个人名片的制作。

边用边学

1.1 平面设计相关知识

在正式学习Photoshop CC软件之前，首先要对平面设计的相关知识进行了解，例如，色彩基础知识、像素与分辨率知识、各种图像模式和后期印刷流程等。

1.1.1 色彩基础理论

色彩是平面设计的灵魂之一。它不仅可以为设计添加美感变化，还可以增加其空间感。

1. 色彩的构成

色彩分为色光三原色和印刷三原色。

（1）色光的三原色。

色光的三原色指的是红、绿、蓝。两两混合可以得到之间色：C（Cyan）青色，M（Magenta）品红色，Y（Yellow）黄色。三种等量组合可以得到白色。

（2）印刷的三原色。

我们看到的印刷颜色，实际上是纸张反射的光线。颜料是吸收光线，不是光线的叠加，因此颜料的三原色能吸收RGB的颜色，即青、品红、黄，它们是RGB的补色。

2. 色彩属性

色彩由3种元素构成，即色相、明度、纯度。

（1）色相。

色相即每种色彩的相貌名称，如红、橘红、翠绿、湖蓝、群青等，是区分色彩的主要依据，也是色彩的重要特征之一。图1-21和图1-22所示为蓝天白云、青山。色相是由原色、间色和复色组成的。

图 1-21

图 1-22

（2）明度。

明度即色彩的深浅程度，即色彩亮度。每种色彩都有属于自己的明度变化，在有彩色系中，明度最高的是黄色，明度最低的是紫色，红、橙、蓝、绿属于中明度。在无彩色系中，明度最高的是白色，明度最低的是黑色，如图1-23所示。要使色彩明度提高，可加入白色，反之加入黑色。

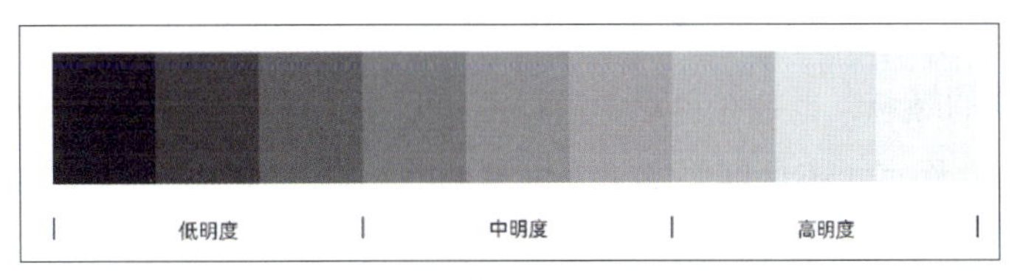

图 1-23

提示：据孟塞尔色立体理论，把明度由黑到白的等差分成9个色阶，叫作“明调九度”。低调是以深色系1～3级为主调，称为低明度基调，具有沉静、厚重、沉闷的感觉；中调是以中色系4～6级为主调，称为中明度基调，具有柔和、甜美、稳定、舒适的感觉；高调是以浅色系7～9级为主调，称为高明度基调，具有优雅、明亮、轻松、寒冷的感觉。

（3）纯度。

纯度是指色彩的饱和程度、鲜艳程度，也称彩度或饱和度。纯色色感强，即色度强，所以纯度也是色彩感觉强弱的标志。红、橙、黄、绿、蓝、紫等的纯度最高，无彩色系中的黑、白、灰的纯度几乎为零。图1-24和图1-25所示为高纯度红色和低纯度红色。

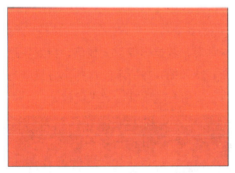

图 1-24

图 1-25

3. 色彩搭配

色彩搭配中最重要的3个概念就是主色、辅助色和点缀色，这3种色彩组成了一幅画的所有色彩。正是有了主色作为主基调，辅助色与点缀色才使得整个画面更加美妙，如图1-26和图1-27所示。

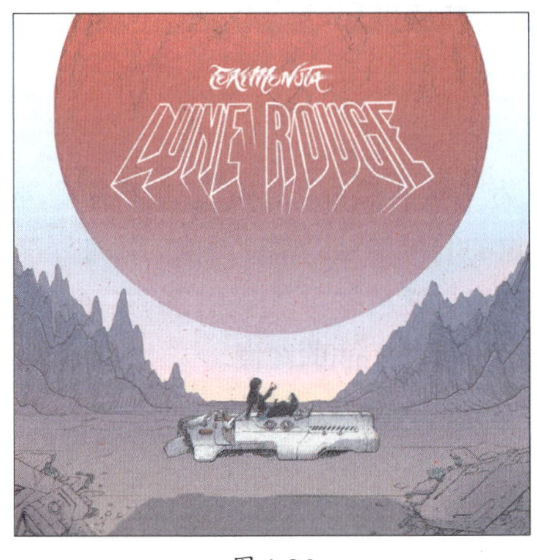

图 1-26

图 1-27

（1）主色。

主色是最主要的颜色，也是在色彩中占据面积最多的色彩。若将其标准化，需要占到全部面积的50%～60%。确定了主色即确定了整幅画面的基调，辅助色和点缀色都需要围绕它来选择与搭配。主色不一定只有一种颜色，也可以是双主色，当颜色过多可以理解为主色调。

（2）辅助色。

辅助色，主要目的是衬托主色，需要占到全部面积的30%～40%。正常情况下，辅助色比主色略浅，不会给人头重脚轻、喧宾夺主的感觉。比如主色是深蓝色，辅助色可能会使用绿色进行搭配。辅助色不是必须存在的，也可以是几种颜色同时存在。

（3）点缀色。

点缀色的面积虽小但却是画面中引人注目的“点睛之笔”，相比主色和辅助色，点缀色在选色上较为跳跃，反差较大。其面积一般小于整个画面的15%。其面积不宜过大，数量不宜过多，面积小才会增加其冲突感，提高画面张力。

■ 1.1.2　像素与分辨率

1. 像素

像素是构成图像的最小单位，也是图像的基本元素。若把影像放大数倍，会发现这些连续色调其实是由许多色彩相近的小方点所组成，如图1-28和图1-29所示。这些小方点就是构成影像的最小单位“像素”（Pixel）。图像像素点越多，色彩信息越丰富，效果就越好。

图 1-28

图 1-29

2. 分辨率

分辨率是指单位长度内所含像素点的数量，单位为“像素/英寸”（ppi）。分辨率是屏幕图像的精密度，是指显示器所能显示的像素的多少。图像的分辨率可以改变图像的精细程度，直接影响图像的清晰度，图像的分辨率越高，图像的清晰度也就越高，图像占用的存储空间也越大。图1-30所示为分辨率300 ppi的图像，图1-31所示为分辨率72 ppi的图像。

图 1-30

图 1-31

1.1.3 位图与矢量图

1. 位图

位图也叫点阵图或栅格图，它由像素或点的网格组成，与矢量图形相比，位图图像可以精确地记录图像色彩的细微层次，弥补了矢量图的缺陷。在执行缩放或旋转操作时容易失真。保存位图图像时需要记录每一点的位置和色彩数据，因此图像像素越多，文件就越大，占用的磁盘空间也就越大。

位图是连续色调图像，最常见的有数码照片和数字绘画。如果将这类图形放大到一定的程度，会发现它是由一个个小方格组成的，这些小方格被称为像素点，如图1-32和图1-33所示。

图 1-32

图 1-33

2. 矢量图

矢量图也叫矢量形状或矢量对象，在数学上定义为一系列由线链接的点。与位图不同的是，矢量图的每一个图像都是一个自成一体的实体，具有颜色、形状、轮廓、大小和屏幕位置等属性，所以矢量图和分辨率无关，任意移动或修改都不会影响细节的清晰度，如图1-34和图1-35所示。

图 1-34

图 1-35

1.1.4 图像颜色模式

颜色模式是指同一属性下不同颜色的集合。它能方便用户使用各种颜色，而不必在反复使用时对颜色进行重新调配。常用的模式包括RGB模式、CMYK模式、Lab模式、位图模式、灰度模式和索引模式等。每一种模式都有自己的优缺点及适用范围，并且各模式之间可以根据图像处理工作的需要进行转换。

1. RGB模式

RGB模式是最基础的颜色模式，是一种发光屏幕的加色模式，是最适合计算机屏幕显示的颜色模式。在RGB模式中，R（Red）代表红色，G（Green）代表绿色，B（Blue）代表蓝色，如图1-36所示。新建的Photoshop图像的默认颜色模式为RGB模式。

2. CMYK模式

CMYK是一种减色模式，主要用于印刷领域。在CMYK模式中，C（Cyan）代表青色，M（Magenta）代表品红色，Y（Yellow）代表黄色，K（Black）代表黑色，如图1-37所示。C、M、Y分别是红、绿、蓝的互补色。由于Black中的B也可以代表Blue（蓝色），所以为了避免歧义，黑色用K代表。

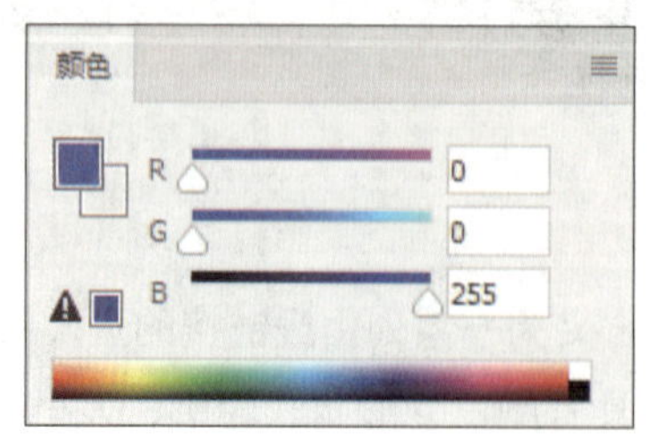

图 1-36

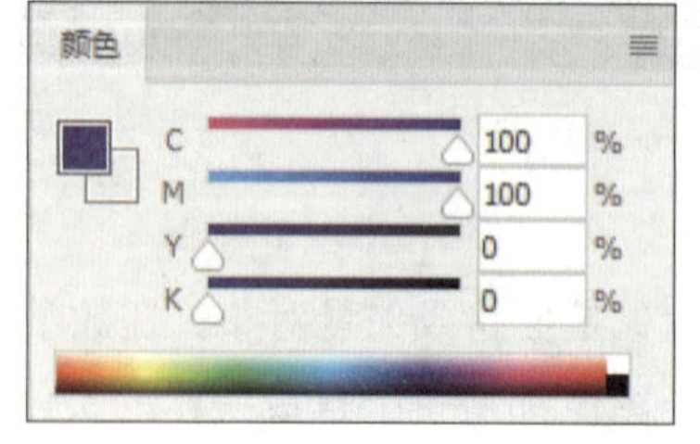

图 1-37

3. Lab模式

Lab模式是最接近真实世界颜色的一种颜色模式。其中，L表示亮度，亮度范围是0～100；a表示由绿色到红色的范围，b代表由蓝色到黄色的范围，a和b范围是-128～+127，如图1-38所示。该模式解决了由不同的显示器和打印设备所造成的颜色差异，这种模式不依赖于设备，它是一种独立于设备存在的颜色模式，不受任何硬件性能的影响。

4. HSB模式

HSB模式又称HSV模式，是基于人类对颜色的感觉而开发的模式，是最接近人眼观察颜色的一种模式。所有的颜色都用色相（H）、饱和度（S）以及亮度（B）3个特性来描述，如图1-39所示。

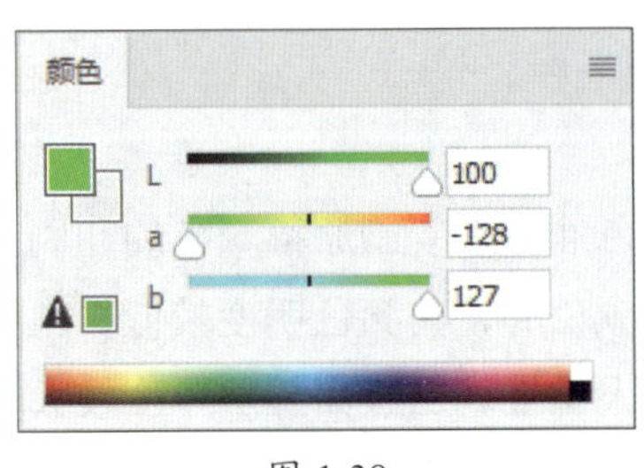

图 1-38

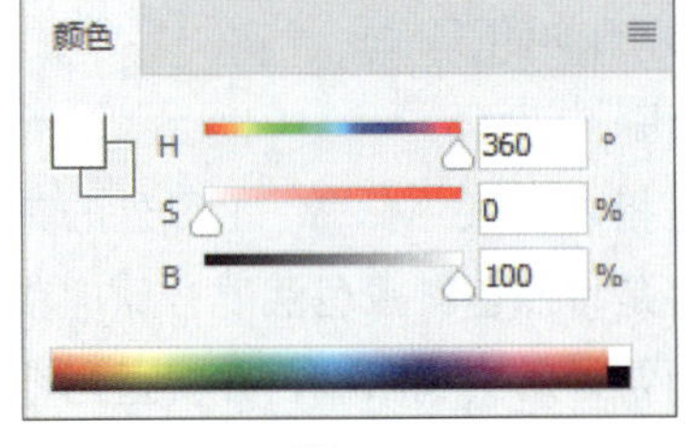

图 1-39

5. 位图模式

位图模式是由黑白两种像素组成的颜色模式，有助于较为完善地控制灰度图的打印。只有灰度模式或多通道模式的图像才能转换为位图模式。因此，要把RGB模式转换为位图模式，应先转换为灰度模式，然后由灰度模式转换为位图模式。

6. 灰度模式

灰度模式的图像中只存在灰度，而没有色度、饱和度等彩色信息。灰度模式共有256个灰度级。灰度模式的应用十分广泛。在成本相对低廉的黑白印刷中，许多图像都采用了灰度模式。

7. 索引颜色模式

索引颜色模式是网络上和动画中常用的图像色彩模式，当彩色图像转换为索引颜色模式后，将包含近256种颜色。

1.1.5 后期印刷相关流程

印刷是指将文字、图画、照片等原稿经制版、施墨、加压等工序使油墨转移到纸张、织品、皮革等材料的表面进行批量复制原稿内容的技术。印刷有多种形式，最常见的为传统胶印、丝网印刷和数码印刷等。

1. 印刷流程

印刷主要分为印前、印中、印后3个阶段。

- **印前：**指印刷前期的工作，一般指摄影、设计、制作、排版、输出菲林打样等。
- **印中：**指印刷中期的工作，即通过印刷机印刷出成品的过程。
- **印后：**指印刷后期的工作，一般指印刷品的后加工，包括过胶（覆膜）、过UV、过油、啤、烫金、击凸、装裱、装订、裁切等，多用于宣传类和包装类印刷品。

2. 印刷要素

印刷的三大要素分别是纸张、颜色和后加工。

- **纸张：**纸张分类很多，一般分为涂布纸和非涂布纸。涂布纸一般指铜版纸（光铜）和哑粉纸（无光铜），多用于彩色印刷；非涂布纸一般指胶版纸、新闻纸，多用于信纸、信封和报纸的印刷。

- **颜色：**一般印刷品是由黄、品红、青、黑四色压印，另外还有印刷专色。
- **后加工：**后加工包括很多工艺，如过胶（覆膜）、过UV、过油、烫金、击凸等，有助于提高印刷品档次。

3. 专色印刷和四色印刷

（1）专色印刷。

专色印刷是指采用C、M、Y、K以外的其他色油墨来复制原稿颜色的印刷工艺。专色印刷所调配出的油墨是按照色料减色法混合原理获得颜色的，其颜色明度较低，饱和度较高。墨色均匀的专色块通常采用实底印刷，并要适当地加大墨量。当版面墨层厚度较大时，墨层厚度的改变对色彩变化的灵敏程度会降低，所以更容易得到墨色均匀、厚实的印刷效果。包装印刷中经常采用专色印刷工艺印刷大面积底色。

（2）四色印刷。

四色印刷是用C、M、Y、K 4种颜色进行印刷。四色印刷得到的是网点的减色法吸收和加色法混合的综合效果，色块明度较高，饱和度较低。对于浅色色块，采用四色印刷工艺，由于油墨对纸张的覆盖率低，墨色平淡缺乏厚实的感觉。由于网点角度的关系，还会不可避免地让人感觉到花纹的存在。

4. 出血线

出血线是印刷业的一种专业术语。纸质印刷品所谓的“出血”是指超出版心部分的印刷。为防止因裁切或折页而丢失内容，出现白边，一般会在图片裁切位的四周加上2～4 mm预留位置（即“出血”线），确保成品效果的一致。默认出血线为3 mm，但不同产品应区别对待。

1.2 Photoshop的基本操作

Photoshop简称“PS”，是Adobe公司开发的图像处理软件。下面将对Photoshop软件的一些基本操作进行简单介绍。

1.2.1 Photoshop的应用领域

Photoshop CC是一款非常强大的图像处理软件，主要用于处理由像素组成的数字图像，在平面设计、后期处理、网页设计、三维设计等领域应用广泛，深受广大设计人员及设计爱好者的喜爱。

1. 在平面设计中的应用

平面设计是Photoshop应用最为广泛的领域。简单地说，平面设计作品的用途就是“传达信息”。但具体来讲，根据其实际应用可以分为广告设计、包装设计、海报设计、书籍装帧设计、VI设计等。

（1）广告设计。

广告设计由广告的主题、创意、语言文字、形象、衬托5个要素组成，其最终目的就是通过广告来引人注目。平面广告就其形式而言，它只是传递信息的一种方式，是广告主与受众间的媒介，其结果是为了达到一定的商业目的，如图1-40和图1-41所示。

图 1-40

图 1-41

（2）包装设计。

包装作为产品的第一形象最先展现在顾客的眼前，被称为“无声的销售员”，只有在顾客被产品包装吸引并进行查阅后，才会决定是否购买，可见包装设计是非常重要的。不同的产品包装的方向和需求是不同的。使用Photoshop的绘图功能，可赋予产品不同的质感效果，以凸显产品形象，从而达到吸引顾客的目的，如图1-42和图1-43所示。

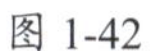

图 1-42

图 1-43

（3）海报设计。

海报又名招贴或宣传画，是以文化、产品为传播内容的最直接、最形象和最有效的宣传方式。它属于户外广告，具有向公众介绍某一物体、事件的特性，其分布在各街道、影剧院、展览会、商业区、车站等公共场所。海报具有画面大、内容全面、艺术表现力丰富、远视效果强烈的特点，如图1-44和图1-45所示。

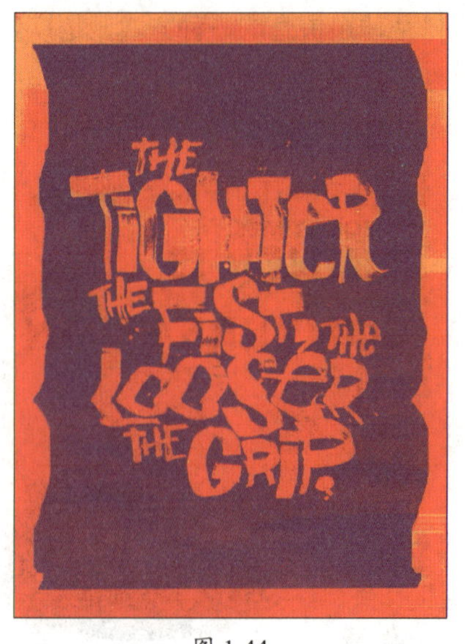

图 1-44

图 1-45

（4）书籍装帧设计。

书籍装帧设计是一种视觉传达活动，它以图形、文字、色彩等视觉符号的形式传达出设计者的思想、气质和精神。一本优秀的书籍从内容到装帧设计都是高度和谐统一的，是艺术与技术完美的结合体。

封面设计是书籍装帧设计艺术的门面，它是通过艺术形象设计的形式来反映书籍的内容。在当今琳琅满目的书海中，书籍的封面起到了一个无声的推销员作用，其封面的好坏在一定程度上将会直接影响人们的购买欲，如图1-46和图1-47所示。

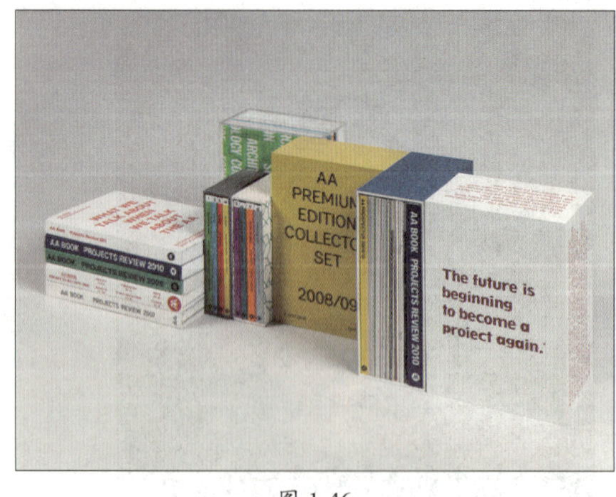

图 1-46

图 1-47

（5）VI设计。

VI设计常译为视觉识别系统，是CIS系统中最具传播力和感染力的部分。它以丰富多样的应用形式，在最为广泛的层面上进行最直接的传播。标志设计是VI视觉识别系统设计中的一个关键点。标志是抽象的视觉符号，企业标志则是一个企业文化特质的图像表现，具有象征性，如图1-48和图1-49所示。

图 1-48

图 1-49

2. 在后期处理中的应用

Photoshop具有强大的图像修饰修复、校色调色等功能。利用这些功能，可以快速修复破损的老照片，修复人脸上的瑕疵，方便快捷地对图像的颜色进行明暗、色偏的调整和校正，也可以将几幅图像通过图层操作、工具应用合成完整传达明确意义的图像，还可以通过滤镜、通道和工具综合应用完成特效制作，如图1-50和图1-51所示。

图 1-50

图 1-51

3. 在网页设计中的应用

在现代网络技术快速发展的阶段，网页设计已成为一门独立的技术，成为一个全新的设计领域，也是平面设计在信息时代多元化发展的一个重要方向。

网络的普及带动了图形意识的发展，不论是网站首页的建设还是链接界面的设计，以及图标的设计和制作，都可以借助Photoshop这个强大的工具，让网站的色彩、质感及其独特性表现得更为到位，如图1-52和图1-53所示。

图 1-52

图 1-53

4. 在三维设计中的应用

在三维软件中制作精良的模型时，如果无法为模型应用逼真的贴图，依然不能得到较好的渲染效果。此时可以利用Photoshop制作在三维软件中无法得到的合适的材质效果，如图1-54和图1-55所示。

图 1-54

图 1-55

■ 1.2.2 Photoshop 的工作界面

启动Photoshop CC，打开任意一个图像文件进入工作界面，工作界面主要包括菜单栏、属性栏、标题栏、工具箱、图像编辑窗口、浮动面板和状态栏，如图1-56所示。

图 1-56

- **菜单栏：** 菜单栏由“文件”“编辑”“文字”“图层”和“选择”等11个菜单组成。单击相应的主菜单按钮，即可打开子菜单，然后在子菜单中单击某一项菜单命令即可执行该操作。
- **属性栏：** 属性栏在菜单栏下方，主要用于设置工具的参数，不同的工具其属性栏也不同。

- **标题栏：** 打开一个文件后，Photoshop会自动创建一个标题栏。在标题栏中会显示这个文件的名称、格式、窗口缩放比例和颜色模式等。
- **工具箱：** 默认情况下，工具箱位于工作区左侧，单击工具箱中的工具图标，即可使用该工具。部分工具图标的右下角有一个黑色小三角图标，这表示它是一个工具组，长按工具按钮不放，即可显示工具组全部工具。
- **图像编辑窗口：** 图像编辑窗口是用于绘制、编辑图像的区域。其灰色区域是工作区，上方是标题栏，下方是状态栏。
- **浮动面板：** 面板主要是用于配合图像的编辑、对操作进行控制以及设置参数等，每个面板的右上角都有一个菜单≡按钮，单击该按钮即可打开该面板的设置菜单。常见的面板有“图层”面板、“属性”面板、“通道”面板、“动作”面板、“历史记录”面板和“颜色”面板等。
- **状态栏：** 状态栏位于图像窗口的底部，用于显示当前文档缩放比例、文档尺寸大小信息。单击状态栏中的三角形 › 图标，可以设置要显示的内容。

1.2.3 文件的基本操作

在编辑图像之前，通常需要对图像进行一些基本操作，如文件的打开、关闭、新建和存储等，熟练掌握这些操作能为学习后面的知识奠定良好的基础。

1. 新建文件

新建图像的操作非常简单，常见的操作方法有以下几种：

- 执行“文件”→“新建”命令。
- 按Ctrl+N组合键。

以上操作均可打开“新建文档”对话框，如图1-57所示。在该对话框中设置新文件的名称、尺寸、分辨率、颜色模式和背景内容。设置完成后，单击“创建”按钮，即可创建一个新文件。在新建图像时，必须设置图像的分辨率，因为如果图像已编辑完成，即使将其设置为高分辨率，也不能改善图像的效果。

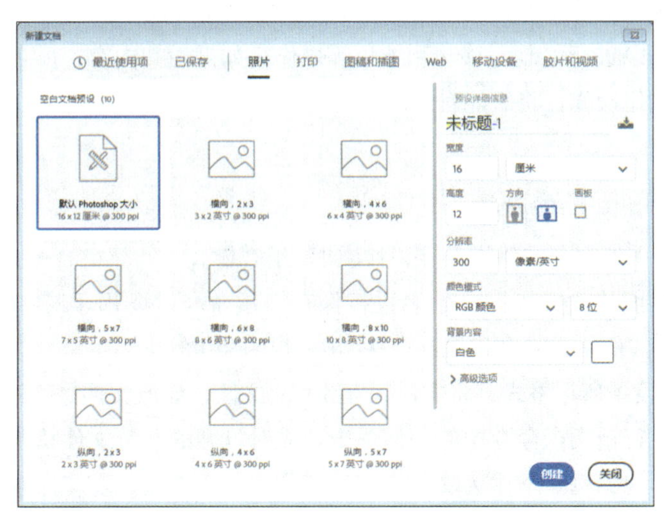

图 1-57

提示：在设置时需要注意分辨率的问题。如果所制作的图像仅用于显示（如作为网页图像），则可将其分辨率设置为72 ppi；如果是用于平面设计或者希望进行印刷的彩色图像，其分辨率通常应设为300 ppi。

2. 打开文件

打开图像文件有多种方法，常用的方法如下：

- 执行“文件”→“打开”命令，或按Ctrl+O组合键即可弹出“打开”对话框，如图1-58所示。从中可以选择要打开的文件，单击“打开”按钮即可。
- 执行“文件”→“最近打开文件”命令，在弹出的子菜单中进行选择，可以打开最近操作过的文件。

图 1-58

3. 置入文件

置入文件是指将照片、图像或任何Photoshop支持的文件作为智能对象添加到当前操作的文档中。执行“文件”→“置入嵌入对象”或“文件”→“置入链接的智能对象”命令，在弹出的对话框中选择需要置入的文件，单击“置入”按钮即可完成操作。

置入后的文件可以进行复制、移动和缩放等操作，如需对其内容、颜色、形态进行调整，则需要将其进行格式化操作，将智能对象转换为普通图层。

4. 保存文件

保存图像文件的常用方法如下：

- **存储**：用当前文件本身的格式保存，按Ctrl+S组合键。
- **存储为**：以不同格式或不同文件名进行保存。该命令主要用于对打开的图像进行编辑后，将文件以其他格式或名称保存，按Ctrl+Shift+S组合键。
- **存储为Web和设备所用格式**：将文件保存为Web文件，而原文件保持不变。

如果对新文件执行前两个命令中的任何一个，或对打开的已有文件执行“存储为”命令，都可弹出“另存为”对话框。从中为文件指定保存位置和文件名，在“保存类型”下拉列表框中选择需要的文件格式，如图1-59所示。

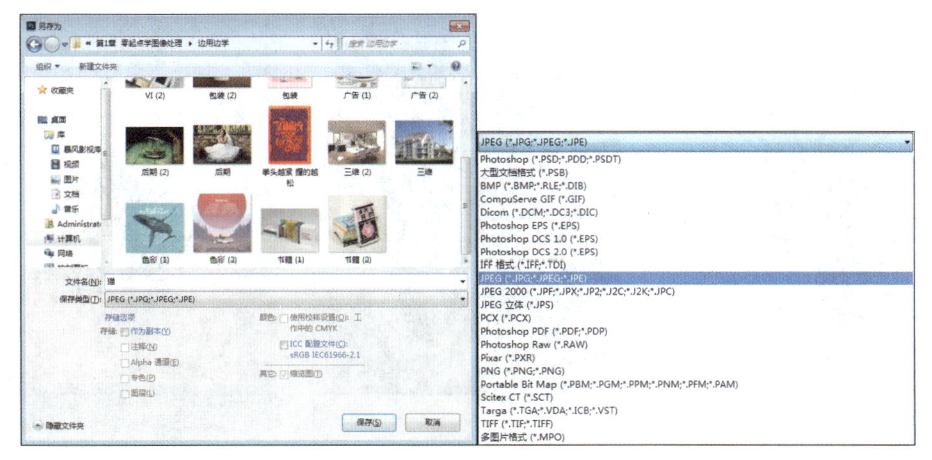

图 1-59

5. 关闭文件

关闭图像文件的方法如下：

- 单击图像标题栏最右端的“关闭”按钮 。
- 执行“文件”→“关闭”命令，或按Ctrl+W组合键，关闭当前图像文件。
- 执行“文件”→“关闭全部”命令，或按Ctrl+Shift+W组合键，关闭工作区中打开的所有图像文件。
- 执行“文件”→“退出”命令，或按Ctrl+Q组合键，退出Photoshop应用程序。

如果在关闭图像文件之前图像文件没有保存修改，系统将弹出如图1-60所示的提示信息框，询问用户是否保存对文件所做的修改，根据需要单击相应按钮即可。

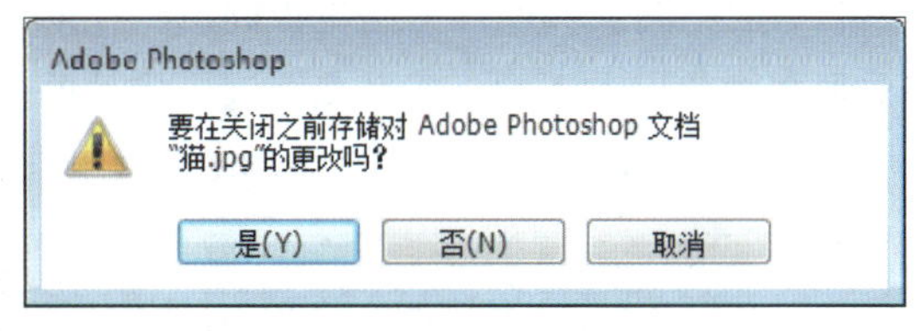

图 1-60

1.2.4 图像的基本操作

在进行图像操作时，当图像的大小不满足要求时，可根据需要在操作过程中进行修改，包括图像和图像窗口的缩放、图像大小和画布大小的调整以及屏幕模式的切换等。

1. 图像和图像窗口的缩放

对图像和图像窗口进行缩放可以使用户达到更好的浏览效果。

（1）缩放图像。

执行“视图”→“放大”命令，或者按Ctrl++组合键，可以放大显示图像。反之，执行“视图”→“缩小”命令，或按Ctrl+-组合键，可以缩小显示图像。也可在状态栏的“显示比例”文本框中输入数值后按Enter键进行图像的缩放。图1-61、图1-62和图1-63所示分别为原始大小、放大和缩小的对比效果图。

图 1-61

图 1-62

图 1-63

提示：连续按Ctrl++或Ctrl+-组合键，可连续放大或缩小图像。

另外，还可以使用工具箱中的“缩放工具”对图像进行缩放。在工具箱中单击“缩放工具”按钮，或者按Z快捷键使用鼠标左键在图像上单击即可。如需切换放大和缩小，可以在属性栏中单击放大或缩小按钮，如图1-64所示，也可以按住Alt键或Shift键进行缩放操作。

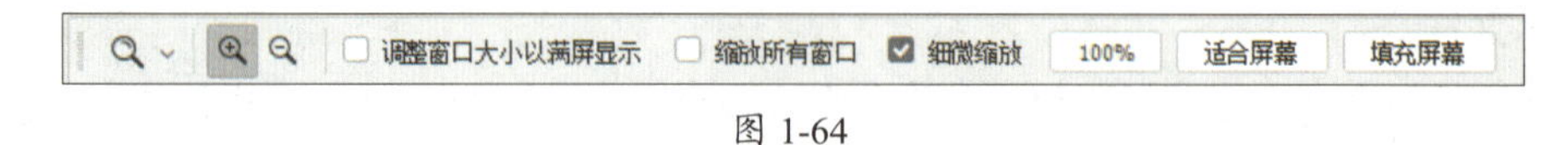

图 1-64

（2）缩放图像窗口。

图像窗口的缩放与图像的缩放不同。其操作方法也很简单：拖动光标将文件窗口从工作区顶部拖出，然后将光标移动到文件窗口右下角，当其变为形状时单击并拖动，此时文件窗口会跟随光标缩放，进而改变窗口大小，如图1-65、图1-66和图1-67所示。

图 1-65

图 1-66

图 1-67

2. 图像大小和画布大小的调整

设置图像大小和分辨率是指在保留所有图像的情况下通过改变图像的比例来实现图像尺寸的调整。

（1）调整图像大小。

图像质量的好坏与图像的大小、分辨率有很大的关系，分辨率越高，图像就越清晰，而图像文件所占用的空间也就越大。调整图像的大小有两种方法。

- **使用“图像大小”命令调整图像尺寸：**执行“图像”→“图像大小”命令，或按Ctrl+Alt+I组合键打开“图像大小”对话框，从中可对图像的参数进行设置，然后单击“确定”按钮即可，如图1-68所示。

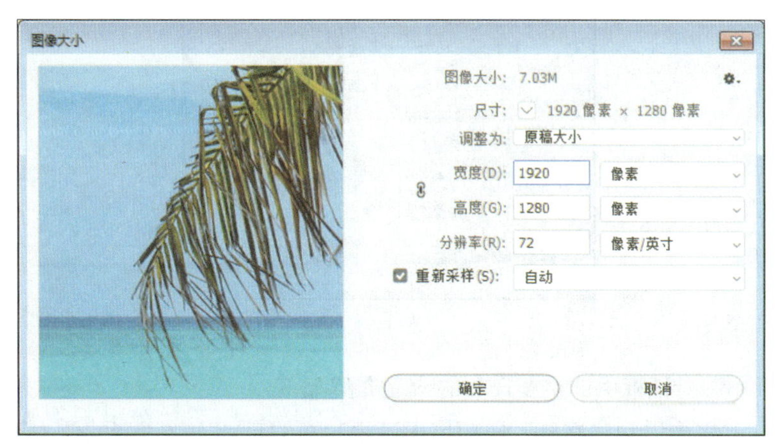

图 1-68

- **使用“裁剪工具”调整图像尺寸：**在工具箱中选择“裁剪工具”，在图像中拖动得到矩形区域，这块区域的周围会变暗，以显示出被裁剪的区域。矩形区域的内部代表裁剪后图像保留的部分。裁剪框的周围有8个控制点，利用它可以把这个框移动、缩小、放大和旋转等调整，如图1-69和图1-70所示。

图 1-69

图 1-70

> **提示：**裁剪图像是指使用“裁剪工具”将部分图像裁掉，从而改变图像尺寸。若想裁剪规定尺寸的图像，可以在“裁剪工具”的属性栏中设置参数，此时图像中会出现该尺寸的裁剪框，调整完成后，按Enter键即可完成裁剪操作。

（2）调整画布大小。

画布是显示、绘制和编辑图像的工作区域。对画布尺寸进行调整可以在一定程度上影响图像尺寸的大小。放大画布时，会在图像四周增加空白区域，而不会影响原有的图像；缩小画布时，则会根据设置裁剪不需要的图像边缘。执行“图像”→“画布大小”命令，或按Ctrl+Alt+C组合键打开“画布大小”对话框，如图1-71所示。

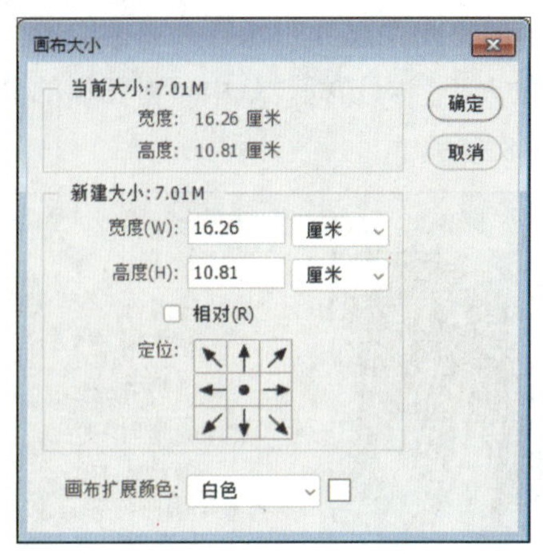

图 1-71

在“画布大小”对话框中，主要选项的含义介绍如下：

- **新建大小：**“宽度”和“高度”选项用于设置画布的尺寸。当设置的值大于原图尺寸时，系统将在原图的基础上增加画布区域；当设置的值小于原图尺寸时，系统会将该尺寸以外的部分裁掉。
- **定位：**单击定位按钮，可以设置图像相对于画布的位置。
- **画布扩展颜色：**在该下拉列表框中选择画布的扩展颜色，可以设置为背景色、前景色、白色、黑色、灰色或其他颜色。

3. 屏幕模式的切换

选择合适的屏幕模式可以方便用户预览效果图。在Photoshop中有3种屏幕模式：标准屏幕模式、带有菜单栏的全屏模式、全屏模式。按F快捷键可以在3种模式之间进行切换。

（1）标准屏幕模式：编辑状态显示的效果，如图1-72所示。

图 1-72

（2）带有菜单栏的全屏模式：隐藏顶部及底部的文件信息，如图1-73所示。

图 1-73

（3）全屏模式：只显示图像文件，如图1-74所示。

图 1-74

提示： 若切换到全屏模式后要退出全屏模式，按Esc键或F快捷键均可回到标准屏幕模式。

1.2.5 辅助工具的使用

Photoshop提供了多种用于测量和定位的辅助工具，如标尺、网格和参考线等。这些辅助工具对图像的编辑不起任何作用，但使用它们可以精确地处理图像。

1. 标尺

默认情况下，启动Photoshop后，标尺并没有出现在操作界面中，可以执行"视图"→"标尺"命令，或按Ctrl+R组合键，在图像编辑窗口的上边缘和左边缘即可出现标尺，如图1-75所示，右击鼠标标尺即可设置或更改单位。

图 1-75

在默认状态下，标尺的原点位于图像编辑区的左上角，其坐标值为（0, 0）。当鼠标指针在编辑区域中移动时，水平标尺和垂直标尺上将会各出现一条虚线，该虚线所指的数值便是当前位置的坐标值。

2. 网格

网格主要用于对齐参考线，以便用户在编辑操作中对齐物体。显示网格的方法为：执行“视图”→“显示”→“网格”命令，或按Ctrl+' 组合键即可在页面中显示网格，如图1-76所示。当再次执行该命令时，将取消网格的显示。

图 1-76

提示：网格的颜色、样式等属性也是可以设置的。其方法是执行“编辑”→“首选项”→“参考线、网格和切片”命令，在弹出的“首选项”对话框中设置即可。

3. 参考线

执行“视图”→“显示”→“参考线”命令，在标尺显示的状态下，使用鼠标分别在水平标尺和垂直标尺处按住鼠标左键并向内拖动，即可拖出参考线，如图1-77所示。

图 1-77

参考线属性也是可以重新设置的，其方法同设置网格属性相似。执行“编辑”→“首选项”→“参考线、网格和切片”命令，在弹出的“首选项”对话框中即可进行详细的设置。

> **提示：**关于“参考线”的操作还包括锁定、清除、新建和对齐等。若执行“视图”→“锁定参考线”命令，则在图像编辑区中的参考线便不能移动或删除；若执行“视图”→“对齐到”→“参考线”命令，则在进行鼠标操作时将会自动贴近参考线。

经验之谈 如何将图像保存为透明背景格式？

在日常作图或者绘制一些图形素材时，会需要一些透明背景的图像，如何保存一张具有透明背景的图像呢？

执行“文件”→“新建”命令，在弹出的“新建文档”对话框中的“背景内容”下拉列表框中选择“透明”选项，如图1-78所示。绘制完成后，按Ctrl+S组合键，打开“另存为”对话框，在保存类型中选择“PNG（*.PNG；*.PNG）”格式，如图1-79所示。

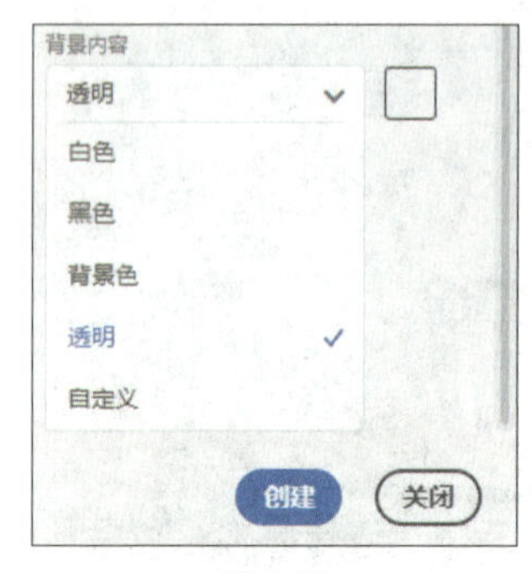

图 1-78

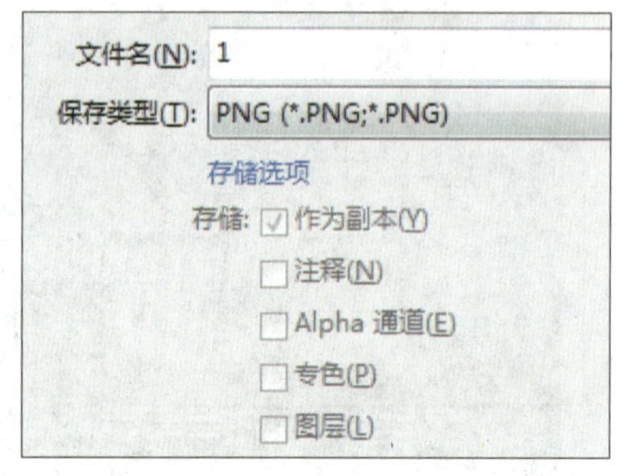

图 1-79

在存储图像时，可以根据需要选择不同的文件格式，例如PSD、PSB、BMP、GIF、EPS、JPEG、RAW、PNG和TIFF等。

1. PSD格式

PSD格式是Photoshop软件自身的专用文件格式。PSD格式支持蒙版、通道、路径和图层样式等所有Photoshop的功能，还支持Photoshop使用的任何颜色深度和图像模式。PSD格式可以直接置入Illustrator、Premiere、InDesign等Adobe软件中。

2. PSB格式

PSB格式是一种大型文档格式，可以支持最高达到300 000像素的超大文件。其功能和PSD相同，但是此格式只能在Photoshop软件中打开。

3. BMP格式

BMP格式是英文Bitmap（位图）的简写，它是Windows操作系统中的标准图像文件格式，能够被多种Windows应用程序所支持。BMP格式运用了RLE的无损压缩方式，对图像质量不会产生影响。

4. GIF格式

GIF格式是网页中最常用的格式之一，分为静态GIF和动态GIF，支持透明背景图像，适用于多种操作系统。GIF格式可将多幅图像保存为一个图像文件，从而形成动画效果。

5. EPS格式

EPS格式是为在PostScript打印机上输出图像而开发的文件格式，是带有预览图像的文件格式，是在排版中经常使用的文件格式。

6. JPEG格式

JPEG格式也是常见的一种图像格式，文件的扩展名为.jpg或.jpeg。JPEG具有调节图像质量的功能，可以用不同的压缩比例对文件进行压缩，压缩比率通常在10：1到40：1之间，压缩比率越大，品质越低；压缩比率越小，品质越高。

7. RAW格式

RAW格式是未经处理、未经压缩的格式，它被形象地称为“数字底片”。它拥有很好的宽容度，能够更好地表现画面中的明暗区域，编辑后能展现最佳的图像处理效果，是摄影和后期处理工作人员常用的一种文件格式。

8. PNG格式

PNG（Portable Network Graphics）格式是一种可以将图像压缩到Web上的文件格式。不同于GIF格式图像的是，它可以保存24位的真彩色图像，并且支持透明背景和消除锯齿边缘的功能，可以在不失真的情况下压缩保存图像。

9. TIFF格式

TIFF（Tag Image File Format）格式是一种通用的文件格式，支持RGB模式、CMYK模式、Lab模式、位图模式、灰度模式和索引颜色模式等色彩模式，常用于出版印刷行业。

你学会了吗？

上手实操

为了能够更好地掌握本章所学的知识内容，下面安排了两个实操习题，让用户动起手来练一练，以达到温故知新的目的。

实操一：按1：1的尺寸裁剪图像

将图像按照1：1的尺寸要求进行裁剪，图1-80所示的是原图，图1-81所示的是裁剪后的效果。

图 1-80

图 1-81

设计要领

- 打开图像文件，选择“裁剪工具”。
- 在属性栏中“约束方式”中选择“1：1（方形）”。
- 调整裁剪框的控制点。

实操二：为风景图片添加边框

为风景图片添加边框，最终效果如图1-82所示。

图 1-82

设计要领

- 打开图像文件。
- 执行“图像”→“画布大小”命令，打开“画布大小”对话框，设置参数（新建大小的宽高均为2cm，相对）。

扫码观看视频

第2章 选区工具的应用

内容概要

在利用 Photoshop 进行平面设计时，关于选区的各种操作是很关键的，这是因为此后的图像操作只对选区范围内的区域有效，对选区范围以外的图像区域将不起作用。本章将详细介绍图像的选取与编辑知识，包括图像的选区、选区的编辑和特殊颜色效果的处理等。

知识要点

- 基本选择工具组的应用。
- 选区的基本操作。
- 选区的编辑处理。

数字资源

【本章案例素材来源】："素材文件\第2章"目录下

【本章案例最终文件】："素材文件\第2章\案例精讲\制作孟菲斯风格Banner.psd"

案例精讲 制作孟菲斯风格Banner

案/例/描/述

本案例绘制的是孟菲斯风格几何海报，孟菲斯风格主要有以下几点：

扫码观看视频

- 几何结构的大量运用和填充。
- 点线面的结构特点突出了颜色的艳丽组合。
- 随机的线条和点图案的趣味随机拼接。

在实操中主要用到的知识点有选框工具、填充工具、“魔棒工具”“油漆桶工具”、自由变换、定义图案、置入图像和文字工具等。

案/例/详/解

本案例首先综合利用各种工具制作各种点线面结构的几何图形，然后利用文字工具输入文字，并进行编辑修饰。下面将对案例的制作过程进行详细讲解。

步骤01 打开Photoshop软件，新建一个宽高为1 007 × 600 px的文档，填充颜色，如图2-1所示。

步骤02 新建透明图层，选择“椭圆选框工具”，按住Shift键绘制圆形选区，如图2-2所示。

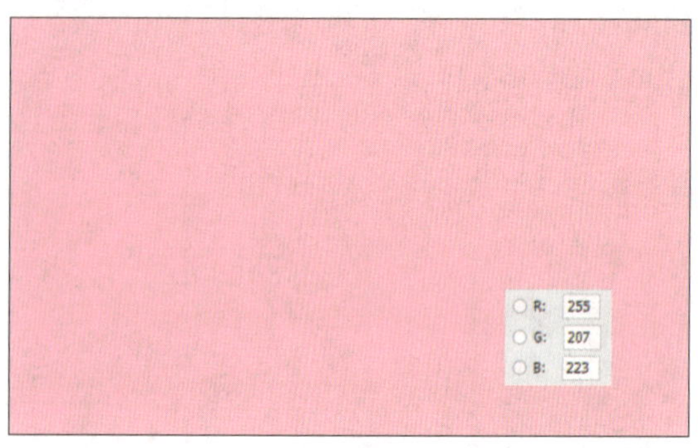

图 2-1

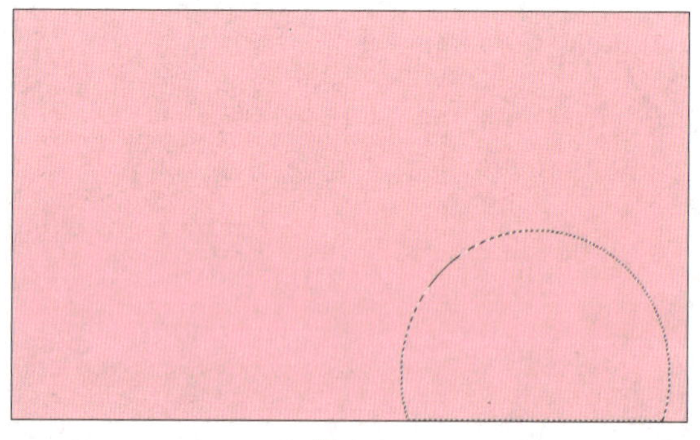
图 2-2

步骤03 设置前景色，选择“油漆桶工具”填充，按Ctrl+D组合键取消选区，如图2-3所示。

步骤04 按住Alt键复制此图层，按住Ctrl键的同时单击该复制图层的缩览图载入选区，如图2-4所示。

图 2-3

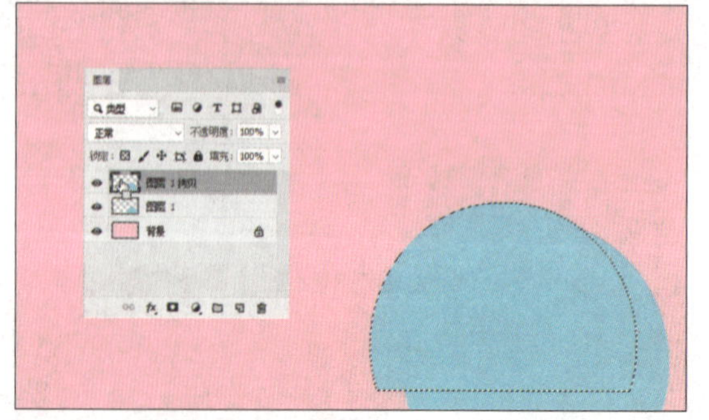
图 2-4

步骤05 右击鼠标，在弹出的快捷菜单中选择“描边”选项，如图2-5所示，在弹出的“描边”对话框中设置参数，如图2-6所示，单击“确定”按钮后，按Ctrl+D组合键取消选区。

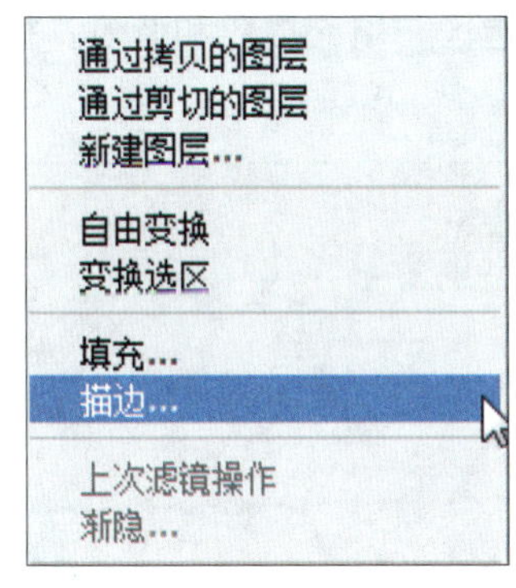

图 2-5

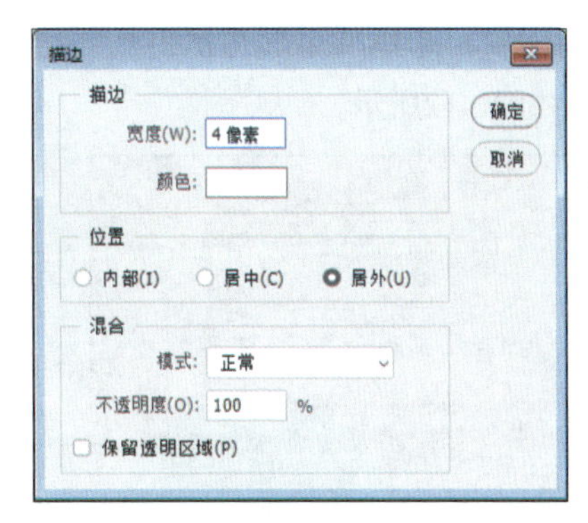

图 2-6

步骤06 选择“魔棒工具”，将填充的颜色选中，按Delete键删除，并调整位置，如图2-7所示。

步骤07 新建透明图层，选择“椭圆选框工具”绘制选区，右击鼠标，在弹出的快捷菜单中选择“描边”选项，在弹出的“描边”对话框中设置参数，如图2-8所示，单击“确定”按钮后，按Ctrl+D组合键取消选区。

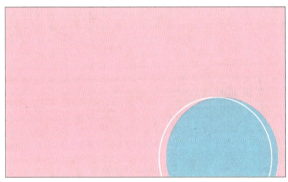

图 2-7

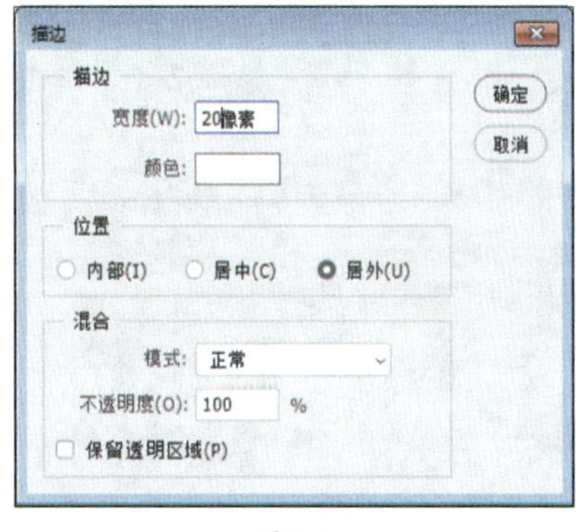

图 2-8

步骤08 按住Alt键复制图层，选择“油漆桶工具”填充，如图2-9所示。

步骤09 按Ctrl+T组合键自由变换，等比例缩小并移动到合适位置；按住Alt键复制图层并调整位置，如图2-10所示。

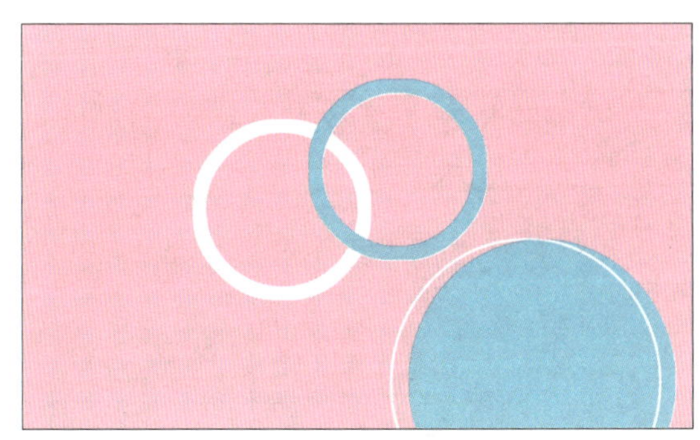

图 2-9

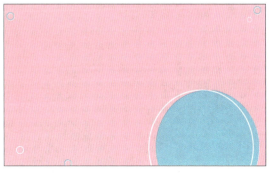

图 2-10

步骤10 新建透明图层，选择“椭圆选框工具”绘制选区，填充白色和蓝色；按住Alt键复制图层并调整位置，如图2-11所示。

步骤11 新建透明图层，选择“矩形选框工具”绘制选区，填充白色和蓝色；按住Alt键复制图层并调整位置，如图2-12所示。

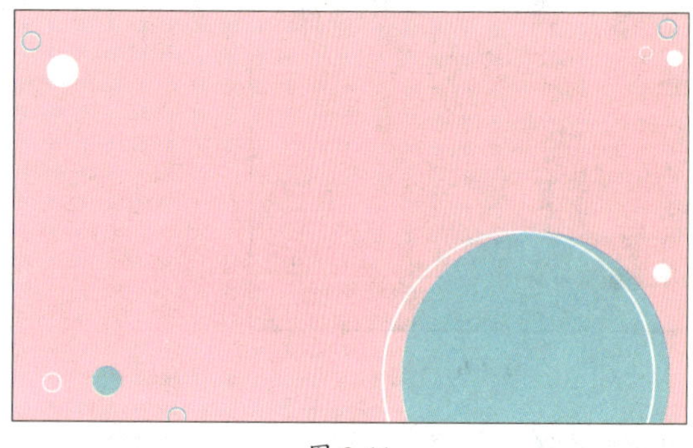

图 2-11

图 2-12

步骤12 按Ctrl+R组合键显示标尺，创建参考线，如图2-13所示。

步骤13 新建透明图层，选择“矩形选框工具”绘制第1个矩形选区，然后按住Shift键，再绘制第2个矩形选区，将其形成十字形状。填充颜色，取消选区，如图2-14所示。

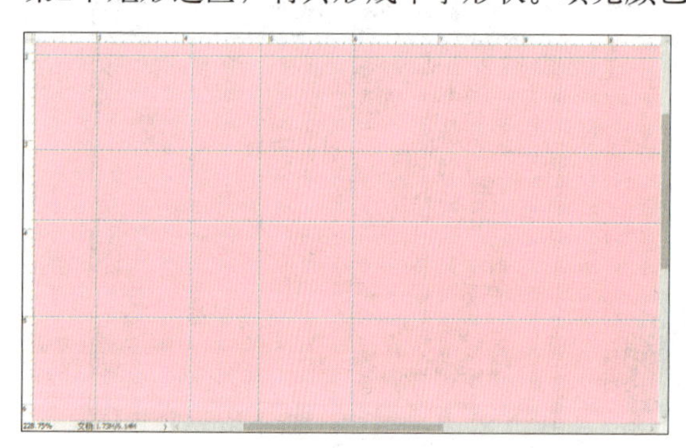

图 2-13

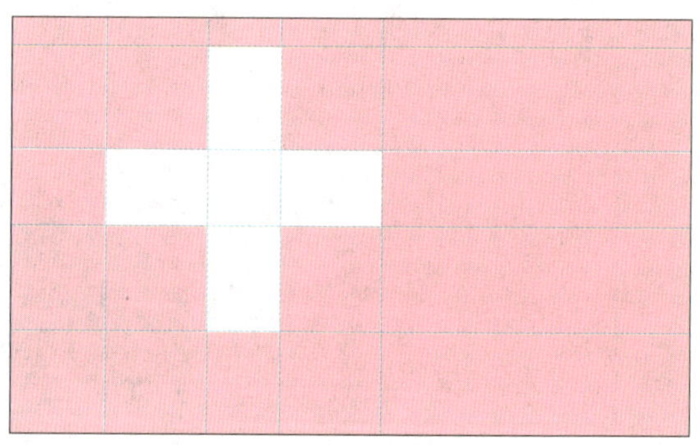

图 2-14

步骤14 按Ctrl+;组合键隐藏参考线，按Ctrl+R组合键隐藏标尺，按住Alt键复制图层并调整颜色与位置，如图2-15所示。

步骤15 执行“文件”→“置入嵌入对象”命令，分别置入素材文件“1.png”和“2.png”，并调整位置，如图2-16所示。

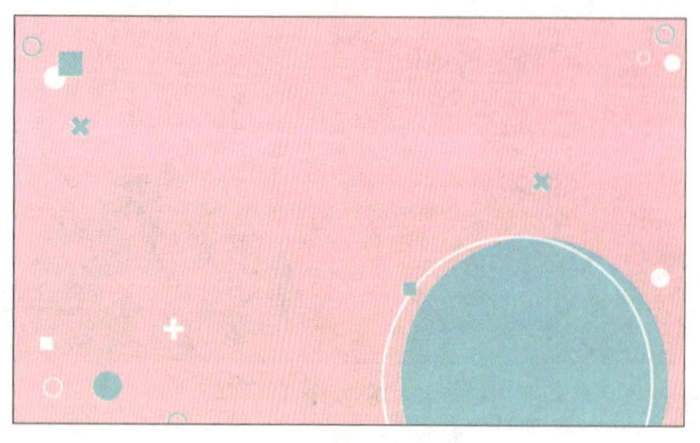

图 2-15

图 2-16

步骤 16 选择“横排文字工具”输入文字“会员招募”，单击属性栏中的“切换字符和段落面板”按钮，在弹出的“字符”面板中设置参数，如图2-17所示。

步骤 17 按Ctrl+J组合键复制图层，右击复制后的图层，在弹出的快捷菜单中选择“栅格化文字”选项，如图2-18所示，将栅格化的图层向下移动，并单击文字图层前的“指示图层可见性”按钮隐藏该图层。

步骤 18 执行“文件”→“新建”命令，新建8×8 px的透明文档，如图2-19所示。

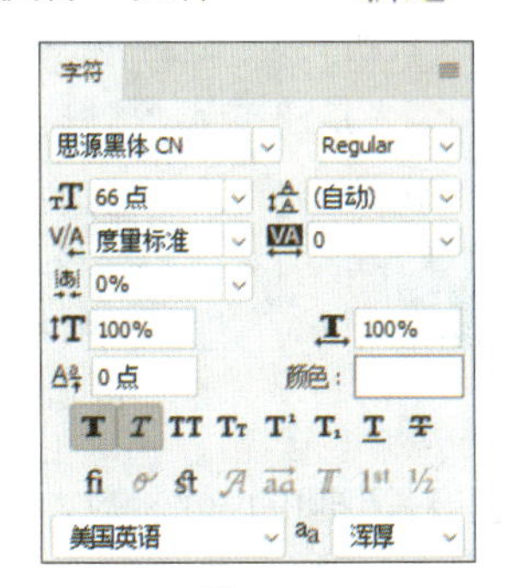

图 2-17

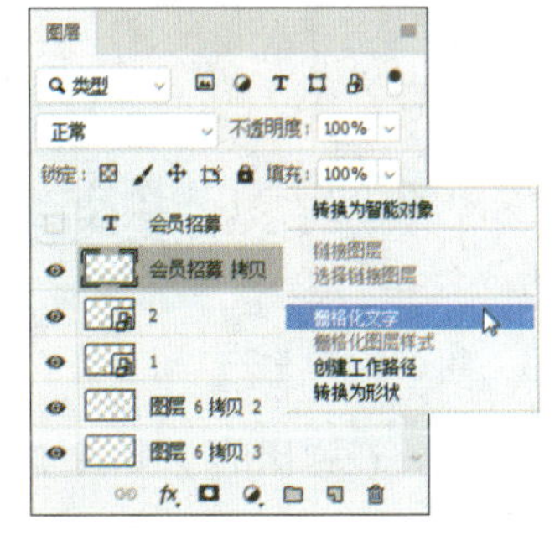

图 2-18

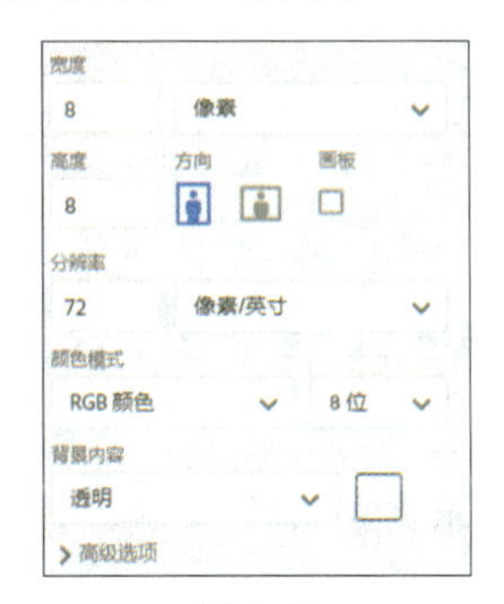

图 2-19

步骤 19 放大至透明网格，使用“矩形选框工具”选择上8格和左8格，并填充颜色，如图2-20所示。

步骤 20 按Ctrl+D组合键取消选区，按Ctrl+A组合键全选选区，如图2-21所示。

步骤 21 执行“编辑”→“定义图案”命令，在弹出的“图案名称”对话框中设置名称后，单击“确定”按钮，如图2-22所示。

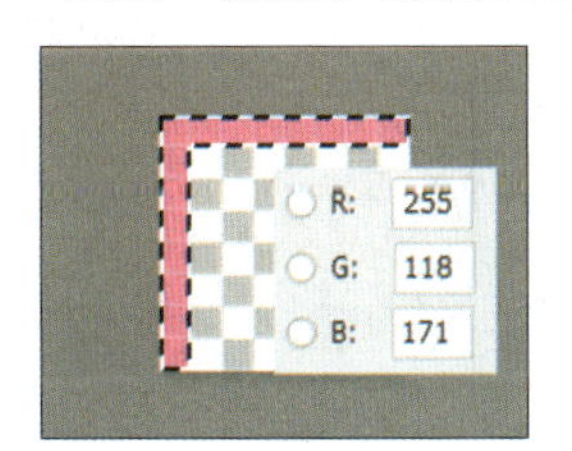

图 2-20

图 2-21

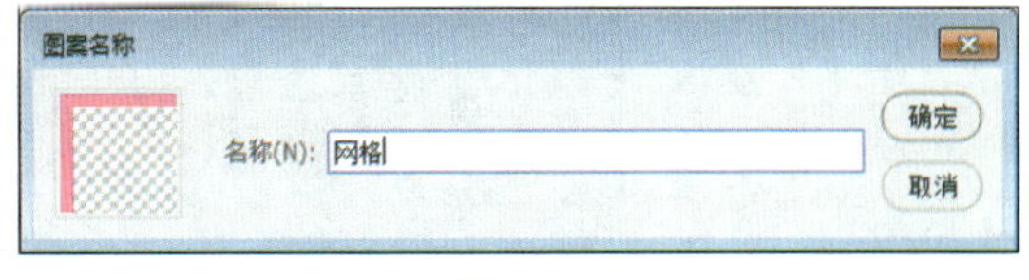

图 2-22

步骤 22 双击图层“会员招募 拷贝”空白处，在弹出的“图层样式”对话框中设置参数，如图2-23所示。

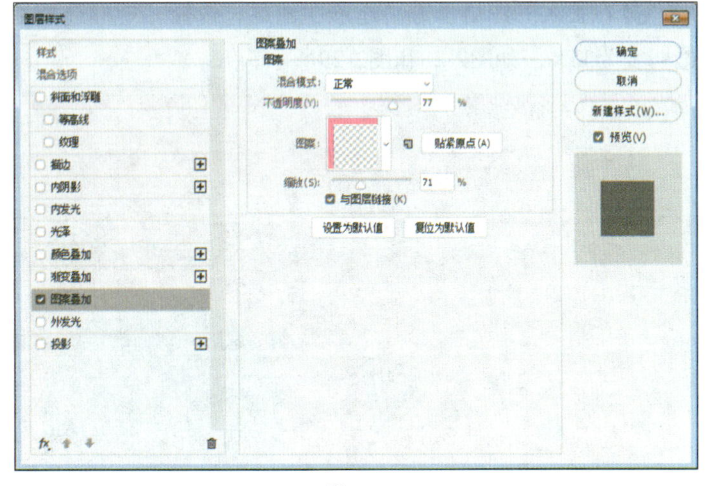

图 2-23

步骤23 在“图层”面板中，将“填充”设为0%，如图2-24所示。

步骤24 按Ctrl+J组合键复制图层，按键盘“→”方向键，向右移动3次；按Ctrl+J组合键复制图层，按键盘“→”方向键，再向右移动3次，如图2-25和图2-26所示。

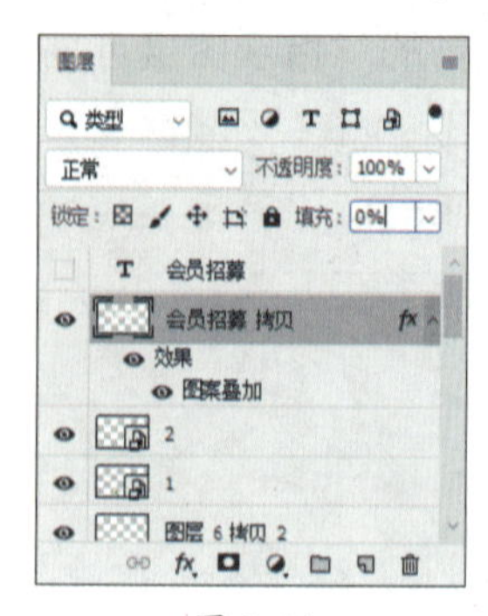

图 2-24

图 2-25

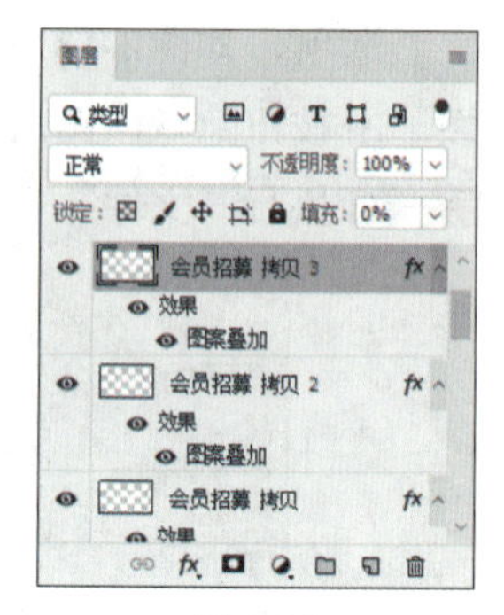

图 2-26

步骤25 显示文字图层，双击图层空白处，在弹出的“图层样式”对话框中设置参数，如图2-27所示。

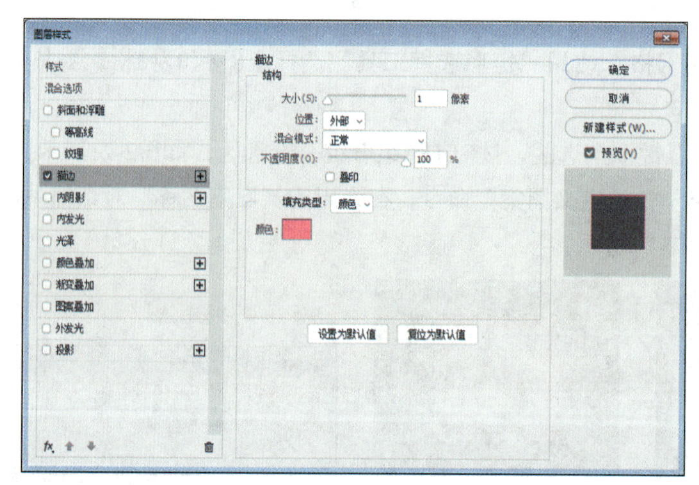

图 2-27

步骤26 在置入的图层上方新建透明图层，选择“矩形选框工具”绘制并填充白色，且设置其不透明度为35%，如图2-28和图2-29所示。

图 2-28

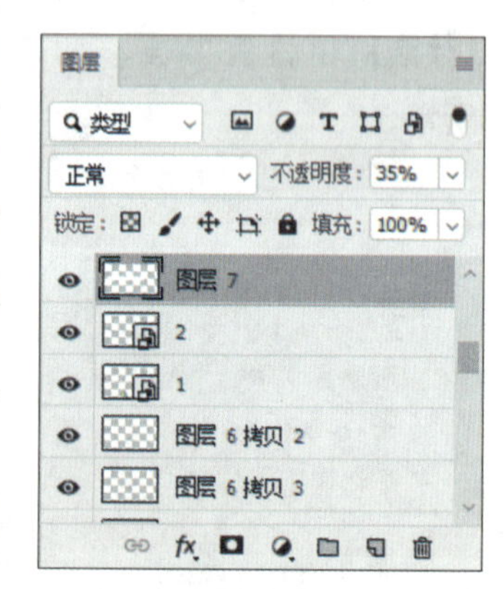

图 2-29

步骤 27 新建透明图层，选择“自定形状工具”，在属性栏中的“形状”下拉列表框中选择“波浪”绘制并填充白色，按住Alt键复制并调整颜色和位置，如图2-30所示。

步骤 28 选择“横排文字工具”，在属性栏中设置字号为12点并输入文字，如图2-31所示。

图 2-30

图 2-31

步骤 29 单击属性栏中的“切换字符和段落面板”按钮，在弹出的“字符”面板中设置参数，如图2-32所示。

步骤 30 按Ctrl+J组合键复制文字图层，更改文字颜色为白色，调整位置，如图2-33所示。

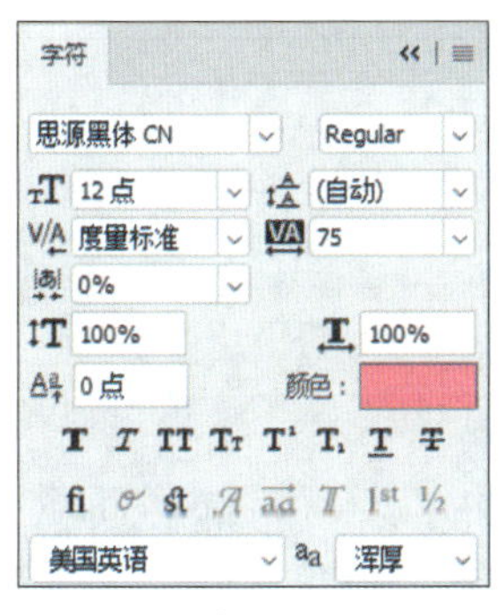

图 2-32

图 2-33

步骤 31 选中两个文字图层，按住Alt键移动并依次更改文字，如图2-34所示。

步骤 32 根据现有素材，复制并调整好相关位置，使画面更加饱满，最终效果如图2-35所示。

图 2-34

图 2-35

至此，完成孟菲斯风格Banner的制作。

边用边学

2.1 基本选择工具

在使用Photoshop处理图像时，经常要对图像中的某个区域进行单独的处理和操作，这就需要使用创建选区工具或相关命令把这个区域选择出来。下面将对相关的工具进行详细介绍。

■ 2.1.1 选框工具组

选框工具组中包括4种选框工具，分别是“矩形选框工具”“椭圆选框工具”“单行选框工具”和“单列选框工具”。使用选框工具可以创建规则的图像区域。

1. 矩形选框工具

创建矩形选区的方法是在工具箱中选择“矩形选框工具”，在图像中单击并拖动光标，绘制出矩形的选框，框内的区域就是选择区域，即选区，如图2-36所示。

若要绘制正方形选区，则可以在按住Shift键的同时在图像中单击并拖动光标，绘制出的选区即为正方形，如图2-37所示。

图 2-36

图 2-37

选择“矩形选框工具”后，将会显示出该工具的属性栏，如图2-38所示。其中，主要选项的含义介绍如下：

图 2-38

- **“当前工具”按钮**：该按钮显示的是当前所选择的工具，单击该按钮可以弹出工具箱的快捷菜单，从中可以调整工具的相关参数。
- **选区编辑按钮组**：该按钮组又被称为“布尔运算”按钮组，各按钮的名称从左至右分别是新选区、添加到选区、从选区中减去及与选区交叉。单击“新选区”按钮，可选择新的选区；单击“添加到选区”按钮，可以连续选择选区，将新的选择区域添加到原来的选择区域里；单击“从选区减去”按钮，选择范围为从原来的选择区域里减去新的选择区域；单击“与选区交叉”按钮，选择的是新选择区域和原来的选择区域相交的部分。

- **“羽化”文本框：**羽化是指通过创建选区边框内外像素的过渡来使选区边缘模糊，羽化宽度越大，则选区的边缘越模糊，此时选区的直角处也将变得圆滑。
- **“样式”下拉列表：**该下拉列表中有“正常”“固定比例”和“固定大小”3种选项，用于设置选区的形状。

2. 椭圆选框工具

使用“椭圆选框工具”可以在图像或图层中绘制出圆形或椭圆形选区。在工具箱中选择“椭圆选框工具”，在图像中单击并拖动光标，即可绘制出椭圆形的选区，如图2-39所示。若要绘制正圆形的选区，则可以按住Shift键的同时在图像中单击并拖动光标，绘制出的选区即为正圆形，如图2-40所示。

图 2-39

图 2-40

实际应用中，环形选区应用的是比较多的，创建环形选区需要借助“从选区减去”按钮。首先创建一个圆形选区，然后单击“从选区减去”按钮，再次拖动绘制选区，此时绘制的部分比原来的选区略小，如图2-41所示，其中间的部分被减去，只留下环形的圆环区域，如图2-42所示。

图 2-41

图 2-42

3. 单行/单列选框工具

使用单行/单列选框工具可以在图像或图层中绘制出1个像素宽的横线或竖线区域，常用于制作网格效果。在工具箱中选择“单行选框工具”或“单列选框工具”，在图像中单击即可绘制出单行或单列选区，如图2-43所示。若要连续增加选区，可以选择“添加到选区”按钮，或按住Shift键进行绘制，如图2-44所示。

图 2-43

图 2-44

提示： 利用“单行选框工具”和“单列选框工具”创建的都是1像素宽的横向或纵向选区。

2.1.2 套索工具组

套索工具组中包括3种工具，分别是“套索工具”“多边形套索工具”和“磁性套索工具”，使用这3种工具可以创建不规则的图像区域。

1. 套索工具

使用“套索工具”可以创建任意形状的选区，操作时只需要在图像窗口中按住鼠标进行绘制，释放鼠标后即可创建选区，如图2-45和图2-46所示。

图 2-45

图 2-46

提示： 如果所绘轨迹是一条闭合曲线，则选区即为该曲线所选范围；若轨迹是非闭合曲线，则套索工具会自动将该曲线的两个端点以直线连接，构成一个闭合选区。

2. 多边形套索工具

使用“多边形套索工具”可以创建具有直线轮廓的多边形选区。其原理是使用线段作为选区局部的边界，由鼠标连续单击生成的线段连接起来形成一个多边形的选区。

在工具箱中选择“多边形套索工具”，在图像中单击创建出选区的起始点，然后沿要创建选区的轨迹依次单击鼠标，创建出选区的其他端点，最后将光标移动到起始点，当光标变成形状时单击，即可创建出需要的选区，如图2-47所示。若不回到起点，在任意位置双击鼠标也会自动在起点和终点间生成一条连线作为多边形选区的最后一条边，如图2-48所示。

图 2-47

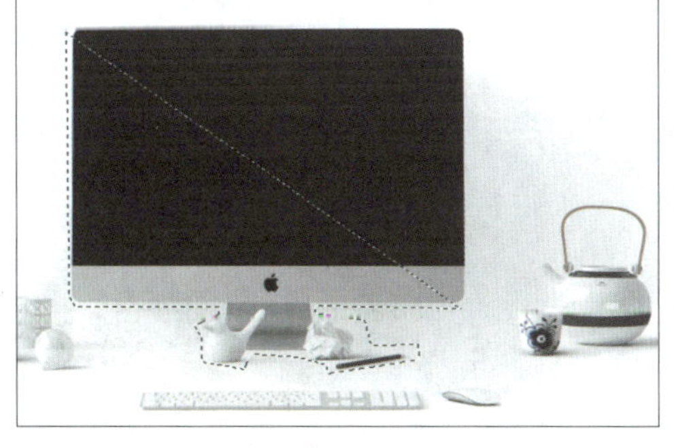
图 2-48

提示：在使用“套索工具”创建选区的过程中，按住Alt键，可以切换为“多边形套索工具”。在使用“多边形套索工具”创建选区时，按住Shift键，可以创建出水平、垂直或45°角方向的边线。

3. 磁性套索工具

虽然使用“套索工具”和“多边形套索工具”可以创建任意形状的选区，但是很难精确定位选区边界。当选择细节丰富的图像时，可以选用“磁性套索工具”。

在工具箱中选择“磁性套索工具”，在图像窗口中需要创建选区的位置单击确定选区起始点，沿选区的轨迹拖动鼠标，系统将自动在鼠标移动的轨迹上选择对比度较大的边缘产生节点，如图2-49所示。当光标回到起始点变为形状时单击，即可创建出精确的不规则选区，如图2-50所示。

图 2-49

图 2-50

2.1.3 魔棒工具组

魔棒工具组包括“魔棒工具”和“快速选择工具”，属于灵活性很强的选择工具，通常用于选取图像中颜色相同或相近的区域，无需跟踪其轮廓。

1. 魔棒工具

“魔棒工具”是根据颜色的色彩范围来确定选区的工具，能够快速选择色彩差异大的图像区域。在工具箱中选择“魔棒工具”，将会显示出该工具的属性栏，在属性栏中设置“容差”可辅助软件对图像边缘进行区分，一般情况下容差值设置为30 px。将光标移动到需要创建选区的图像中，当其变为形状时单击即可快速创建选区，如图2-51所示。按住Shift和Alt键增减选区大小，如图2-52所示。

图 2-51

图 2-52

2. 快速选择工具

使用“快速选择工具”创建选区时，其选取范围会随着光标移动而自动向外扩展并自动查找和跟随图像中定义的边缘，按住Shift和Alt键增减选区大小，如图2-53和图2-54所示。

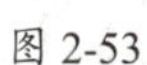

图 2-53

图 2-54

■ 2.1.4　使用“色彩范围”建立选区

“色彩范围”命令的原理是根据色彩范围创建选区，主要针对色彩进行操作。执行“选择”→“色彩范围”命令，打开“色彩范围”对话框，如图2-55所示，可根据需要调整参数，完成后单击“确定”按钮即可创建选区，如图2-56所示。

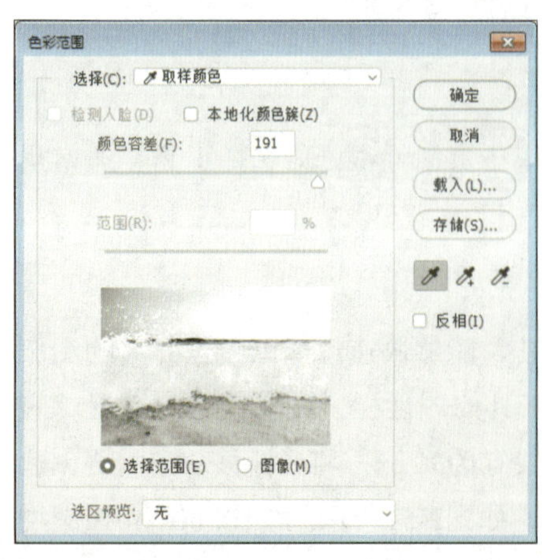

图 2-55

图 2-56

在“色彩范围”对话框中，主要选项的含义介绍如下：

- **“选择”选项：**用于选择预设颜色。
- **“颜色容差”文本框：**用于设置选择颜色的范围，数值越大，选择颜色的范围越大；反之，选择颜色的范围就越小。拖动下方滑动条上的滑块可快速调整数值。
- **预览区：**用于显示预览效果。选中“选择范围”单选按钮，在预览区中白色表示被选择的区域，黑色表示未被选择的区域；选中“图像”单选按钮，预览区内将显示原图像。
- **吸管工具组：**用于在预览区中单击取样颜色，和工具分别用于增加和减少选择的颜色范围。

2.2 选区的基本操作

在使用Photoshop软件创建选区后，就可以对其进行编辑处理了。常见的选区基本操作包括全选与取消选区、反选选区、变换选区、存储选区和载入选区。下面将对其相关知识进行详细介绍。

2.2.1 全选与取消选区

全选选区即将图像整体选中。执行“选择”→“全部”命令或按Ctrl+A组合键即可。

取消选区有以下3种方法：

- 执行“选择”→“取消选择”命令。
- 按Ctrl+D组合键。
- 选择任意选区创建工具，在“新选区”模式下单击图像中任意位置即可取消选区。

2.2.2 反选选区

反选选区是指快速选择当前选区外的其他图像区域，而当前选区将不再被选择。创建选区后执行“选择”→“反向”命令或者按Ctrl+Shift+I组合键，可以选取图像中除选区以外的其他图像区域，如图2-57和图2-58所示。

图 2-57

图 2-58

提示：在创建的选区中右击鼠标，在弹出的快捷菜单中选择“选择反向”选项，也可反选选区。

■ 2.2.3　变换选区

通过变换选区可以改变选区的形状，包括缩放和旋转等。变换时只是对选区进行变换，选区内的图像将保持不变。

执行“选择”→“变换选区”命令，或在选区上右击鼠标，在弹出的快捷菜单中选择“变换选区”选项，在选区的四周将出现调整控制框，移动控制框上的控制点即可调整选区形状，默认情况下是等比例缩放，也可以对选区进行旋转、缩放、斜切等操作，如图2-59所示。按住Shift键可以自由变换选区，如图2-60所示，调整完成后先释放鼠标，后释放Shift键。

图 2-59

图 2-60

> **提示**：变换选区和自由变换不同，变换选区是对选区进行变化，而自由变换是对选定的图像区域进行变换。

■ 2.2.4　存储和载入选区

对于创建好的选区，如果需要多次使用，可以将其进行存储。执行“选择”→“存储选区”命令，打开“存储选区”对话框，如图2-61所示。设置选项参数，将当前的选区存放到一个Alpha通道中，以备以后使用。

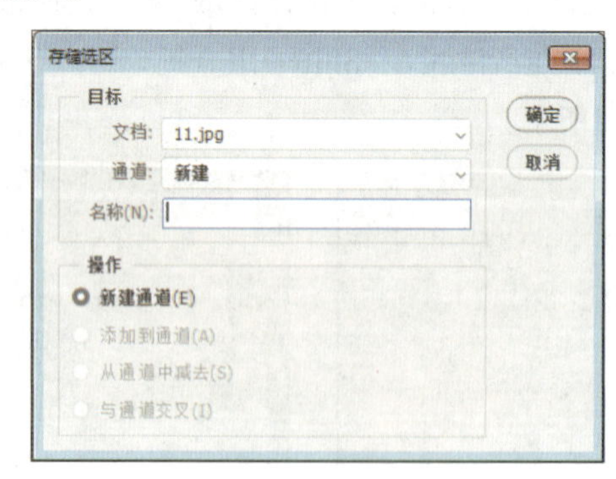

图 2-61

在“存储选区”对话框中，主要选项的含义介绍如下：

- **文档**：用于设置保存选区的目标图像文件，默认为当前图像。若选择“新建”选项，则将其保存到新建的图像中。
- **通道**：用于设置存储选区的通道。
- **名称**：用于输入要存储选区的名称。

- **新建通道：** 选中该单选按钮表示为当前选区建立新的目标通道。

使用“载入选区”命令可以调出Alpha通道中存储过的选区。执行“选择”→“载入选区”命令，打开“载入选区”对话框，如图2-62所示。在其“文档”下拉列表中选择刚才保存的选区，在“通道”下拉列表中选择存储选区的通道名称，在“操作”选项区中选择载入选区后与图像中现有选区的运算方式，完成后单击“确定”按钮即可载入选区。

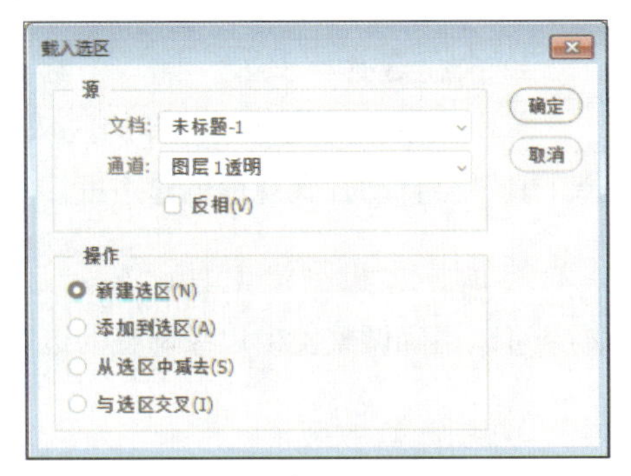

图 2-62

2.3 选区的编辑处理

除了一些基本的选区操作，还可以对其进行编辑处理，例如选择并遮住、调整选区、扩大选取、选取相似、填充选区和描边选区。

2.3.1 选择并遮住

“选择并遮住”工作区替代了Photoshop早期版本中的“调整边缘”对话框，可以更快捷、更简单地创建准确的选区。在Photoshop中有以下4种方式：

- 执行“选择”→“选择并遮住”命令。
- 按Ctrl+Alt+R组合键。
- 选择选区工具，例如“快速选择工具”“魔棒工具”或“套索工具”，在其属性栏中单击“选择并遮住”按钮。
- 在图层蒙版的“属性”面板中，单击“选择并遮住”按钮。

这4种方式都可以打开“选择并遮住”对话框，如图2-63所示。

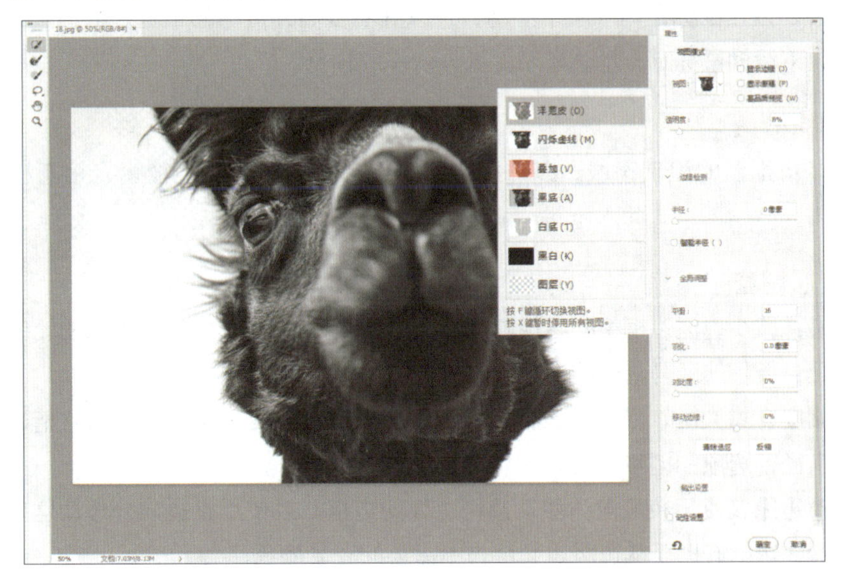

图 2-63

在“选择并遮住”对话框中，主要选项的含义介绍如下：

1. 快速选择工具

单击或单击并拖动要选择的区域时，会根据颜色和纹理的相似性进行快速选择，“快速选择工具”会自动且直观地创建边框。

2. 调整边缘画笔工具

可以精确调整发生边缘调整的边框区域，例如头发或毛皮，可向选区中加入精妙的细节。

3. 画笔工具

使用“画笔工具”可按照以下两种简便的方式微调选区：在添加模式下，绘制想要选择的区域；或在减去模式下，绘制不想选择的区域。

4. 视图模式

在“视图”下拉菜单中，可以为选区选择以下视图模式：

- **洋葱皮：**将选区显示为动画样式的洋葱皮结构。
- **闪烁虚线：**将选区边框显示为闪烁虚线。
- **叠加：**将选区显示为透明颜色叠加。未选中区域显示为该颜色。默认颜色为红色。
- **黑底：**将选区置于黑色背景上。
- **白底：**将选区置于白色背景上。
- **黑白：**将选区显示为黑白蒙版。
- **图层：**将选区周围变成透明区域。

按F键可以在各个模式之间循环切换，按X键可以暂时禁用所有模式。

- **显示边缘：**显示调整区域。
- **显示原稿：**显示原始选区。
- **高品质预览：**渲染更改的准确预览。此选项可能会影响性能。选择此选项后，在处理图像时，按住鼠标左键（向下滑动）可以查看更高分辨率的预览。取消选择此选项后，即使向下滑动鼠标时，也会显示更低分辨率的预览。

5. 边缘检测

- **半径：**抠图的识别区域。以选区边缘向圆心自内向外扩展像素，用于计算选区边缘的范围。

6. 全局调整

- **平滑：**减少选区边框中的不规则区域（“凸凹不平”）以创建较平滑的轮廓。
- **羽化：**模糊选区与周围的像素之间的过渡效果。
- **对比度：**增大时，沿选区边框的柔和边缘的过渡会变得不连贯。通常情况下，使用“智能半径”选项和调整工具效果会更好。
- **移动边缘：**使用负值向内移动柔化边缘的边框，或使用正值向外移动这些边框。向内移动这些边框有助于从选区边缘移去不需要的背景颜色。

7. 输出设置

- **净化颜色：**将彩色边替换为附近完全选中的像素的颜色。颜色替换的强度与选区边缘的软化度是成比例的。调整滑块以更改净化量。默认值为100%（最大强度）。
- **输出到：**决定调整后的选区是变为当前图层上的选区或蒙版，还是生成一个新图层或文档。

2.3.2 调整选区

创建选区后还可以对选区的范围进行一定的调整和修改。执行“选择”→“修改”命令，在弹出的子菜单中选择相应命令即可实现对应的功能，包括“边界”“平滑”“扩展”“收缩”和“羽化”5种命令。

1. 边界

边界也叫扩边，即指用户可以在原有的选区上再套用一个选区，填充颜色时则只能填充两个选区中间的部分。执行“选择”→“修改”→“边界”命令，打开“边界选区”对话框，在“宽度”文本框中输入数值，单击“确定”按钮即可。通过边界选区命令创建出的选区是带有定模糊过渡效果的选区，填充选区即可看出，如图2-64和图2-65所示。

图 2-64

图 2-65

2. 平滑

平滑选区是指调节选区的平滑度，清除选区中杂散像素以及平滑尖角和锯齿。执行“选择”→“修改”→“平滑”命令，打开“平滑选区”对话框，在“取样半径”文本框中输入数值，单击“确定”按钮即可，如图2-66和图2-67所示。

图 2-66

图 2-67

3. 扩展

扩展选区即按特定数量的像素扩大选择区域，通过扩展选区命令能精确扩展选区的范围。执行“选择”→“修改”→“扩展”命令，打开“扩展选区”对话框，在“扩展量”文本框中输入数值，单击“确定”按钮即可，如图2-68和图2-69所示。

图 2-68

图 2-69

4. 收缩

收缩与扩展相反。收缩即按特定数量的像素缩小选择区域，通过收缩选区命令可去除一些图像边缘杂色，让选区更精确，选区的形状没有改变。执行“选择”→“修改”→“收缩”命令，打开“收缩选区”对话框，在“收缩量”文本框中输入数值，单击“确定”按钮即可，如图2-70和图2-71所示。

图 2-70

图 2-71

5. 羽化

羽化选区的目的是使选区边缘变得柔和，从而使选区内的图像与选区外的图像自然过渡，常用于图像合成实例中。

- **创建选区前羽化：** 使用选区工具创建选区前，在其对应属性栏的“羽化”文本框中输入一定数值后再创建选区，这时创建的选区将带有羽化效果。
- **创建选区后羽化：** 创建选区后执行“选择”→“修改”→“羽化”命令或按Shift+F6组合键，打开“羽化选区”对话框，设置羽化半径，单击“确定”按钮即可完成选区的羽化操作，羽化前后对比效果图如图2-72和图2-73所示。

图 2-72

图 2-73

❗ **提示**：对选区内的图像进行复制、移动、填充等操作才能看到图像边缘的羽化效果。

2.3.3 扩大选取与选取相似

扩大选取是基于“魔棒工具”属性栏中“容差”范围来决定选区的扩展范围。使用“魔棒工具”在图像中选取一部分天空背景，执行“选择”→“扩大选取”命令，或右击鼠标，在弹出的快捷菜单中选择“扩大选取”选项，系统会自动查找与选区色调相近的像素，从而扩大选区，如图2-74和图2-75所示。

图 2-74

图 2-75

选取相似与扩大选取类似，都是基于“魔棒工具”属性栏中“容差”范围来决定选区的扩展范围。使用“魔棒工具”在图像中选取一部分白云背景，执行“选择”→“选取相似”命令，或右击鼠标，在弹出的快捷菜单中选择“选取相似”选项，系统会自动在整幅图像中查找与选区色调相近的像素，从而扩大选区，如图2-76和图2-77所示。

图 2-76

图 2-77

■ 2.3.4 填充选区

使用“填充”命令可为整个图层或图层中的一个区域进行填充。其填充的方式有以下3种：

- 执行“编辑”→“填充”命令，如图2-78所示。
- 在建立选区之后右击鼠标，在弹出的快捷菜单中选择“填充”选项，如图2-79所示。
- 按Shift+F5组合键。

使用以上3种方式都可以打开“填充”对话框，如图2-80所示。

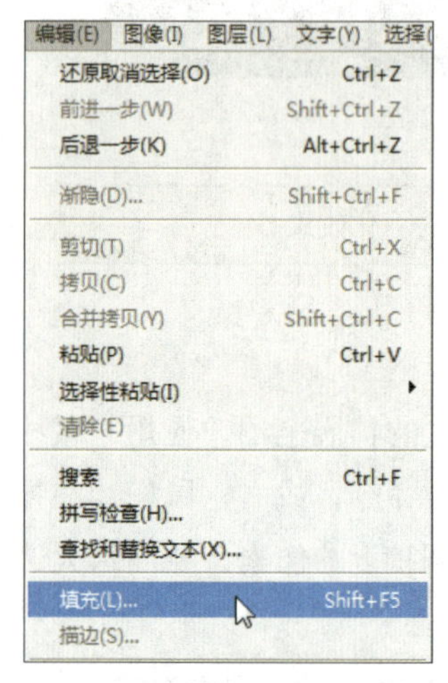

图 2-78

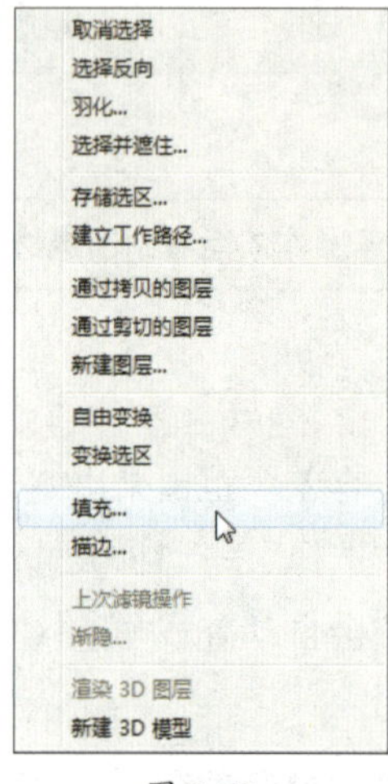

图 2-79

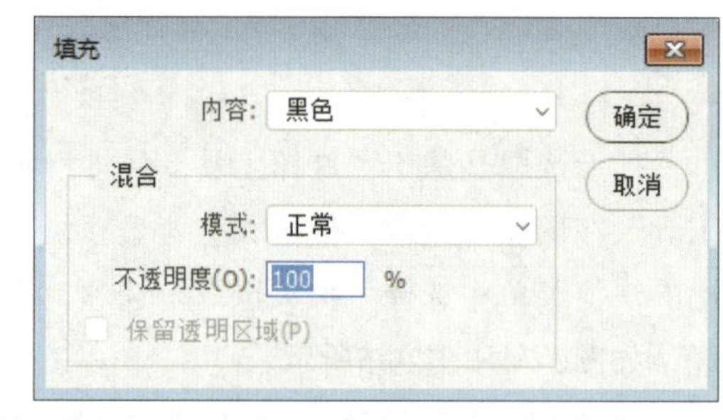

图 2-80

提示：想要直接填充前景色可以按Alt+Delete组合键，填充背景色可以按Ctrl+Delete组合键。

■ 2.3.5 描边选区

描边命令和填充命令类似，使用“描边”命令可以在选区、路径或图层周围创建不同的边框效果。选区描边有以下两种方法：

- 执行“编辑”→“描边”命令。
- 在建立选区之后右击鼠标，在弹出的快捷菜单中选择“描边”选项。

使用以上两种方式都可以打开“描边”对话框，如图2-81所示。

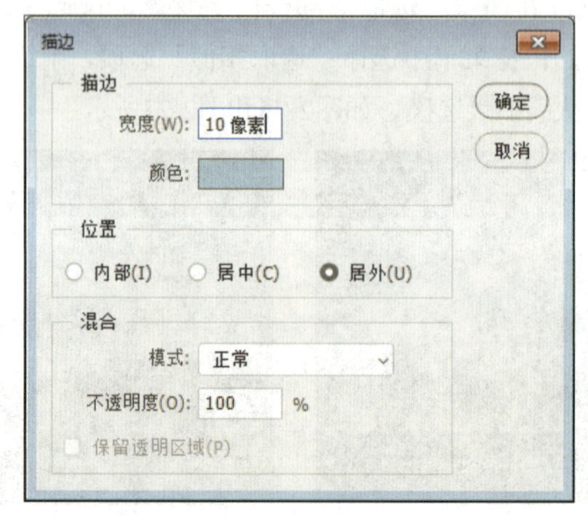

图 2-81

经验之谈 抠图的多种方式

在抠图过程中如何快速选中目标，进行复制或删除？除了万能的钢笔工具、通道，最常用的就是选区工具中的“套索工具”“魔棒工具”和“色彩范围”命令。不同的图像可选择不同的工具进行操作，下面针对各个工具做出总结。

1. 套索工具组

- **多边形套索工具：**适合抠取一些比较立体、轮廓感强的直线边缘物体。
- **磁性套索工具：**适合抠取与背景反差较大且边缘复杂的对象。

2. 魔棒工具组

- **快速选择工具：**适合抠取对比较大的图像。
- **魔棒工具：**适合抠取单色调背景或图像。

魔棒工具组中的“快速选择工具”和“魔棒工具”都可以和选择主体进行搭配使用。

在魔棒工具组任意一个工具状态下，在属性栏中单击“选择主体”按钮即可自动识别主体物，然后选择“快速选择工具”或“魔棒工具”按住Alt或Ctrl键进行调整，如图2-82和图2-83所示。

图 2-82

图 2-83

3. 色彩范围

使用“色彩范围”命令可以抠取指定颜色或背景颜色比较单一的图像。

上手实操

为了能够更好地掌握本章所学的知识内容，下面安排了两个实操习题，让用户动起手来练一练，以达到温故知新的目的。

实操一：替换图片背景

为图片替换背景，对比效果如图2-84和图2-85所示。

图 2-84

图 2-85

设计要领

- 选择“快速选择工具”或任意选择工具绘制选区。
- 按Delete键将背景删除。
- 置入背景图像。

实操二：宠物换脸

为宠物换脸，以达到移花接木的效果，对比效果如图2-86和图2-87所示。

图 2-86

图 2-87

设计要领

- 选择“套索工具”将猫脸框选复制移动到狗的图层上方。
- 创建图层蒙版，选择“画笔工具”将多余的部分擦除。
- 用色彩平衡调整颜色。

扫码观看视频

第3章 路径工具的应用

内容概要

路径是Photoshop中的重要工具之一，主要用于创建较复杂的图形或用于区域选择以及辅助抠图。本章将对钢笔和形状工具的应用、路径的编辑操作进行详细介绍。

知识要点

- 路径的基础知识。
- 钢笔工具组和形状工具组的应用。
- 路径的基本操作。

数字资源

【本章案例素材来源】：“素材文件\第3章”目录下

【本章案例最终文件】：“素材文件\第3章\案例精讲\绘制扁平插画——夏日沙滩.psd”

案例精讲 绘制扁平插画——夏日沙滩

案/例/描/述

本案例绘制的是夏日的沙滩，属于扁平化风格插画。在实操中主要用到的知识点有“钢笔工具”“删除锚点工具”“矩形工具”“椭圆工具”“自定形状工具”、路径与选区转换、填充路径和图层组等。

扫码观看视频

案/例/详/解

本案例主要分为3个部分：蓝天、海洋、沙滩。蓝天部分只用白云进行点缀，海洋部分主要是帆船和鱼元素，沙滩则采用了经典的椰子树元素。下面将对案例的制作过程进行详细讲解。

步骤01 打开Photoshop软件，执行“文件”→“新建”命令，打开“新建文档”对话框，设置参数，单击“创建”按钮即可，如图3-1所示。

步骤02 设置前景色，按Alt+Delete组合键填充前景色，如图3-2所示。

图 3-1

图 3-2

步骤03 按Ctrl+' 组合键显示网格。选择“矩形工具”，设置填充颜色并绘制，如图3-3所示。

步骤04 选择“钢笔工具”，在属性栏中选择“形状”模式，设置前景色并绘制沙滩，如图3-4所示。

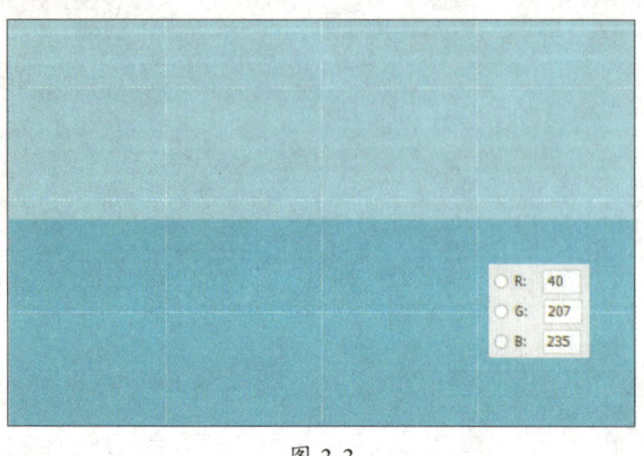

图 3-3

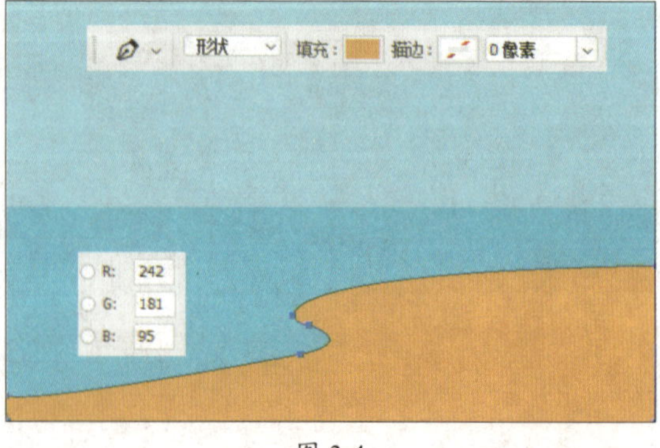

图 3-4

步骤05 按照以上沙滩绘制的方法，绘制出帆船图形，如图3-5所示。

步骤06 按住Shift键，选中帆船的图层，单击“图层”面板底部的“创建新组”按钮，并重命名，如图3-6所示。

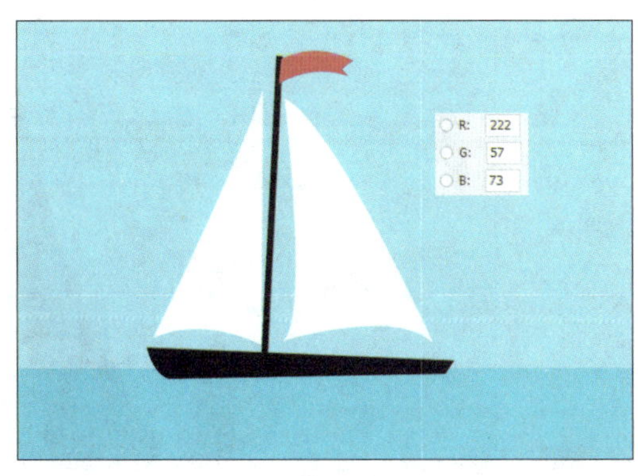

图 3-5

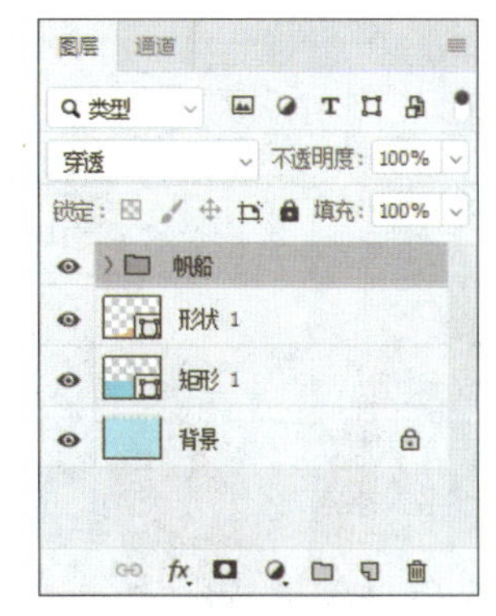

图 3-6

步骤07 新建透明图层，选择“钢笔工具”，将模式改为“路径”，绘制椰树树干部分，如图3-7所示。

步骤08 设置前景色，在“路径”面板中单击面板底部的“用前景色填充路径” ● 按钮，如图3-8所示。

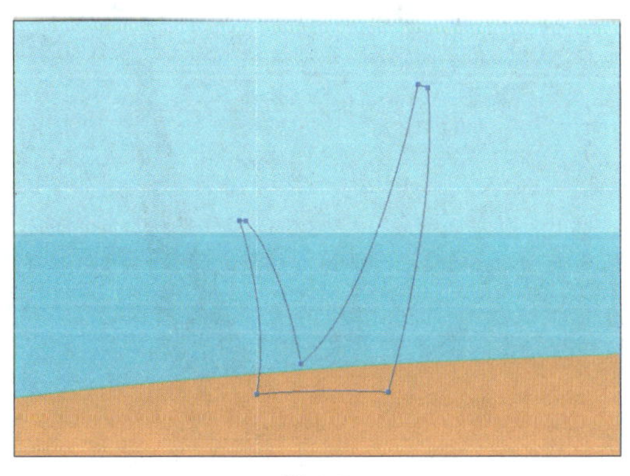

图 3-7

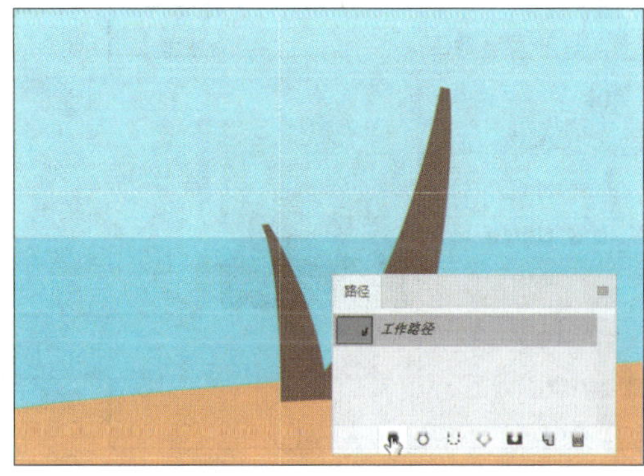

图 3-8

步骤09 新建透明图层，使用同样的方法，选择“钢笔工具”并绘制椰树叶子部分，如图3-9所示。

步骤10 按住Ctrl键，单击“图层 3”的缩览图载入选区，如图3-10所示。

图 3-9

图 3-10

步骤11 在“路径”面板中单击“从选区生成工作路径” 按钮，如图3-11所示。

步骤12 选择“删除锚点工具”删除部分锚点，如图3-12所示。

图 3-11

图 3-12

步骤13 选择“钢笔工具”闭合该路径，右击鼠标，在弹出的快捷菜单中选择“填充路径”选项，在“内容”下拉列表中选择“颜色”，在“拾色器”对话框中设置参数，如图3-13所示。

步骤14 按Ctrl+Enter组合键创建选区，按Ctrl+D组合键取消选区，如图3-14所示。

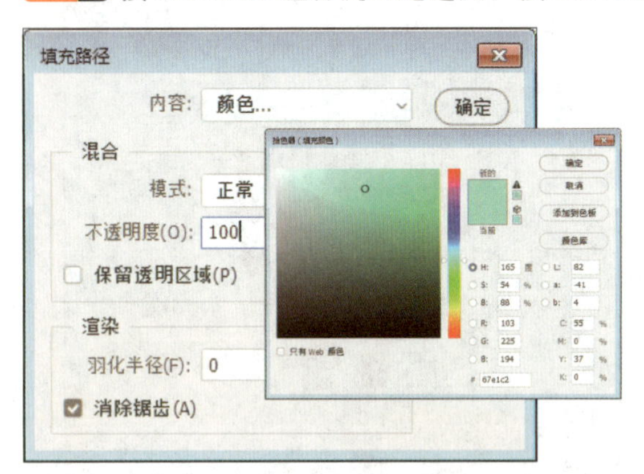

图 3-13

图 3-14

步骤15 使用同样的方法调整小叶子，如图3-15所示。

步骤16 按住Alt键分别复制一大一小树叶，按Ctrl+T组合键自由变换，右击鼠标，在弹出的快捷菜单中选择“水平翻转”选项，按Enter键即可，如图3-16所示。

图 3-15

图 3-16

步骤17 调整后的效果如图3-17所示。

步骤18 选择“椭圆工具”，绘制椰子图形，如图3-18所示。

图 3-17

图 3-18

步骤 19 按住Shift键，选择椰子所在的图层，右击鼠标，在弹出的快捷菜单中选择“链接”选项，如图3-19所示。

步骤 20 按住Shift键，选择椰子与叶子所在的图层创建新组，按Ctrl+J组合键复制该组，如图3-20所示。

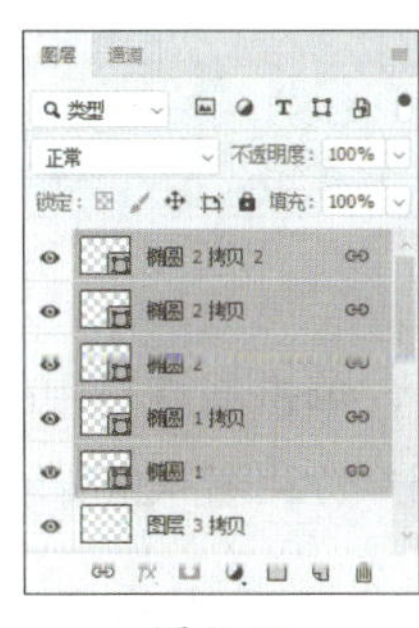

图 3-19

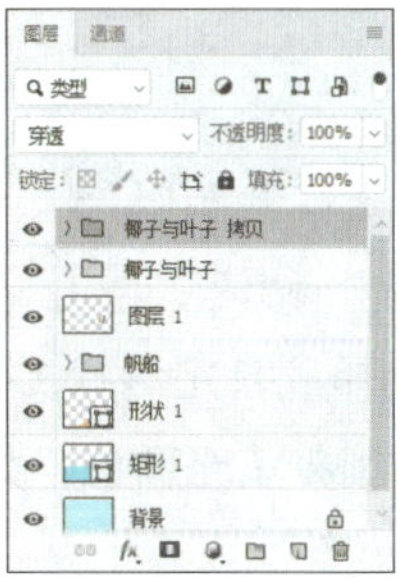

图 3-20

步骤 21 按Ctrl+T组合键自由变换，右击鼠标，在弹出的快捷菜单中选择“水平翻转”选项，调整大小，按Enter键即可，如图3-21所示。

步骤 22 在树干所在图层上方新建透明图层，选择“钢笔工具”分别绘制并填充颜色，如图3-22所示。

图 3-21

图 3-22

步骤 23 新建透明图层，选择“钢笔工具”绘制树纹，如图3-23所示。

步骤 24 新建透明图层，选择“钢笔工具”绘制草丛，如图3-24所示。

图 3-23

图 3-24

步骤25 选择“椭圆工具”绘制白云，如图3-25所示。

步骤26 按Ctrl+E组合键合并椭圆图层，按住Alt键复制，调整位置与大小，如图3-26所示。

图 3-25

图 3-26

步骤27 选择“自定形状工具”，单击属性栏中的“形状”按钮，在弹出的扩展菜单中选择“鱼”选项，绘制并填充颜色，如图3-27和图3-28所示。

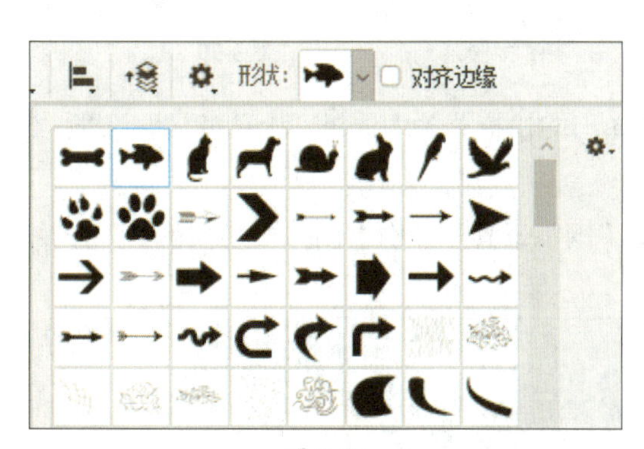

图 3-27

图 3-28

步骤28 按住Alt键复制，调整位置与大小，最终效果如图3-29所示。

图 3-29

至此，完成夏日沙滩的绘制。

提示：在使用路径工具时，“路径”和“形状”模式可以根据使用习惯和需求进行搭配使用。

边用边学

3.1 路径的基础知识

所谓路径，是指在屏幕上表现为一些不可打印、不能活动的矢量形状，由锚点和连接锚点的线段或曲线构成，每个锚点还包含了两个控制柄，用于精确调整锚点及前后线段的曲度，从而匹配想要选择的边界。

执行“窗口”→“路径”命令，弹出“路径”面板，如图3-30所示。可在该面板中进行路径的新建、保存、复制、填充和描边等操作。

图 3-30

在“路径”面板中，主要选项的含义介绍如下：

- **路径缩览图和路径层名：**用于显示路径的大致形状和路径名称，双击名称后可为该路径重命名。
- **“用前景色填充路径”按钮**：单击该按钮将使用前景色填充当前路径。
- **“用画笔描边路径”按钮**：单击该按钮可用画笔工具和前景色为当前路径描边。
- **“将路径作为选区载入”按钮**：单击该按钮可将当前路径转换为选区，此时还可对选区进行其他编辑操作。
- **“范围”选项：**用于设置加深的作用范围，包括“阴影”“中间调”和“高光”3个选项。
- **“添加图层蒙版”按钮**：单击该按钮可以为路径添加图层蒙版。
- **“创建新路径”按钮**：单击该按钮可以创建新的路径图层。
- **“删除当前路径”按钮**：单击该按钮可以删除当前路径图层。

3.2 创建钢笔路径

利用Photoshop提供的路径功能，可以绘制线条或曲线，还可以对绘制的线条进行填充和描边，完成一些绘画工具无法完成的工作。路径由一个或多个直线线段或曲线线段组成。使用“钢笔工具”和“形状工具”都可以绘制路径。

3.2.1 钢笔工具

“钢笔工具”是最基本、也是最常用的路径工具，使用它可以精确创建光滑而复杂的路径。在绘制路径前，在工具箱中选择“钢笔工具”，即可绘制路径。

选择“钢笔工具”，在属性栏中设置为“路径”模式，在图像中单击创建路径起点，此时在图像中会出现一个锚点，根据物体形态移动鼠标改变点的方向，按住Alt键将锚点变为单方向锚点，贴合图像边缘，直到光标与创建的路径起点相连接，路径自动闭合，如图3-31和图3-32所示。

图 3-31

图 3-32

■ 3.2.2 自由钢笔工具

“自由钢笔工具”类似于“铅笔工具”“画笔工具”等，该工具根据鼠标的拖动轨迹建立路径，即手绘路径，而不需要像“钢笔工具”那样，通过建立控制点来绘制路径。选择“自由钢笔工具”，然后在图像编辑窗口中拖动鼠标即可，鼠标指针经过处将绘制出曲线路径，如图3-33和图3-34所示。

图 3-33

图 3-34

选择“自由钢笔工具”，在属性栏中选中“磁性的”复选框，可以将“自由钢笔工具”转换为“磁性钢笔工具”，鼠标指针显示为形状。

提示：“磁性钢笔工具”的使用方法与“磁性套索工具”相同，它可以自动检测图像的边缘，并沿检测到的边缘建立路径。若要绘制开放的路径，则可按Enter键结束绘制；若要绘制闭合的路径，则可双击鼠标左键，系统会自动连接起点和终点。

3.2.3 弯度钢笔工具

“弯度钢笔工具”可以轻松绘制平滑曲线和直线段。使用这个工具，可以在设计中创建自定义形状，或定义精确的路径。在使用时，无须切换工具就能创建、切换、编辑、添加或删除平滑点或角点。

使用“弯度钢笔工具”确定起始点，绘制第2个点为直线段，如图3-35所示，绘制第3个点，这3个点就会形成一条连接的曲线，将鼠标移到锚点出现时，可随意移动锚点位置，如图3-36所示。

图 3-35

图 3-36

提示： 如需改变路径的形状，可使用“添加锚点工具”和“删除锚点工具”进行调整；如需将尖角变得平滑，可使用“转换点工具”。

3.2.4 添加和删除锚点工具

路径可以是平滑的直线或曲线，也可以是由多个锚点组成的闭合形状，在路径中添加锚点或删除锚点都能改变路径的形状。

1. 添加锚点

在工具箱中选择“添加锚点工具”，将鼠标移到要添加锚点的路径上，当鼠标光标变为形状时单击鼠标即可添加一个锚点，添加的锚点以实心显示，此时拖动该锚点可以改变路径的形状，如图3-37和图3-38所示。

图 3-37

图 3-38

提示：添加锚点除了可以使用“添加锚点工具”外，还可以使用“钢笔工具”直接在路径上添加，但前提是要选中“钢笔工具”属性栏上的“自动添加/删除”复选框。

2. 删除锚点

“删除锚点工具” 的功能与“添加锚点工具” 相反，主要用于删除不需要的锚点。在工具箱中选择“删除锚点工具” ，将鼠标移到要删除的锚点上，当鼠标光标变为 形状时单击鼠标即可删除该锚点，删除锚点后路径的形状也会发生相应变化，如图3-39和图3-40所示。

图 3-39

图 3-40

提示：如果在“钢笔工具”或“自由钢笔工具”的属性栏中选中“自动添加/删除”复选框，则在单击线段或曲线时，将会添加锚点；单击现有的锚点时，该锚点将被删除。

3.2.5 转换点工具

使用“转换点工具” 能将路径在尖角和平滑之间进行转换，具体有以下几种方式：

- 若要将锚点转换为平滑点，在锚点上按住鼠标左键不放并拖动，会出现锚点的控制柄，拖动控制柄即可调整曲线的形状，如图3-41所示。
- 若要将平滑点转换为没有方向线的角点，只要单击平滑锚点即可，如图3-42所示。
- 若要将平滑点转换为带有方向线的角点，要使方向线出现，然后拖动方向点，使方向线断开，如图3-43所示。

图 3-41

图 3-42

图 3-43

3.3 创建形状路径

使用形状工具绘制出来的实际上是剪切路径，具有矢量图形的性质。默认情况下绘制的形状是用前景色填充，也可用渐变色或图案填充。使用形状工具可以很方便地调整图形的形状，以便创建出多种规则或不规则的形状或路径，如矩形、圆角矩形、椭圆、多边形、直线和自定义形状等。

3.3.1 矩形工具和圆角矩形工具

1. 矩形工具

使用“矩形工具”可以在图像编辑窗口中绘制任意方形或具有固定长宽的矩形。具体的操作方法是选择“矩形工具”，在属性栏中选择“形状”选项，在图像中拖动绘制出以前景色填充的矩形，若选择“路径”选项，则绘制出矩形路径，如图3-44所示。

2. 圆角矩形工具

使用“圆角矩形工具”能绘制出带有一定圆角弧度的图形。“圆角矩形工具”的使用方法与“矩形工具”相似，不同的是，选择“圆角矩形工具”，在属性栏中会出现“半径”文本框，在其中输入的数值越大，圆角的弧度也越大。若选择“路径”选项，则绘制出圆角矩形路径。图3-45所示为“形状”模式下200像素和“路径”模式下200像素的圆角矩形。

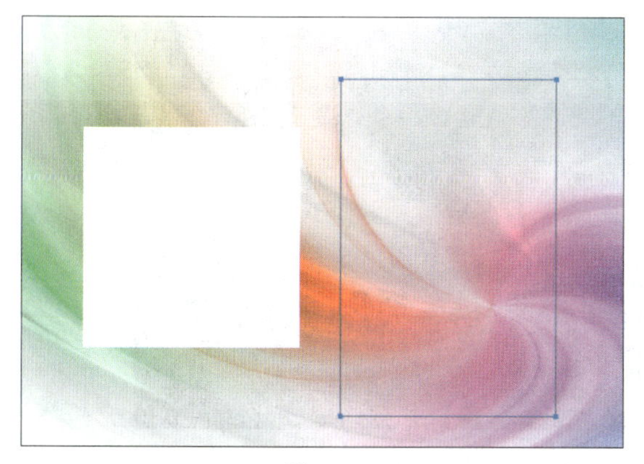

图 3-44

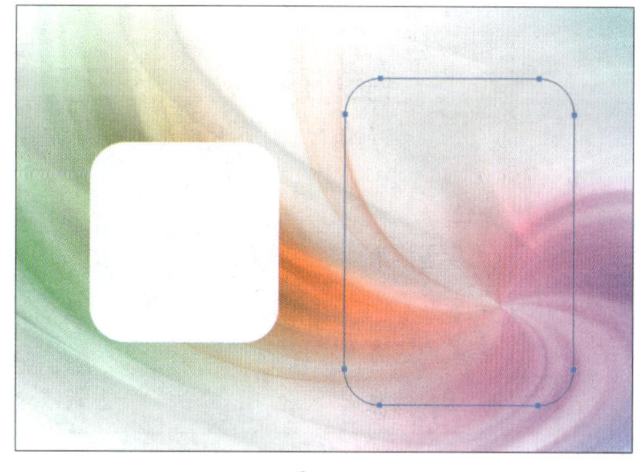

图 3-45

提示：按住Shift键可以绘制出正方形；按住Alt键可以以鼠标为中心绘制矩形；按住Shift+Alt组合键可以以鼠标为中心绘制正方形。

3.3.2 椭圆工具

使用“椭圆工具”可以绘制椭圆形和正圆形，按住Shift键可以绘制正圆形，如图3-46和图3-47所示。在绘制图形后可以设置形状的填充效果。

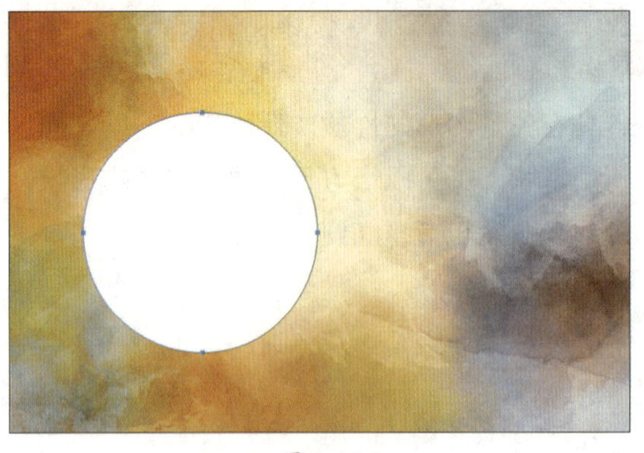

图 3-46

图 3-47

■ 3.3.3　多边形工具

使用“多边形工具”可以绘制出正多边形（最少为3边）和星形，在其属性栏中可对绘制图形的边数进行设置，如图3-48所示。

图 3-48

若要绘制星形，可以单击属性栏中的⚙按钮，在弹出的扩展菜单中选择“星形”选项，如图3-49所示。图3-50所示分别为有无“平滑缩进”的对比。

图 3-49

图 3-50

■ 3.3.4　直线工具

使用“直线工具”可以绘制出直线和带有箭头的直线。在其属性栏中可对绘制直线的粗细进行设置。按住Shift键可绘制水平直线，图3-51所示为不同模式下的直线。若要绘制箭头，可以单击属性栏中的⚙按钮，在弹出的扩展菜单中对箭头的参数进行设置。图3-52所示为有无起始点的对比图。

图 3-51

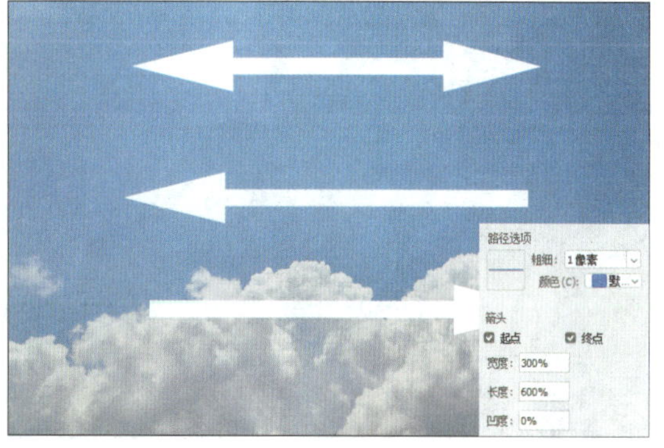

图 3-52

■ 3.3.5　自定形状工具

使用“自定形状工具”可以绘制出系统自带的不同形状。单击属性栏中的按钮，在弹出的窗口中单击按钮，选择“全部”选项，可以将预设的所有形状加载到“自定形状”拾色器中，如图3-53所示。

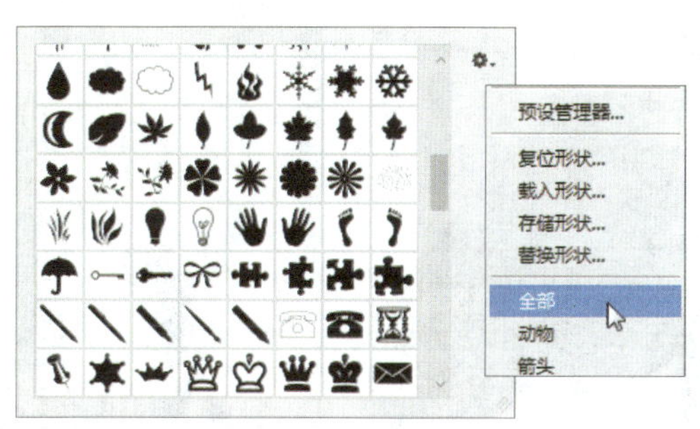

图 3-53

3.4　路径的基本操作

除了使用“路径选择工具”和“直接选择工具”对路径进行调整外，还可以进行复制路径、删除路径、存储路径、路径与选区的互换、描边路径和填充路径等操作。下面将对其相关知识进行详细介绍。

■ 3.4.1　选择路径

在对路径进行编辑操作之前首先需要选择路径。在工具箱中选择“路径选择工具”，在图像窗口中单击路径，即可选择该路径。按住鼠标左键不放进行拖动，即可改变所选择路径的位置，如图3-54和图3-55所示。

图 3-54

图 3-55

“直接选择工具”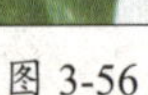用于移动路径的部分锚点或线段，或者调整路径的方向点和方向线，而其他未选中的锚点或线段则不被改变，如图3-56和图3-57所示。选中的锚点显示为实心方形，未被选中的显示为空心方形。

图 3-56

图 3-57

3.4.2 复制和删除路径

在选择需要复制的路径时，按住Alt键，此时鼠标光标变为形状，拖动路径即可复制出新的路径，如图3-58和图3-59所示。

图 3-58

图 3-59

❶ **提示**：按住Alt键的同时按住Shift键并拖动路径，能让复制出的路径与原路径呈水平、垂直或45°效果。

删除路径非常简单，若要删除整个路径，在“路径”面板中单击选中该路径，单击该面板底端的“删除当前路径”按钮即可。若要删除一个路径的某段路径，使用“直接选择工具”选择所要删除的路径段，按Delete键即可。

■ 3.4.3 存储路径

在图像中首次绘制路径会默认为工作路径，若将工作路径转换为选区并填充选区后，再次绘制路径则会自动覆盖前面绘制的路径，只有将其存储为路径，才能对路径进行保存。

在“路径”面板中单击右上角的≡按钮，在弹出的快捷菜单中选择“存储路径”选项，在弹出的“存储路径”对话框中单击“确定”按钮即可保存路径。此时在“路径”面板中可以看到，“工作路径”变为了“路径1”，如图3-60和图3-61所示。

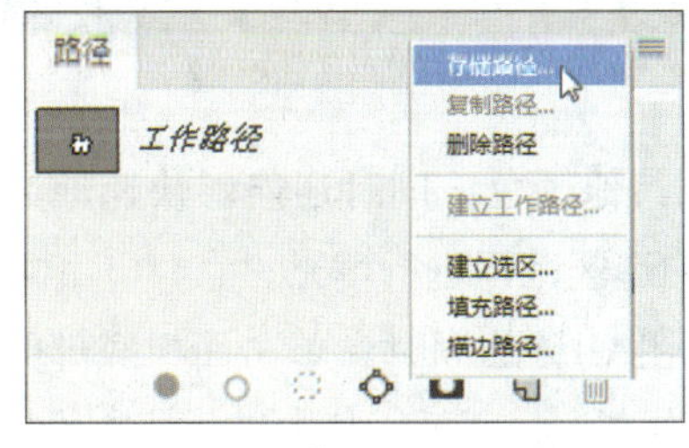

图 3-60

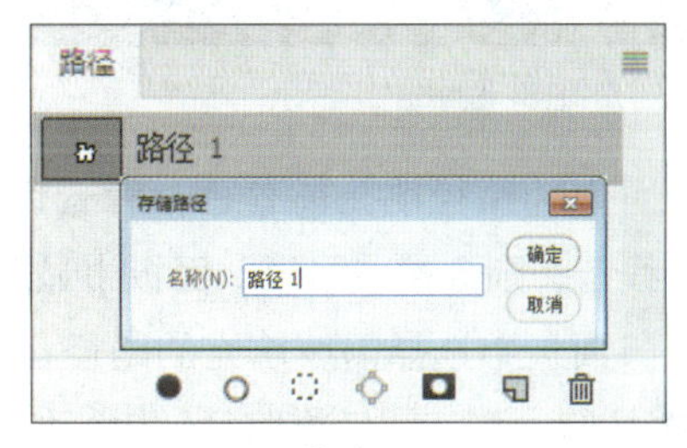

图 3-61

■ 3.4.4 路径与选区的互换

在Photoshop中，路径和选区也可以进行相互转换。绘制路径后，在“路径”面板中选中要转换为选区的路径，单击“将路径作为选区载入”⬚按钮，如图3-62所示，或者绘制好路径后，直接按Ctrl+Enter组合键即可。若在图像中创建选区后，单击“路径”面板底部的“从选区生成工作路径”◇按钮，即可将选定的区域转换为路径，如图3-63所示。

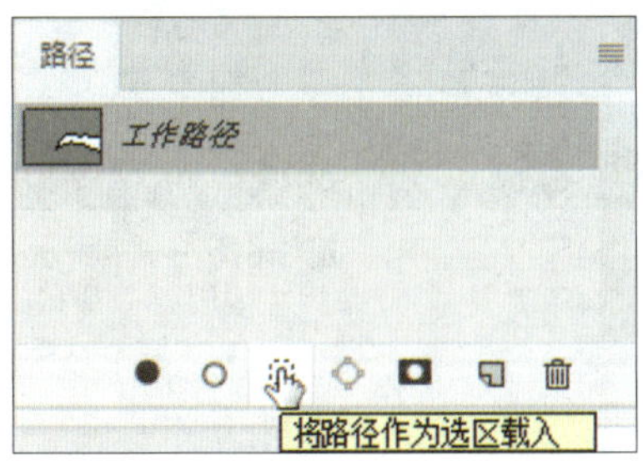

图 3-62

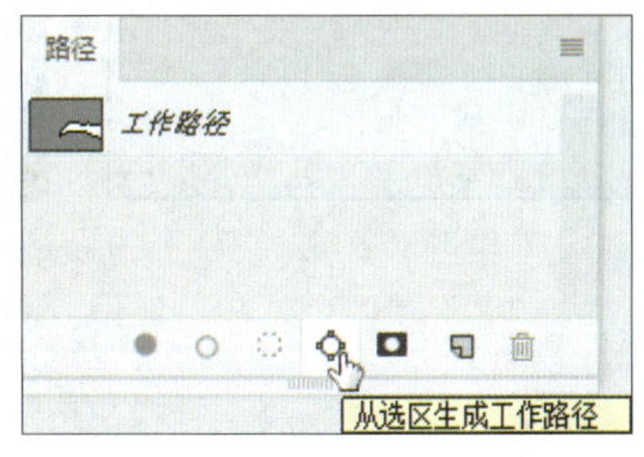

图 3-63

3.4.5 描边与填充路径

选择需要描边的路径，设置描边颜色以及描边工具的相关属性（默认情况下使用“画笔工具”），按住Alt键的同时，单击“路径”面板底部的“用画笔描边路径”按钮 或者在绘制路径后，右击鼠标，在弹出的快捷菜单中选择“描边路径”选项，打开“描边路径”对话框，从中选择描边工具，单击“确定”按钮即可。前后对比效果如图3-64和图3-65所示。

图 3-64

图 3-65

另外，也可以为路径填充前景色、背景色或其他颜色，同时还能够快速地为图像填充图案。若路径为线条，则会按“路径”面板中显示的选区范围进行填充。

在“路径”面板中选择需要填充的路径，按住Alt键的同时，单击面板底部的“用前景色填充路径” 按钮，打开“填充路径”对话框，如图3-66所示，从中进行填充设置，最后单击“确定”按钮，效果如图3-67所示。

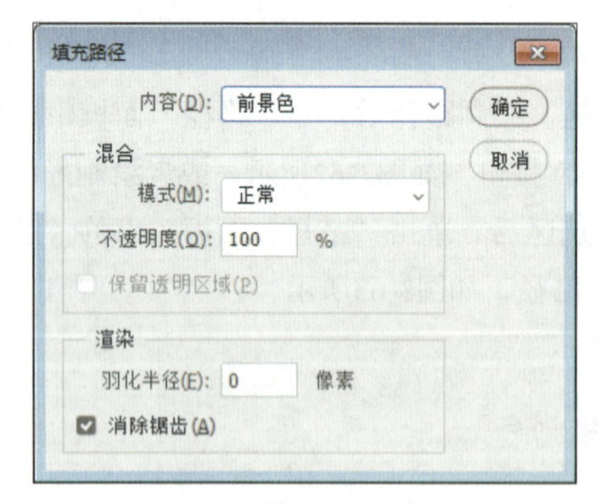

图 3-66

图 3-67

经验之谈 形状、路径和像素模式的区别

选择钢笔工具和形状工具时，在属性栏中会有形状、路径和像素3种模式选择，那么它们有何区别？下面进行介绍。

形状：是一个封闭的路径，可以理解为“形状”模式下绘制的是路径蒙版+填充图层的组合。可以自动生成新的形状图层，并填充前景色，如图3-68所示。

- 使用形状工具绘制后会自动生成填充前景色的形状路径图层，可以使用“直接选择工具”对形状路径进行调整，如图3-69所示。
- 使用“钢笔工具”三点绘制即显示填充颜色，不闭合路径也可以使用“移动工具”移动位置，如图3-70所示。其他钢笔工具只有闭合路径后才显示填充颜色。

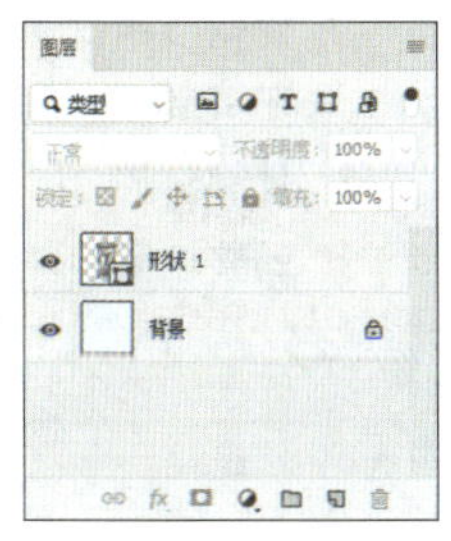

图 3-68

图 3-69

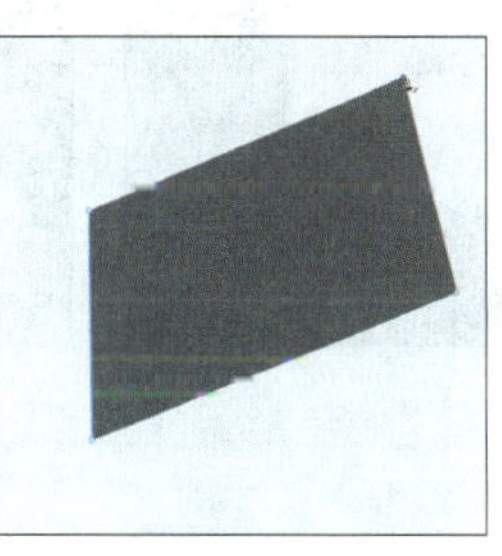

图 3-70

路径：在“路径”模式状态下，绘制时没有填充颜色，只会生成一个工作路径，然后进行描边或填充颜色等操作，如图3-71和图3-72所示。所以需要先新建透明图层，然后进行绘制填充，如图3-73所示。

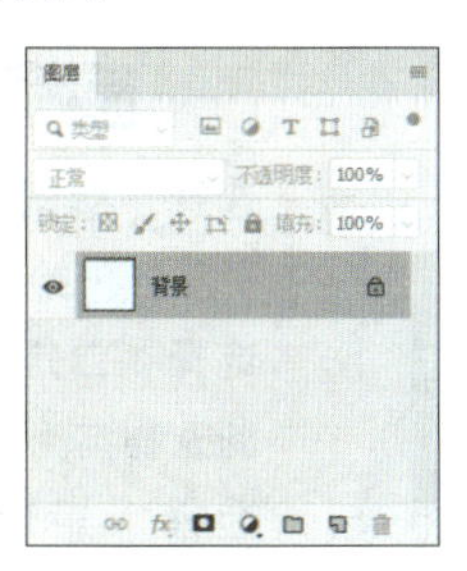

图 3-71

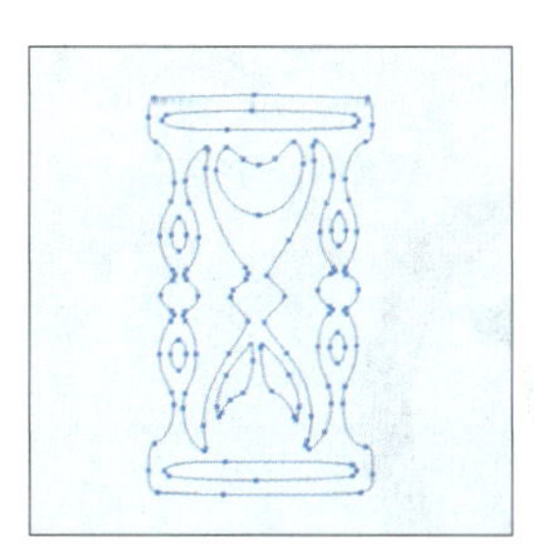

图 3-72

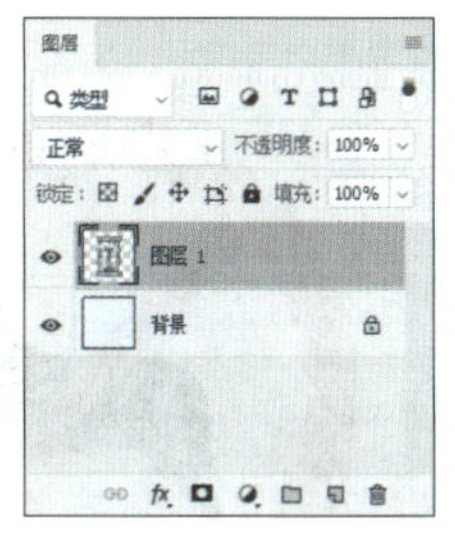

图 3-73

像素：可以理解为选区+前景色填充。钢笔工具组没有像素选项。选择形状工具绘制也不会生成新的图层，如图3-74和图3-75所示。

图 3-74

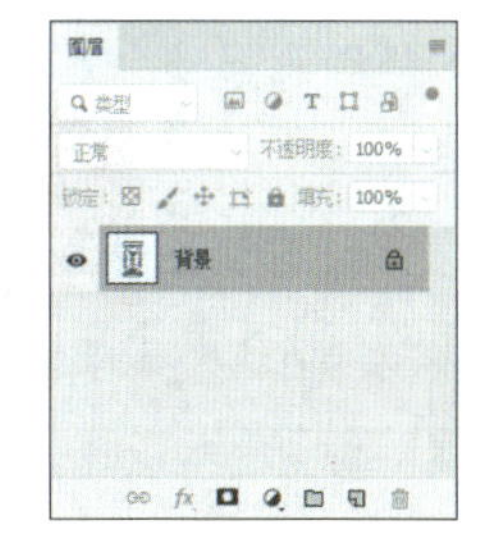

图 3-75

提示：若选择“钢笔工具”进行抠图，要选择“路径”模式。“形状”模式下生成的是路径形状图层，若要对其除路径、颜色之外的内容进行修改，则需先格式化图层。

上手实操

为了能够更好地掌握本章所学的知识内容，下面安排了两个实操习题，让用户动起手来练一练，以达到温故知新的目的。

实操一：抠取花朵并重组图片

抠取图3-76所示的花朵，并结合复制功能，最终效果如图3-77所示。

图 3-76

图 3-77

设计要领

- 选择“钢笔工具”并设置参数（路径模式）。
- 在花朵边缘绘制选区并复制。
- 调整位置。

实操二：绘制警示标志

利用形状、文字等工具绘制警示标志，最终效果如图3-78所示。

图 3-78

设计要领

- 选择“椭圆工具”和“矩形工具”绘制禁止框。
- 选择“自定形状工具”绘制宠物狗。
- 选择“矩形工具”绘制矩形。
- 输入文字。

第4章 图层的应用

内容概要

图层是Photoshop应用中最重要的功能之一，本章将对图层的有关知识进行全面介绍，其中包括图层的概念、图层的类型、图层的基本操作和图层的高级操作等。通过对本章内容的学习，可以了解图层的相关操作方法及其应用技巧。

知识要点

- 图层的基本操作。
- 图层的类型和“图层”面板。
- 图层的混合模式和应用样式。

数字资源

【本章案例素材来源】：“素材文件\第4章”目录下

【本章案例最终文件】：“素材文件\第4章\案例精讲\制作夏日海报.psd”

案例精讲 制作夏日海报

案 / 例 / 描 / 述

扫码观看视频

本案例制作的是夏日海报。在实操中主要用到的知识点有图层、渐变工具、文字工具、调整图层、曲线、图层样式、置入对象和自由变换等。

案 / 例 / 详 / 解

下面将对案例的制作过程进行详细讲解。

步骤 01 打开Photoshop软件，执行“文件”→“新建”命令，打开“新建文档”对话框，设置参数，单击“创建”按钮即可，如图4-1所示。

步骤 02 执行“文件”→“置入嵌入对象”命令，置入素材文件“夏天.png”，如图4-2所示。

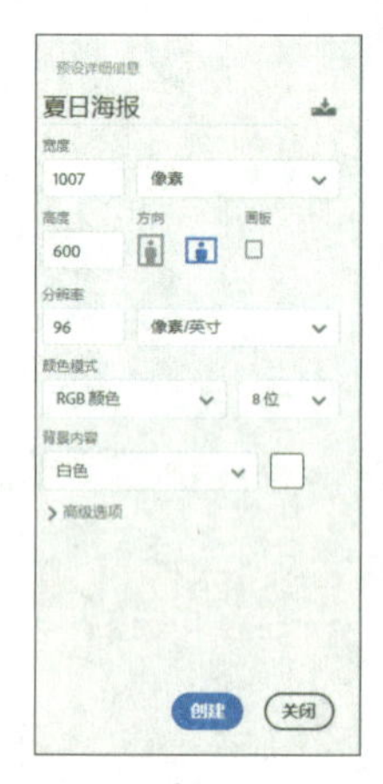

图 4-1

图 4-2

步骤 03 按Ctrl+T组合键自由变换，右击鼠标，在弹出的快捷菜单中选择“水平翻转”选项，如图4-3所示。

步骤 04 将图像等比例放大并移动到合适位置，如图4-4所示。

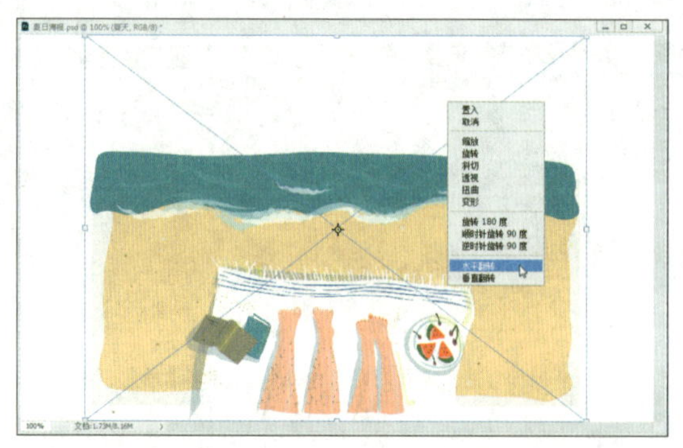
图 4-3

图 4-4

步骤05 选择“吸管工具”吸取图像边缘颜色，如图4-5所示。

步骤06 选择“油漆桶工具”填充背景图层，如图4-6所示。

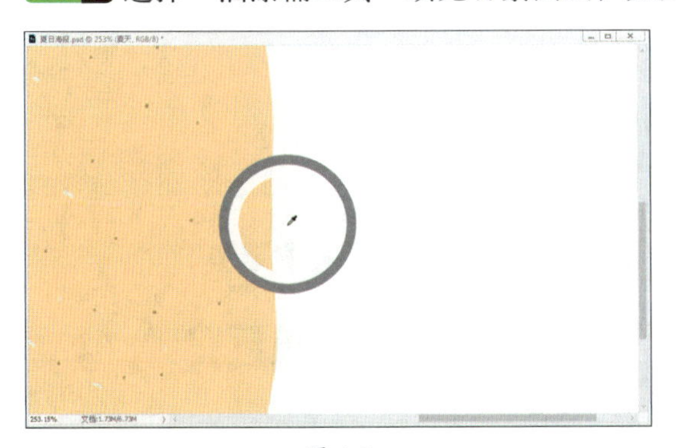

图 4-5

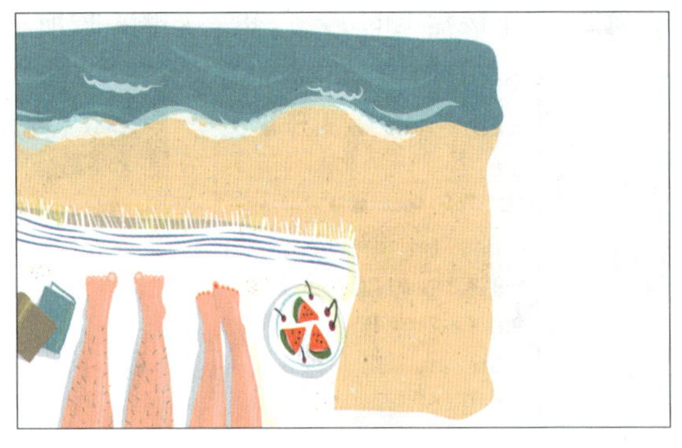

图 4-6

步骤07 单击“图层”面板底部的“创建新的填充或调整图层”◐，在弹出的快捷菜单中选择“曲线”选项，在“属性”面板中设置参数，如图4-7和图4-8所示。

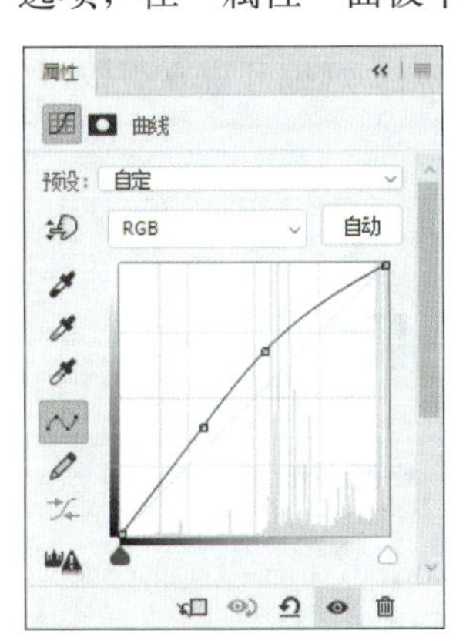

图 4-7

图 4-8

步骤08 输入两组文字，单击属性栏中的“切换字符和段落面板”按钮▤，设置参数，如图4-9和图4-10所示。

图 4-9

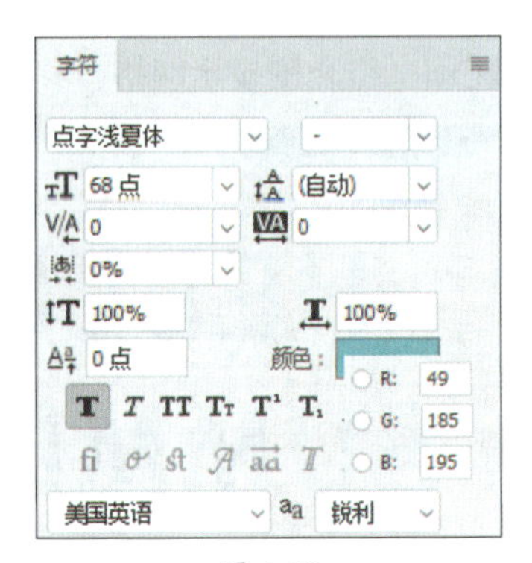

图 4-10

步骤09 按住Shift键选择两个文字图层，按Ctrl+J组合键复制两次，隐藏原图层，如图4-11所示。

步骤10 按4下键盘上的“←”键，如图4-12所示。

图 4-11

图 4-12

步骤11 按住Shift键选中4个文字图层，按Ctrl+E组合键合并图层，如图4-13所示。

步骤12 双击该图层，在弹出的“图层样式”对话框中选择“内阴影”选项并设置参数，如图4-14所示。

图 4-13

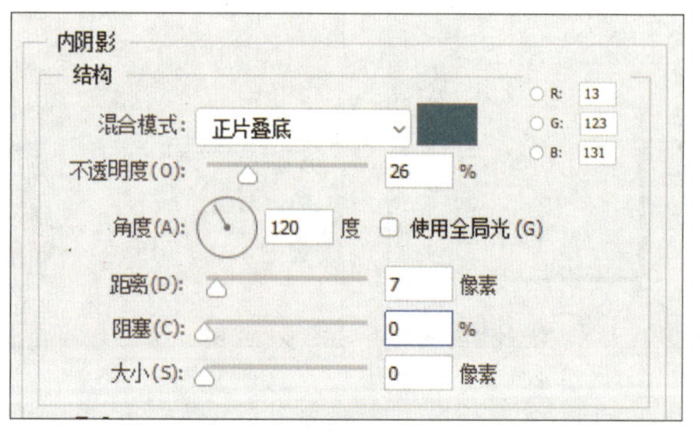

图 4-14

步骤13 设置图层样式后的效果如图4-15所示。

步骤14 按Ctrl+' 组合键显示网格，移动文字所在图层的位置，如图4-16所示。

图 4-15

图 4-16

步骤15 选择“多边形套索工具”框选图形创建选区，如图4-17所示。

步骤16 按Ctrl+X组合键剪切，按Ctrl+V组合键粘贴，生成新图层，如图4-18所示。

图 4-17

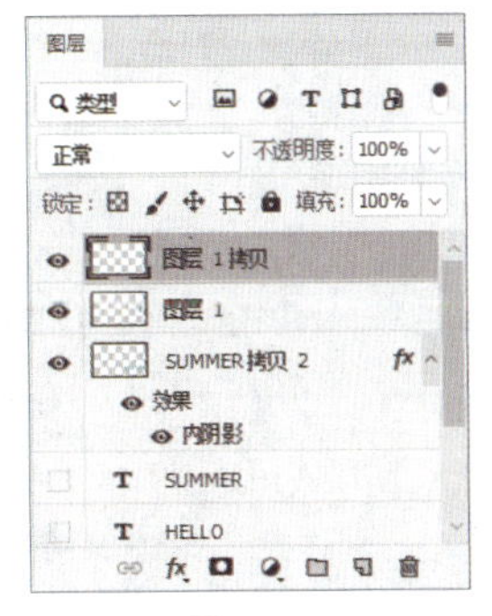

图 4-18

步骤17 按Ctrl+T组合键自由变换放大并移动位置，按住Alt键复制该图层，组成数字“8”，按住Shift键选中图层，按Ctrl+E组合键合并图层，如图4-19所示。

步骤18 按住Alt键，鼠标单击图层“SUMMER 拷贝 2”下的“效果”，向上拖动至“图层1 拷贝”复制图层样式，如图4-20所示。

图 4-19

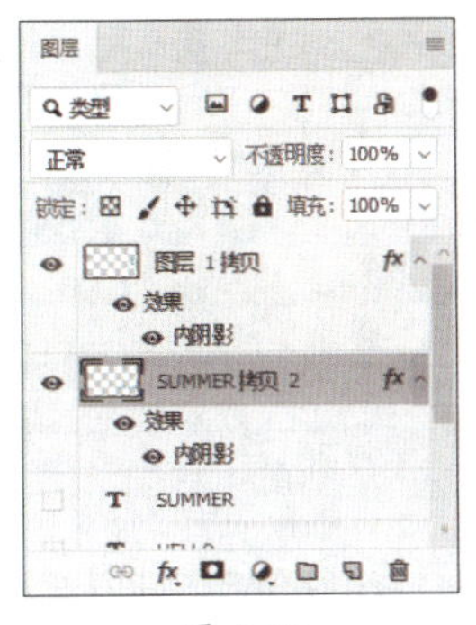

图 4-20

步骤19 双击“图层1 拷贝”空白处，在弹出的“图层样式”对话框中选择“渐变叠加”选项，设置参数，如图4-21所示。

步骤20 设置后的效果如图4-22所示。

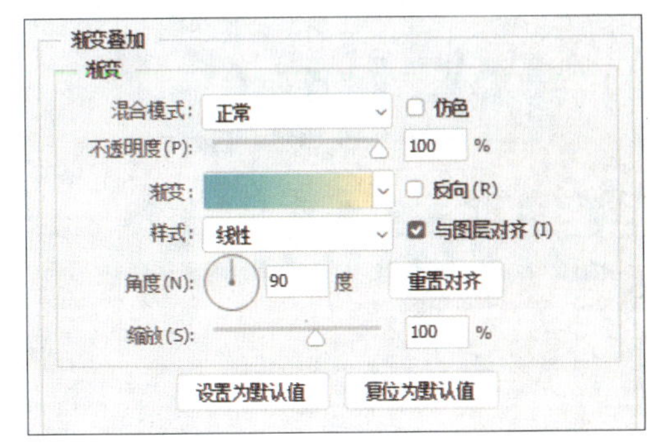

图 4-21

图 4-22

步骤21 选择“内阴影”选项，更改不透明度，如图4-23所示。

步骤22 设置后的效果如图4-24所示。

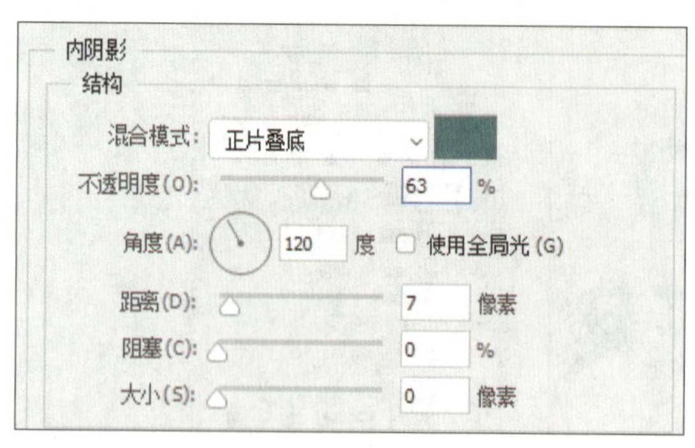

图 4-23

图 4-24

步骤23 选择“横排文字工具”输入两组文字，如图4-25所示。

步骤24 选择“自定形状工具”，在“形状”下拉列表中选择“波浪”并绘制，如图4-26所示。

图 4-25

图 4-26

步骤25 按Ctrl+' 组合键隐藏网格，整体调整图层位置，最终效果如图4-27所示。

图 4-27

至此，完成夏日海报的制作。

边用边学

4.1 图层的基础知识

图层是Photoshop中非常重要的概念，它是进行平面设计的创作平台。利用图层可以将不同的图像放置在不同的图层上进行独立的操作，它们之间互不影响。为了保证能够创作出最佳的图像作品，应熟悉并掌握图层的应用。

■ 4.1.1 图层的类型

在Photoshop中，常见的图层类型包括背景图层、普通图层、文本图层、蒙版图层、形状图层和调整图层等。

1. 背景图层

背景图层即叠放于各图层最下方的一种特殊的不透明图层，它以背景色为底色。可以在背景图层中自由涂画和应用滤镜，但不能移动位置和改变叠放顺序，也不能更改其不透明度和混合模式。使用“橡皮擦工具”擦除背景图层时会得到背景色。

2. 普通图层

普通图层即最普通的一种图层，在Photoshop中显示为透明。可以根据需要在普通图层上随意添加与编辑图像。按Ctrl+Shift+N组合键或单击“图层”面板底部的“创建新图层”按钮，即可创建一个普通图层，在隐藏背景图层的情况下，图层的透明区域显示为灰白方格，如图4-28和图4-29所示。

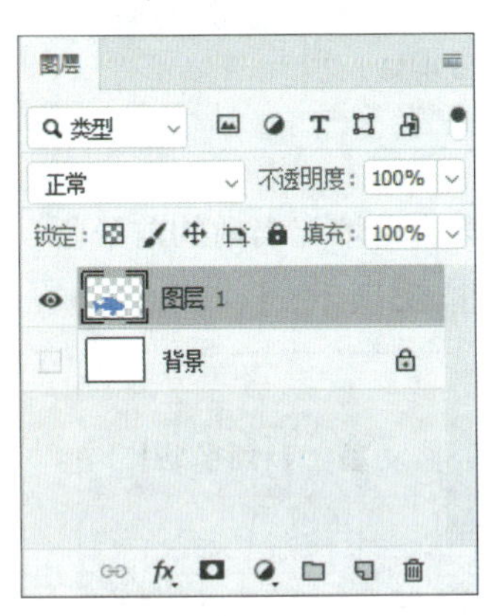

图 4-28

图 4-29

提示： 普通图层转换为背景图层的操作方法为，先选中该图层，然后执行“图层”→“新建”→“背景图层”命令，即可将所选图层转换为背景图层。

3. 文本图层

文本图层主要用于输入文本内容，当用户选择文字工具在图像中输入文字时，系统将会自动创建一个文字图层。若要对其进行编辑操作应先执行“栅格化文字”命令，将其转换为普通图层，如图4-30和图4-31所示。

图 4-30

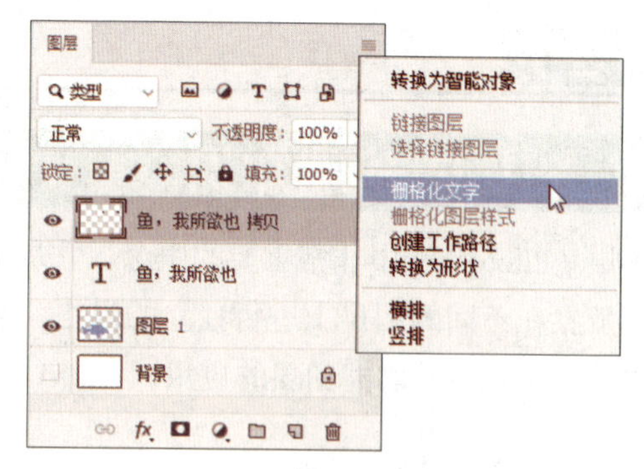

图 4-31

4. 蒙版图层

蒙版是图像合成的重要手段，蒙版图层中的黑、白和灰色像素控制着图层中相应位置图像的透明程度。其中，白色表示显示的区域，黑色表示未显示的区域，灰色表示半透明区域。此类图层缩览图的右侧会显示一个黑白的蒙版图像，如图4-32和图4-33所示。

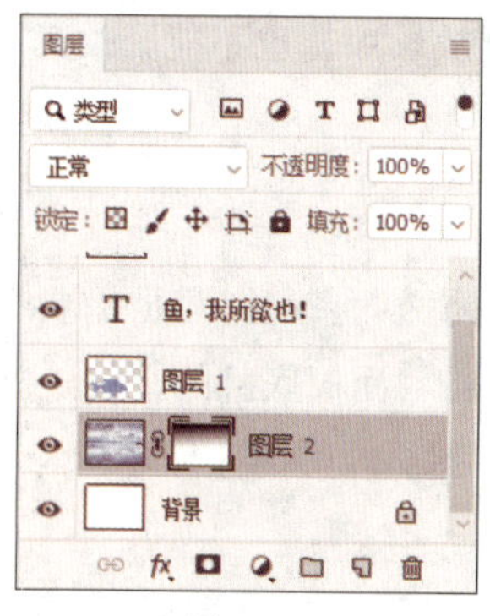

图 4-32

图 4-33

5. 形状图层

使用形状工具或钢笔工具可以创建形状图层。形状中会自动填充当前的前景色，也可以很方便地改用其他颜色、渐变或图案进行填充，如图4-34和图4-35所示。

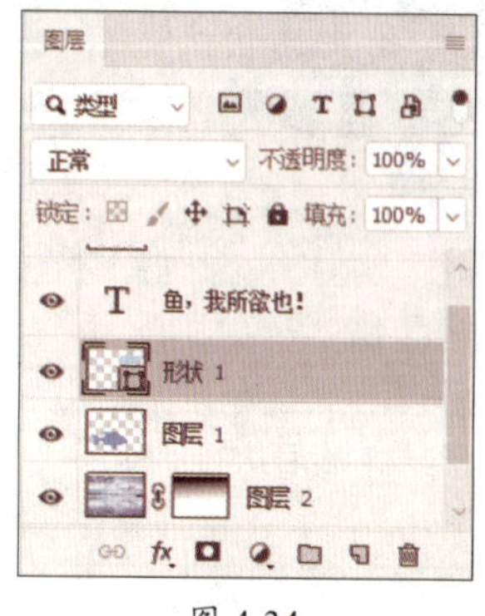

图 4-34

图 4-35

6. 调整图层和填充图层

调整图层主要用于存放图像的色调与色彩及调节该层以下图层中图像的色调、亮度和饱和度等。它对图像的色彩调整很有帮助，该图层的引入解决了存储后图像不能再恢复到以前色彩的问题。若图像中没有任何选区，则调整图层作用于其下方所有图层，但不会改变下面图层的属性。

填充图层的填充内容可以为纯色、渐变或图案，如图4-36和图4-37所示。

图 4-36

图 4-37

■ 4.1.2 “图层”面板

“图层”面板是用于创建、编辑和管理图层以及图层样式的一种直观的“控制器”。执行“窗口”→“图层”命令，弹出“图层”面板，如图4-38所示。

图 4-38

在“图层”面板中，主要选项的含义介绍如下：

- **“面板菜单”** ≡：单击该图标，可以打开“图层”面板的设置菜单。
- **“图层滤镜”**：位于“图层”面板的顶部，显示基于名称、效果、模式、属性或颜色标签的图层的子集。使用新的过滤选项可以帮助用户快速地在复杂文档中找到关键层。
- **“图层的混合模式”** 正常：用于选择图层的混合模式。
- **“图层整体不透明度”** 不透明度：100%：用于设置当前图层的不透明度。
- **“图层锁定”** 锁定：：用于对图层进行不同的锁定，包括锁定透明像素、锁定图像像素、锁定位置、以防在画板内外自动嵌套和锁定全部。
- **“图层内部不透明度”** 填充：100%：可以在当前图层中调整某个区域的不透明度。
- **“指示图层可见性”**：用于控制图层的显示或者隐藏，不能编辑在隐藏状态下的图层。
- **“图层缩览图”**：指图层图像的缩小图，方便确定调整的图层。
- **“图层名称”**：用于定义图层的名称，若想要更改图层名称，只需双击要重命名的图层，输入名称即可。

- **“图层按钮组”** ：在“图层”面板底端的7个按钮分别是链接图层、添加图层样式、添加图层蒙版、创建新的填充或调整图层、创建新组、创建新图层和删除图层，它们是图层操作中常用的命令。

4.2 图层的基本操作

在Photoshop中，图层的操作包括新建、选择、复制/删除、锁定/解锁、合并和盖印图层等。下面将对这些操作进行详细介绍。

4.2.1 新建图层

若在当前图像中绘制新的对象时，通常需要创建新的图层，其方法是：首先执行“图层”→“新建”→“图层”命令，打开“新建图层”对话框，如图4-39所示。或者在“图层”面板中，单击“创建新图层”按钮，即可在当前图层上方新建一个透明图层，新建的图层会自动成为当前图层。

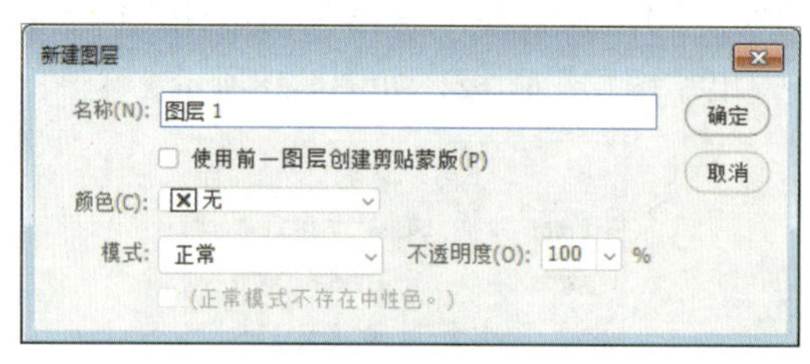

图 4-39

4.2.2 选择图层

在对图像进行编辑之前，要选择相应图层作为当前工作图层，此时只需将鼠标光标移动到“图层”面板上，当其变为形状时单击需要选择的图层即可。或者在缩览图上右击鼠标，在弹出的快捷菜单后也可选择该图层。

单击第1个图层的同时按住Shift键再单击最后一个图层，即可选择之间的所有图层，如图4-40所示。按住Ctrl键的同时单击需要选择的图层，可以选择非连续的多个图层，如图4-41所示。

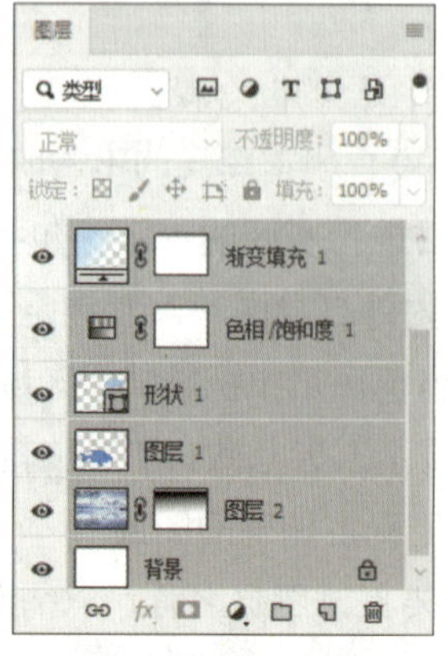

图 4-40

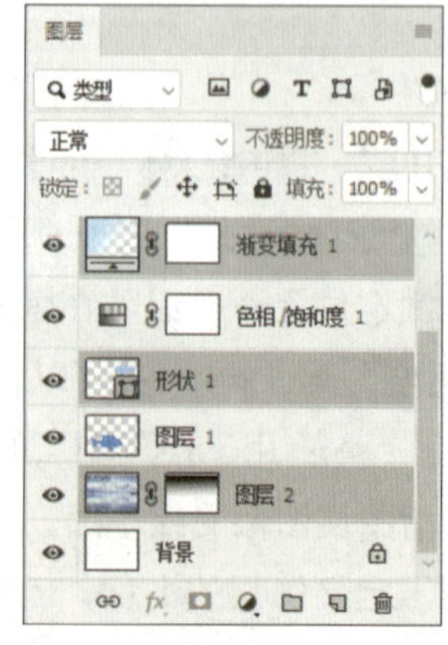

图 4-41

4.2.3 复制 / 删除图层

复制图层在编辑图像的过程中应用非常广泛，根据需要可以在同一个图像中复制图层或图层组，也可以在不同的图像间复制图层或图层组。选择需要复制的图层，将其拖动到“创建新图层”按钮上即可复制出一个副本图层，如图4-42所示。

或直接按Ctrl+J组合键复制图层、或者选中需要复制的图像按住Alt键，出现时右击鼠标并拖动，即可复制图层。复制副本图层可以避免因为操作失误造成的图像效果的损失。

为了减少图像文件占用的磁盘空间，在编辑图像时，通常会将不再使用的图层删除。具体的操作方法是右击需要删除的图层，在弹出的快捷菜单中选择“删除图层”选项。

另外，还可以选中要删除的图层，将其拖动到“删除图层”按钮上即可删除图层，如图4-43所示，或者直接按Delete键删除图层。

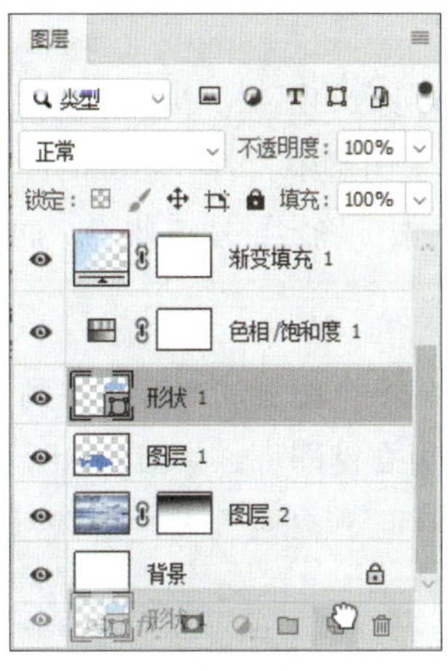

图 4-42

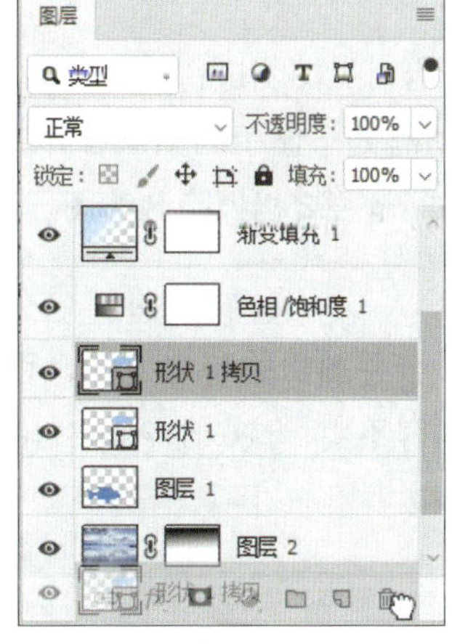

图 4-43

4.2.4 合并与盖印图层

在编辑过程中，为了缩减文件内存，经常会将几个图层进行合并编辑。用户可根据需要对图层进行合并，从而减少图层的数量，以便操作。

1. 合并图层

当需要合并两个或多个图层时，在“图层”面板中选中要合并的图层，执行“图层”→“合并图层”命令或单击“图层”面板右上角的按钮，在弹出的快捷菜单中选择“合并图层”选项，即可合并图层，或按Ctrl+E组合键合并图层，如图4-44和图4-45所示。

2. 合并可见图层

合并可见图层是将图层中可见的图层合并到一个图层中，而隐藏的图层则保持不动。执行“图层”→“合并可见图层”命令即可合并可见图层，如图4-46所示。

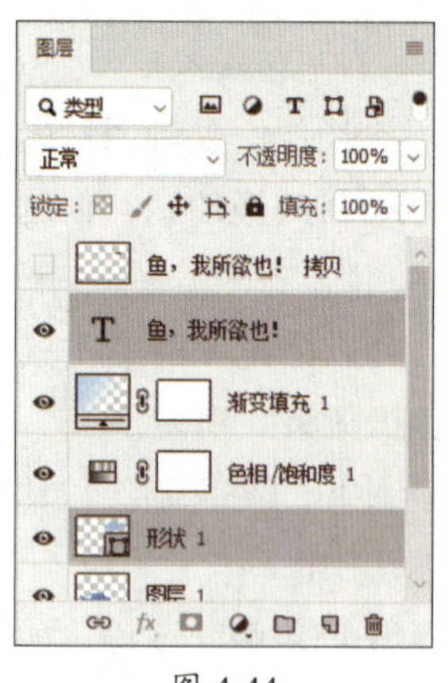

图 4-44

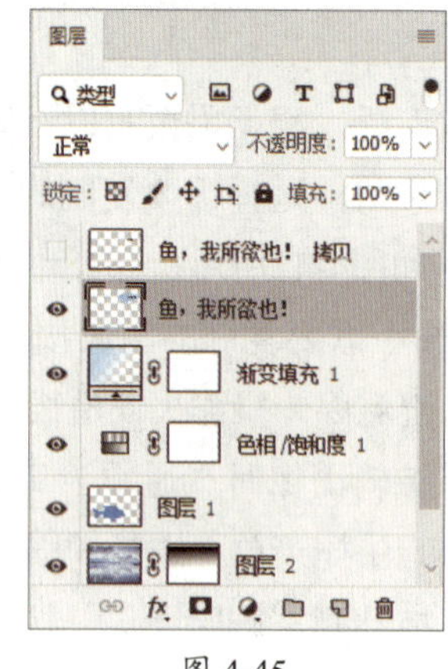

图 4-45

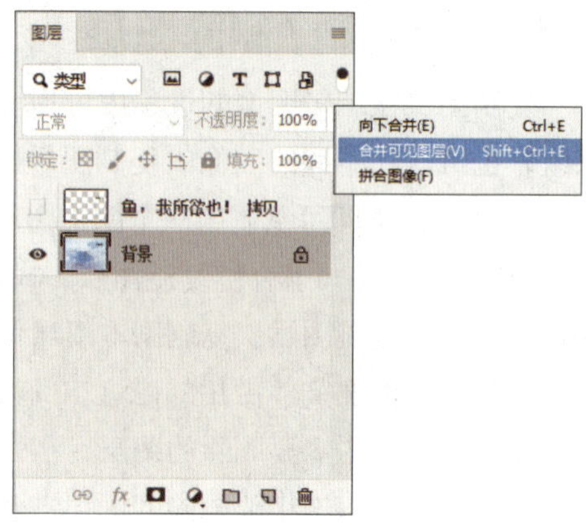

图 4-46

3. 拼合图像

拼合图像是将所有可见图层进行合并，而丢弃隐藏的图层。执行“图层”→“拼合图像”命令，Photoshop会将所有处于显示的图层合并到背景图层中。若有隐藏的图层，在拼合图像时会弹出提示对话框，询问是否要扔掉隐藏的图层，单击“确定”按钮即可，如图4-47所示。

4. 盖印图层

盖印图层是一种合并图层的特殊方法，可以将多个图层的内容合并到一个新的图层中，同时保持原始图层的内容不变，按Ctrl+Alt+Shift+E组合键即可，如图4-48所示。

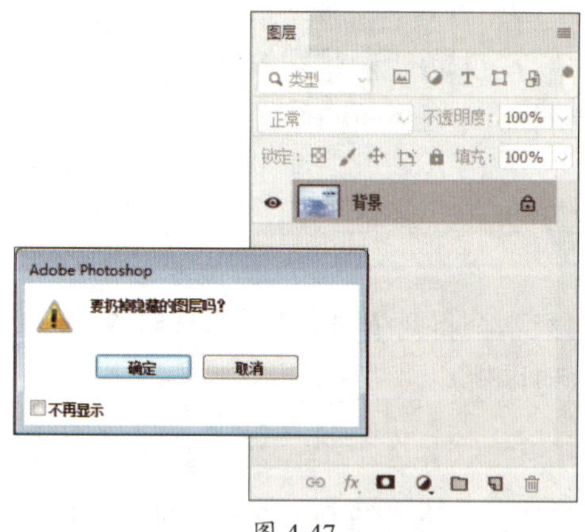

图 4-47

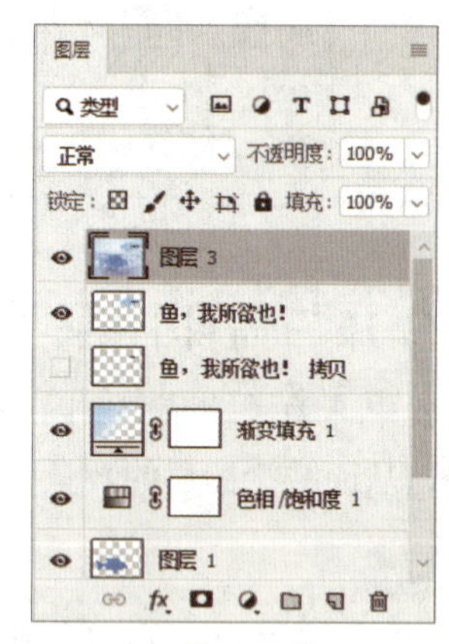

图 4-48

4.3 图层组的创建与编辑

图层组就是将多个图层归为一个组，这个组可以在不需要操作时折叠起来，无论组中有多少图层，折叠后只占用相当于一个图层的空间，方便管理图层，提高工作效率。

■ 4.3.1 创建和删除图层组

在“图层”面板中，选中多个图层，单击或拖动到面板底部的“创建新组”，即“从图层创建组”。创建后图层组前有一个“扩展”按钮，单击该按钮，按钮呈状态时即可查看图层组中包含的图层，再次单击该按钮即可将图层组层叠，如图4-49和图4-50所示。

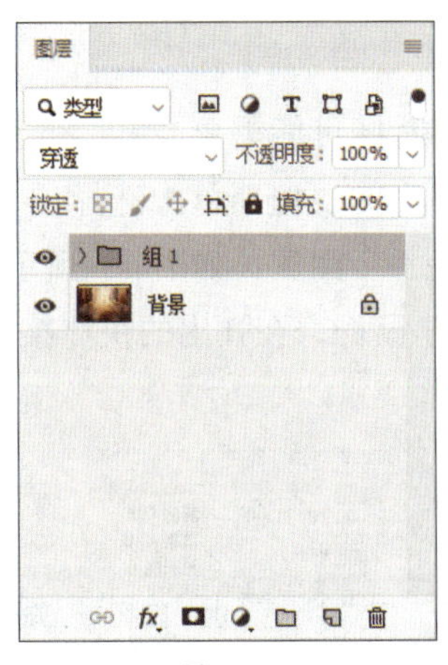

图 4-49

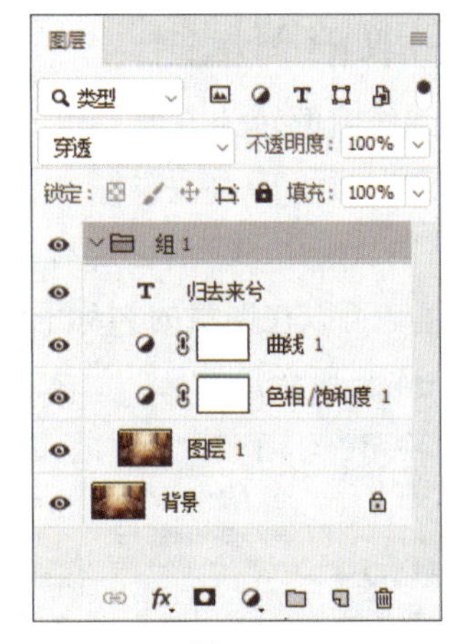

图 4-50

对于不需要的图层组，可以选择删除。首先选择要删除的图层组，单击“删除图层”按钮 ，弹出如图4-51所示的提示对话框。若单击“组和内容”按钮，则在删除组的同时还将删除组内的图层；若单击“仅组”按钮，则只删除图层组，并不删除组内的图层。按Delete键直接删除时，没有提示内容。

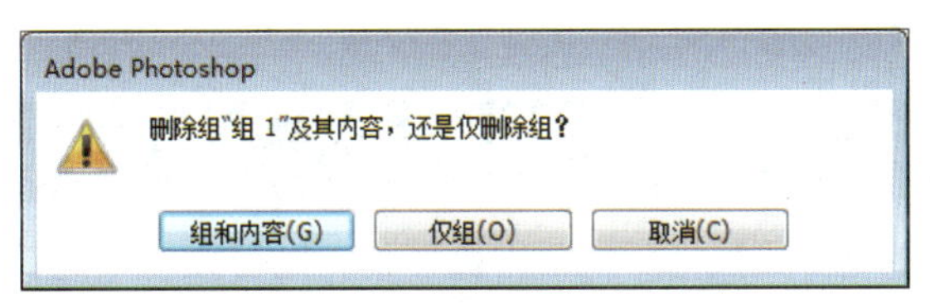

图 4-51

4.3.2 管理图层组

创建图层组后，可在“图层”面板中将现有的图层拖入组中。选择需要移入的图层，将其拖动到创建的图层组上，当出现黑色双线时释放鼠标即可将图层移入图层组中。将图层移出图层组的方法与之相似。

两个图层组中的图层也可以进行移动。选择需要移入另一个图层组的图层，将图层拖动到另一个图层组上，出现黑色双线时释放鼠标即可，如图4-52和图4-53所示。

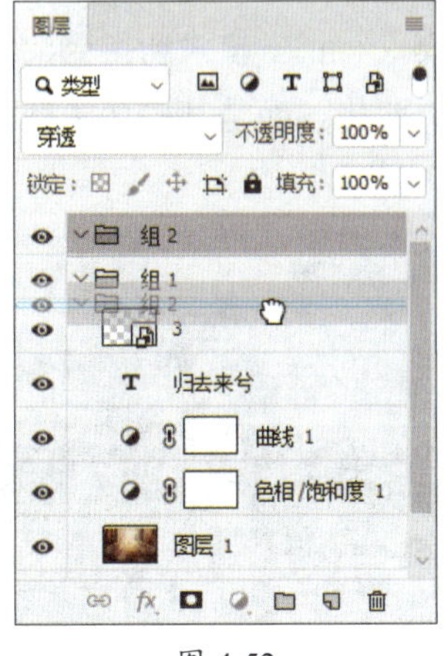

图 4-52

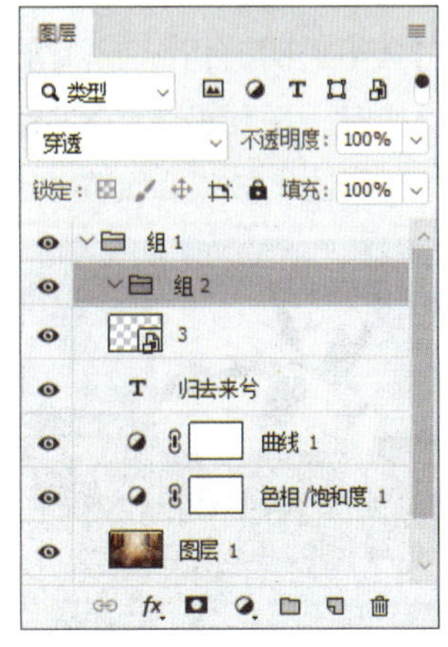

图 4-53

■ 4.3.3　合并和取消图层组

虽然利用图层组制作图像较为方便，但某些时候可能需要合并一些图层组。具体的操作方法是，选中要合并的图层组后右击鼠标，在弹出的快捷菜单中选择“合并图层”选项或按Ctrl+E组合键，即可将图层组中的所有图层合并为一个图层，如图4-54所示。

如果要取消图层组，可以在图层的名称上右击鼠标，在弹出的快捷菜单中选择“取消图层编组”选项即可，如图4-55所示。

图 4-54

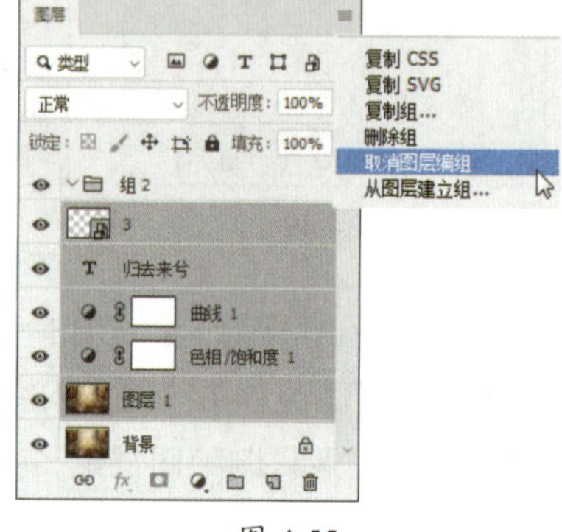

图 4-55

4.4　图层的高级操作

在Photoshop中，除了对图层执行一些基本操作外，还可以对其进行更详细的设置操作，如设置图层混合模式、应用图层样式等。下面将详细介绍图层的高级操作。

■ 4.4.1　图层混合操作

图层混合操作包括混合模式的设置和不透明度的设置。

1. 混合模式的设置

在“图层”面板中，可以很方便地设置各图层的混合模式。选择不同的混合模式将会得到不同的效果。图层混合模式的设置效果及其功能介绍如下：

- **正常：**该模式为默认混合模式，使用该模式时图层之间不会发生相互作用，如图4-56所示。
- **溶解：**在图层完全不透明的情况下，溶解模式与正常模式所得到的效果是相同的。若降低图层的不透明度时，图层像素不是逐渐透明化，而是某些像素透明，其他像素则完全不透明，从而得到颗粒化效果，如图4-57所示。

图 4-56

图 4-57

- **变暗：**该模式的应用将会产生新的颜色，即它对上下两个图层相对应像素的颜色值进行比较，取较小值得到各个通道的值，因此叠加后图像效果整体变暗，如图4-58所示。
- **正片叠底：**该模式可用于添加阴影和细节，而不会完全消除下方的图层阴影区域的颜色。其中，任何颜色与黑色混合时仍为黑色，与白色混合时没有变化，如图4-59所示。

图 4-58

图 4-59

- **颜色加深：**该模式主要用于创建非常暗的阴影效果。使用该模式进行混合时将查看图层每个通道的颜色信息，通过增加对比度以加深图像颜色，如图4-60所示。
- **线性加深：**使用该模式查看每一个颜色通道的颜色信息，加暗所有通道的基色，并通过提高其他颜色的亮度来反映混合颜色，与白色混合时没有变化，如图4-61所示。

图 4-60

图 4-61

- **深色：**应用该模式将比较混合色和基色的所有通道值的总和并显示值较小的颜色。正因为它从基色和混合色中选择最小的通道值来创建结果颜色，所以该模式的应用不会产生第3种颜色，如图4-62所示。
- **变亮：**该模式与变暗模式相反，混合结果为图层中较亮的颜色，如图4-63所示。

图 4-62

图 4-63

- **滤色**：该模式的应用，即将上方图层像素的互补色与底色相乘，因此结果颜色比原有颜色更浅，具有漂白的效果，如图4-64所示。
- **颜色减淡**：该模式的应用可以生成非常亮的合成效果。但是与黑色像素混合时无变化。其计算方法是查看每个颜色通道的颜色信息，通过增加其对比度而使颜色变亮，如图4-65所示。

图 4-64

图 4-65

- **线性减淡（添加）**：应用该模式将查看每个颜色通道的信息，通过降低其亮度来使颜色变亮，但与黑色混合时无变化，如图4-66所示。
- **浅色**：该模式的应用与“深色”模式的应用效果正好相反，如图4-67所示。

图 4-66

图 4-67

- **叠加**：该模式的应用将对各图层颜色进行叠加，保留底色的高光和阴影部分，底色不被取代，而是与上方图层混合来体现原图的亮度和暗部，如图4-68所示。
- **柔光**：该模式的应用将根据上方图层的明暗程度决定最终的效果是变亮还是变暗。当上方图层颜色比50%灰色亮时，图像变亮，相当于减淡；当上方图层颜色比50%灰色暗时，图像变暗，相当于加深，如图4-69所示。

图 4-68

图 4-69

- **强光：**该模式的应用效果与柔光类似，但其加亮与变暗的程度比柔光模式强很多，如图4-70所示。
- **亮光：**该模式的应用将通过增加或降低对比度来加深和减淡颜色。如果上方图层颜色比50%的灰度亮，则图像通过降低对比度来减淡，反之图像被加深，如图4-71所示。

图 4-70

图 4-71

- **线性光：**该模式的应用将根据上方图层颜色增加或降低亮度来加深或减淡颜色。若上方图层颜色比50%的灰度亮，则图像增加亮度，反之图像变暗，如图4-72所示。
- **点光：**该模式的应用将根据颜色亮度，决定上方图层颜色是否替换下方图层颜色。若上方图层颜色比50%的灰度高，则上方图层的颜色被下方图层的颜色替代，否则保持不变，如图4-73所示。

图 4-72

图 4-73

- **实色混合：**应用该模式后将使两个图层叠加后具有很强的硬性边缘，如图4-74所示。
- **差值：**该模式的应用将使上方图层颜色与底色的亮度值互减，取值时以亮度较高的颜色减去亮度较低的颜色，较暗的像素被较亮的像素取代，而较亮的像素不变，如图4-75所示。

图 4-74

图 4-75

- **排除**：该模式的应用效果与差值模式相类似，但图像效果会更加柔和，如图4-76所示。
- **减去**：该模式的应用将当前图层与下面图层中图像色彩进行相减，将相减结果呈现出来。在8位和16位的图像中，如果相减的色彩结果是负值，则颜色值为0，如图4-77所示。

图 4-76

图 4-77

- **划分**：该模式的应用能够实现将上一层的图像色彩以下一层的颜色为基准进行划分所产生的效果，如图4-78所示。
- **色相**：该模式的应用将采用底色的亮度、饱和度以及上方图层中图像的色相作为结果色。混合色的亮度及饱和度与底色相同，但色相则由上方图层的颜色决定，如图4-79所示。

图 4-78

图 4-79

- **饱和度**：该模式的应用将采用底色的亮度、色相以及上方图层中图像的饱和度作为结果色。混合后的色相及明度与底色相同，但饱和度由上方图层决定。若上方图层中图像的饱和度为0，则原图就没有变化，如图4-80所示。
- **颜色**：该模式的应用将采用底色的亮度以及上方图层中图像的色相和饱和度作为结果色。混合后的明度与底色相同，颜色由上方图层图像决定，如图4-81所示。

图 4-80

图 4-81

- **明度**：该模式的应用将采用底色的色相饱和度以及上方图层中图像的亮度作为结果色。该模式与“颜色”模式相反，即其色相和饱和度由底色决定，如图4-82所示。

图 4-82

2. 不透明度的设置

在默认状态下，图层的不透明度为100%，即完全不透明。如果降低图层的不透明度后，就可以透过该图层看到其下面图层上的图像，如图4-83和图4-84所示。

图 4-83

图 4-84

> **提示**：在“图层”面板中，“不透明度”和“填充”两个选项都可用于设置图层的不透明度，但其作用范围是有区别的。“填充”只用于设置图层的内部填充颜色，对添加到图层的外部效果（如投影）不起作用。

4.4.2 图层样式的应用

图层样式是Photoshop软件一个重要的功能，利用图层样式功能，可以能方便地为图像添加投影、内阴影、内发光、外发光、斜面和浮雕、光泽、渐变等效果。图层样式的设置与上述图层高级混合的操作相类似，其方法有以下3种：

- 执行“图层”→“图层样式”下拉菜单中的样式命令，打开“图层样式”对话框，进入相应效果的设置面板。
- 双击需要添加图层样式的图层缩览图，也可以打开“图层样式”对话框。

- 单击“图层”面板底部的“添加图层样式”按钮，从弹出的下拉菜单中任意选择一种样式，打开“图层样式”对话框。

在“图层样式”对话框中，主要选项的含义介绍如下：

1. 样式

用于放置预设好的图层样式，选中即可应用，如图4-85所示。

2. 混合选项

“混合选项”分为“常规混合”“高级混合”和“混合颜色带”，如图4-86所示。在“高级混合”选项中，主要选项作用如下：

- 将内部效果混合成组(I)：选中该复选框，可用于控制添加内发光、光泽、颜色叠加、图案叠加、渐变叠加图层样式的图层的挖空效果。
- 将剪贴图层混合成组(P)：选中该复选框，将只对裁切组图层执行挖空效果。
- 透明形状图层(T)：当添加图层样式的图层中有透明区域时，若选中该复选框，则透明区域相当于蒙版。生成的效果若延伸到透明区域，则将被遮盖。
- 图层蒙版隐藏效果(S)：当添加图层样式的图层中有图层蒙版时，若选中该复选框，则生成的效果若延伸到蒙版区域，将被遮盖。
- 矢量蒙版隐藏效果(H)：当添加图层样式的图层中有矢量蒙版时，若选中该复选框，则生成的效果若延伸到矢量蒙版区域，将被遮盖。

图 4-85

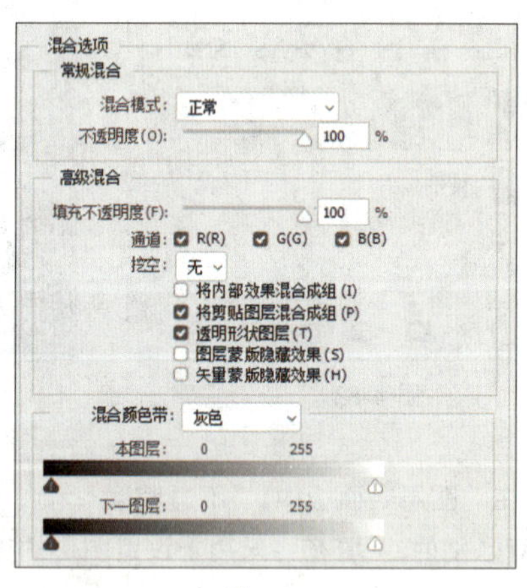

图 4-86

3. 斜面和浮雕

在图层中使用“斜面和浮雕”样式，可以添加不同组合方式的浮雕效果，从而增加图像的立体感。

- **斜面和浮雕：**用于增加图像边缘的明暗度，并增加投影来使图像产生不同的立体感，如图4-87所示。
- **等高线：**在浮雕中创建凹凸起伏的效果，如图4-88所示。
- **纹理：**在浮雕中创建不同的纹理效果，如图4-89所示。

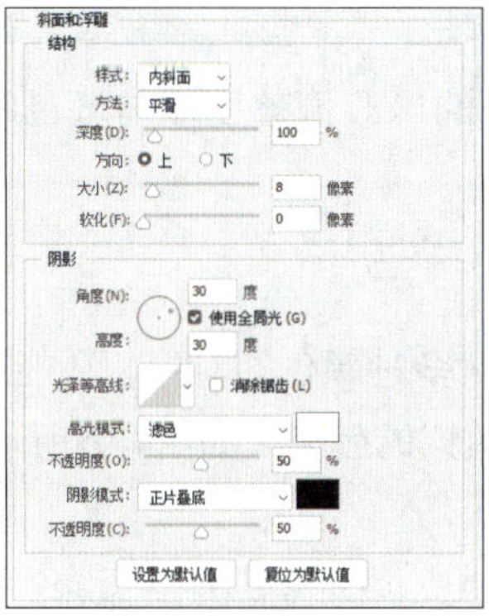

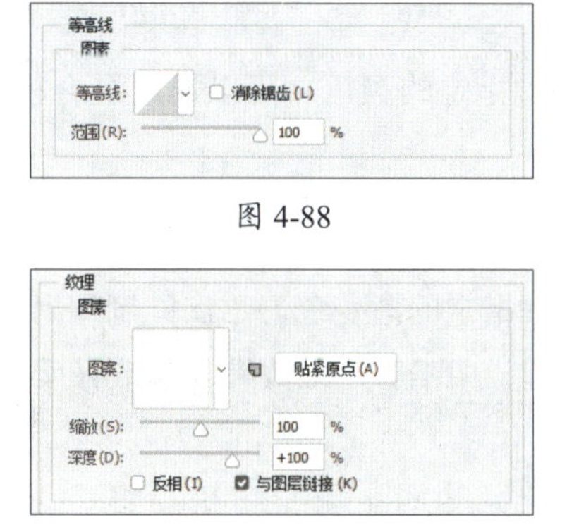

图 4-88

图 4-87

图 4-89

4. 描边

使用颜色、渐变和图案来描绘图像的轮廓边缘，如图4-90所示。

5. 内阴影

在紧靠图层内容的边缘向内添加阴影，使图层呈现凹陷的效果，如图4-91所示。

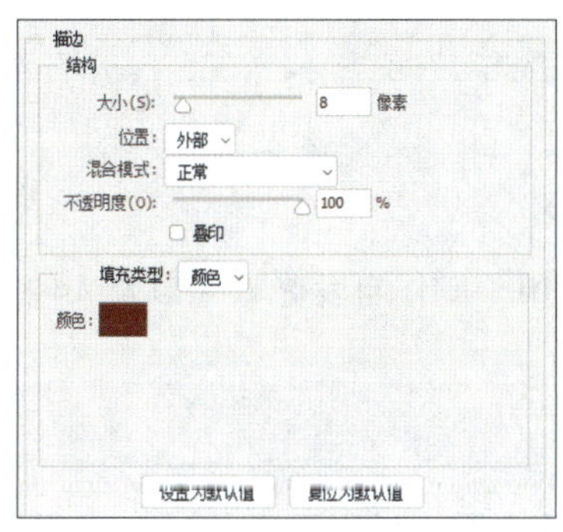

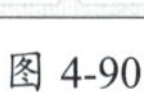

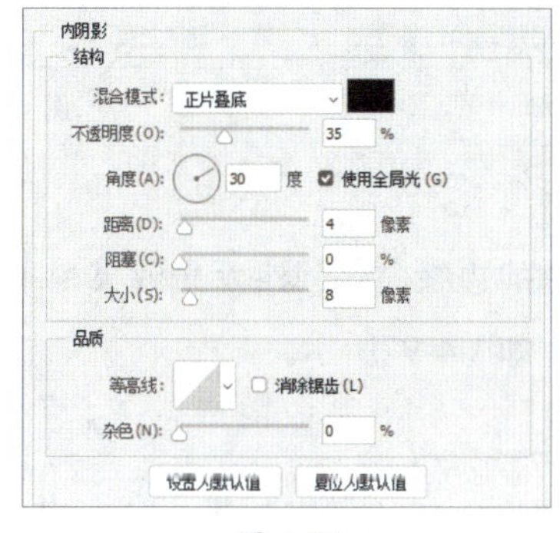

图 4-90

图 4-91

6. 内发光

沿图层内容的边缘向内创建发光效果，使对象出现些许“凸起感”，如图4-92所示。

7. 光泽

为图像添加光滑的具有光泽的内部阴影，通常用于制作具有光泽质感的按钮和金属，如图4-93所示。

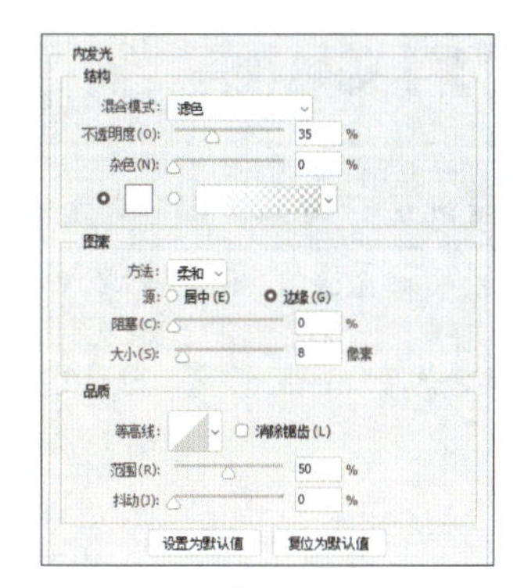

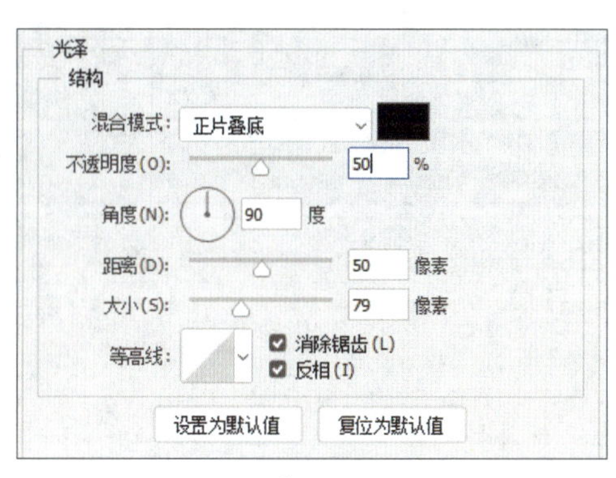

图 4-92

图 4-93

8. 颜色叠加

在图像上叠加指定的颜色，可以通过混合模式的修改调整图像与颜色的混合效果，如图4-94所示。

9. 渐变叠加

在图像上叠加指定的渐变色，不仅能制作出带有多种颜色的对象，还能通过巧妙的渐变颜色设置制作出凸起、凹陷等三维效果以及带有反光质感的效果，如图4-95所示。

10. 图案叠加

在图像上叠加图案。与“颜色叠加”和“渐变叠加”相同，可以通过混合模式的设置使叠加的“图案”与原图进行混合，如图4-96所示。

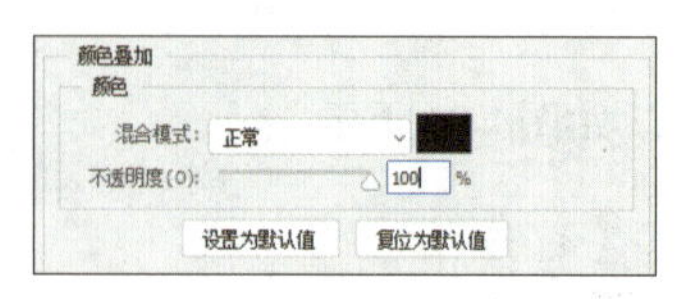

图 4-94

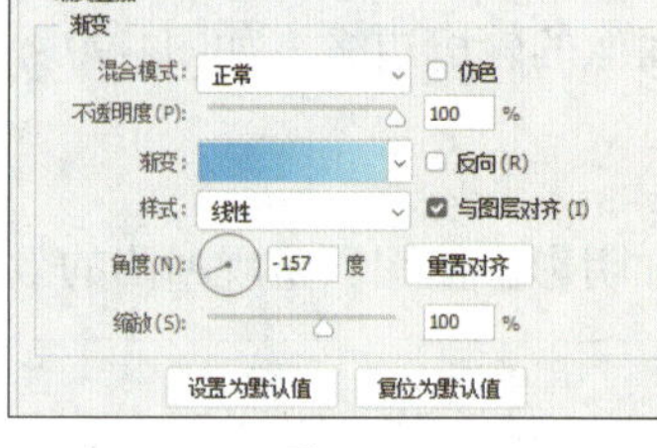

图 4-95

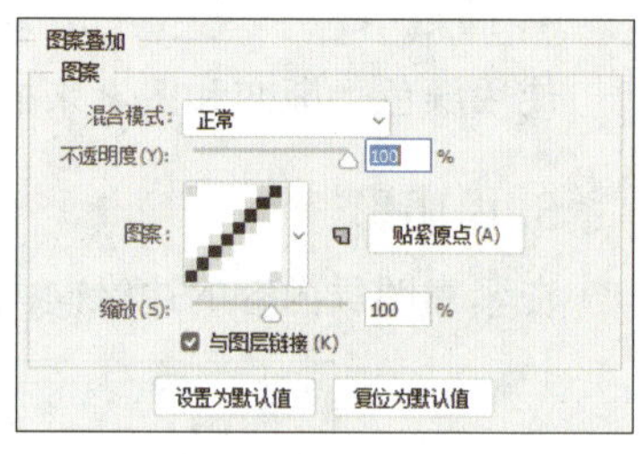

图 4-96

11. 外发光

沿图层内容的边缘向外创建发光效果，主要用于制作自发光效果以及人像或其他对象梦幻般的光晕效果，如图4-97所示。

12. 投影

为图层模拟出向后的投影效果，增强某部分的层次感以及立体感，常用于突显文字，如图4-98所示。

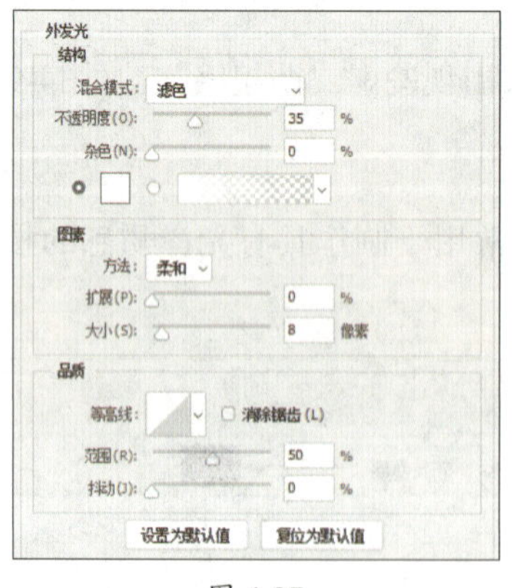

图 4-97

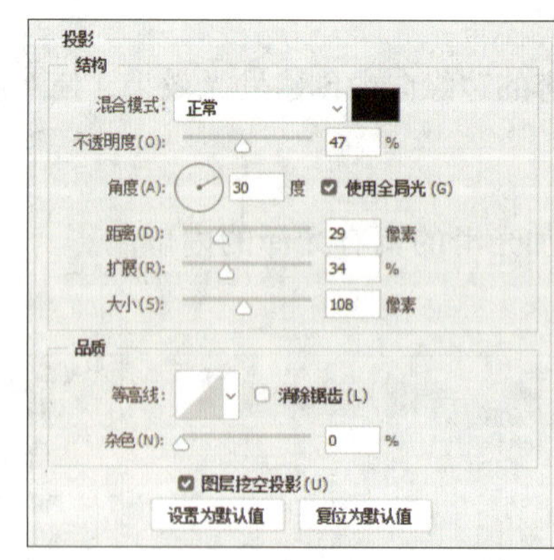

图 4-98

经验之谈 图层的对齐与分布

在编辑图像的过程中，常需要将多个图层进行整齐排列。这里就需要用到“对齐”与“分布”这两个命令。对齐图层是指将两个或两个以上图层按一定规律进行对齐排列，以当前图层或选区为基础，在相应方向上对齐。分布图层是指将3个以上图层按一定规律在图像编辑窗口中进行分布。

通常操作时，只需选择“移动工具”，将目标图层选中，在属性栏中会出现对齐与分布的快捷按钮，如图4-99所示。其中，主要选项的功能介绍如下：

图 4-99

- **“左对齐”** ⊫：将选定图层上左端像素与最左端图层的左端像素对齐，或与选区边界的左边对齐，图4-100和图4-101所示为执行此命令前后对比图。

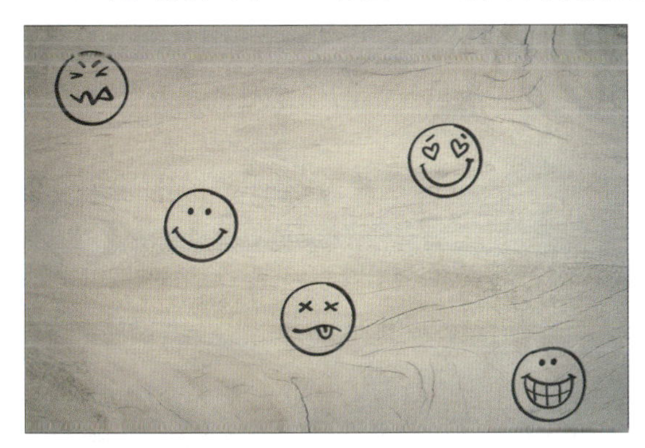

图 4-100

图 4-101

- **“水平居中对齐”** ⫩：将选定图层上的水平中心像素与所有选定图层的水平中心像素对齐，或与选区边界的水平中心对齐，如图4-102所示。
- **“右对齐”** ⫤：将选定图层上的右端像素与所有选定图层上的最右端像素对齐，或与选区边界的右边对齐，如图4-103所示。

图 4-102

图 4-103

- **“垂直分布”** ：在图层之间均匀分布垂直间距，如图4-104所示。
- **“顶对齐”** ：将选定图层上的顶端像素与所有选定图层上最顶端的像素对齐，或与选区边框的顶边对齐，如图4-105所示。

图 4-104

图 4-105

- **“垂直居中对齐”** ：将每个选定图层上的垂直中心像素与所有选定图层的垂直中心像素对齐，或与选区边框的垂直中心对齐，如图4-106所示。
- **“底对齐”** ：将选定图层上的底端像素与选定图层上最底端的像素对齐，或与选区边界的底边对齐，如图4-107所示。

图 4-106

图 4-107

- **“水平分布”** ：在图层之间均匀分布水平间距，如图4-108所示。
- **“对齐并分布”** ：单击此按钮，弹出扩展菜单，如图4-109所示。其中包括6种对齐模式按钮、6种分布模式按钮和两种分布间距。对齐有两种选择模式，一个是选区，另一个是画布。

图 4-108

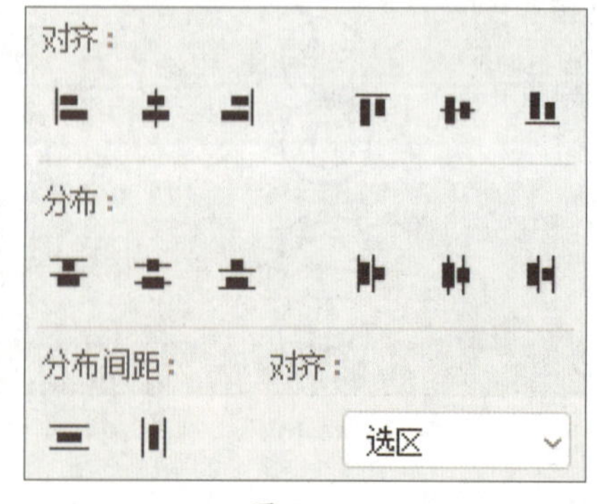

图 4-109

除了这种便捷方法，还可以执行“图层”→“ 对齐” 命令或执行 “图层”→“分布” 命令，在弹出的级联菜单中选择所需的对齐或分布方式即可。

提示：如何以某个图层为基准对齐或分布图层？

如果要以某个图层作为基准对齐或分布图层，我们只需选中需要的图层，右击鼠标，在弹出的快捷菜单中选择“链接图层”选项，然后选中所有图层，执行对齐或分布命令即可。图4-110和图4-111所示为执行“垂直居中对齐”和“水平分布”命令效果图。

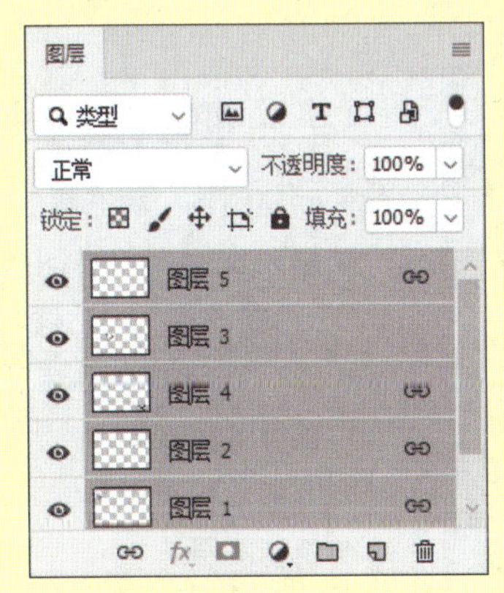

图 4-110

图 4-111

上手实操

为了能够更好地掌握本章所学的知识内容，下面安排了两个实操习题，让用户动起手来练一练，以达到温故知新的目的。

实操一：制作压痕字效果

制作压痕字效果，最终效果如图4-112所示。

图 4-112

设计要领

- 新建图层，填充颜色。
- 输入文字，双击图层打开“图层样式”对话框。
- 在“高级混合”选项中设置不透明度为0。
- 添加“斜面和浮雕”效果。
- 复制图层。

实操二：制作创意照片墙

制作创意照片墙，最终效果如图4-113所示。

图 4-113

设计要领

- 复制图层并置入背景素材。
- 绘制黑色的矩形并设置图层样式中的“高级混合”参数。
- 添加“描边”“投影”参数。
- 复制并调整矩形大小。
- 盖印图层并调整上下距离。
- 添加径向渐变并调整不透明度。

扫码观看视频

第5章 文本的应用

内容概要

在Photoshop中，文字是一种特殊的图像结构，由像素组成，与当前图像具有相同的分辨率，字符放大时会有锯齿，同时又具有基于矢量边缘的轮廓。本章将对文本的相关知识进行详细介绍。

知识要点

- 文字的基础知识。
- “字符”面板和“段落”面板。
- 编辑文本内容。

数字资源

【本章案例素材来源】：“素材文件\第5章”目录下

【本章案例最终文件】：“素材文件\第5章\案例精讲\制作生日邀请函.psd”

案例精讲 制作生日邀请函

案/例/描/述

本案例制作的是生日邀请函，属于剪纸风格。在实操中主要用到的知识点有钢笔工具、选框工具、“多边形套索工具”、选区、填充、图层样式、文字、段落等。

案/例/详/解

本案例主要分为两个部分：一个是邀请函的封面，另一个是邀请函的内页。下面将对案例的制作过程进行详细讲解。

1. 制作邀请函封面

步骤01 打开Photoshop软件，执行“文件”→“新建”命令，新建一个21 cm × 20 cm的文档，并填充颜色，如图5-1所示。

扫码观看视频

步骤02 按Ctrl+' 组合键显示网格，如图5-2所示。

步骤03 单击“图层”面板底部的“创建新图层”按钮，新建透明图层，如图5-3所示。

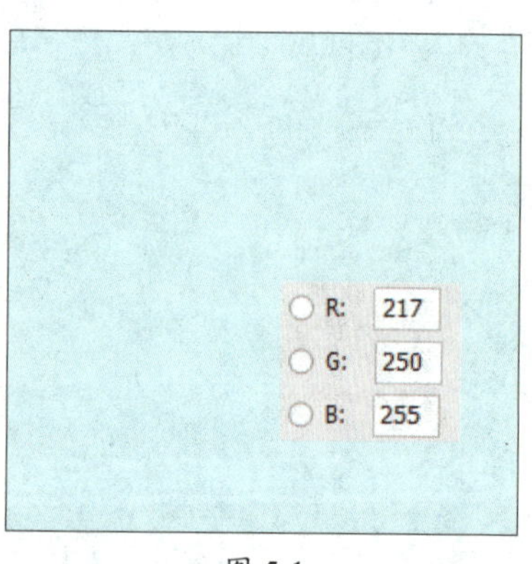

图 5-1

图 5-2

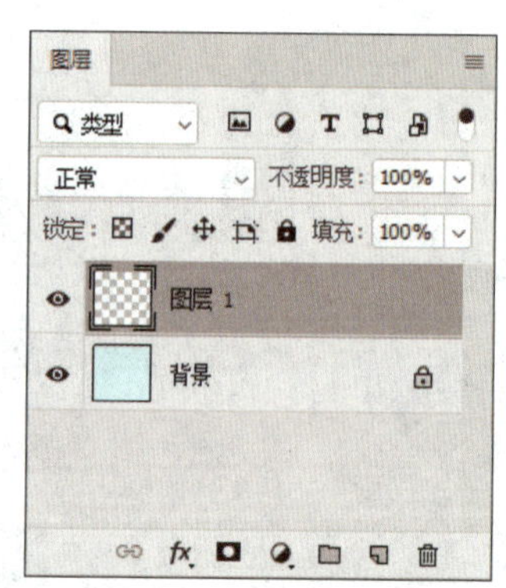

图 5-3

步骤04 选择“钢笔工具”绘制如图5-4所示的图形，并在属性栏中设置填充颜色。

步骤05 按住Alt键拖动复制图层，在“钢笔工具”的属性栏中设置颜色参数，如图5-5所示。

步骤06 按Ctrl+T组合键自由选择变换，右击鼠标，在弹出的快捷菜单中选择“水平翻转”选项，如图5-6所示。

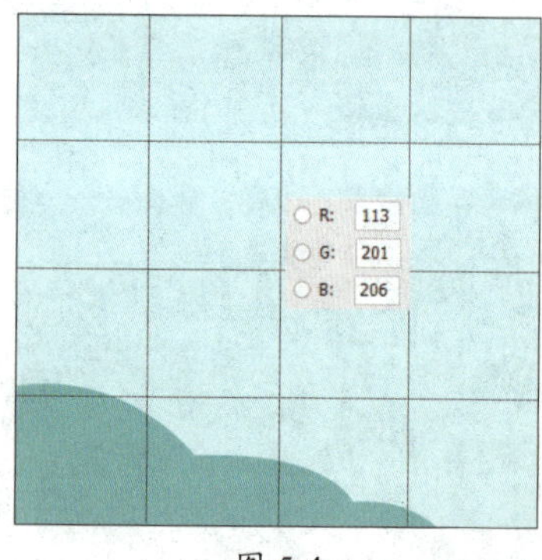

图 5-4

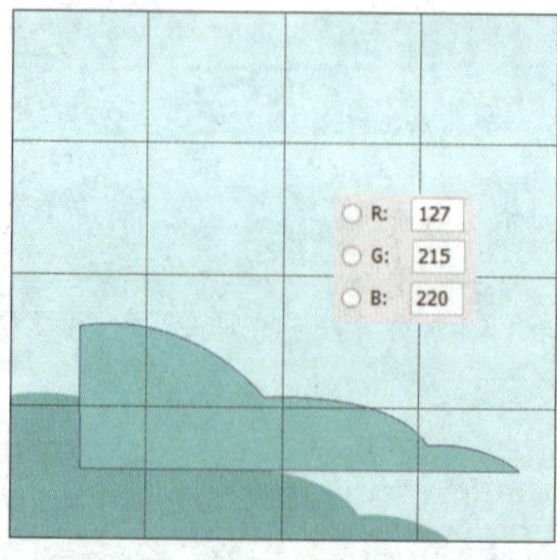

图 5-5

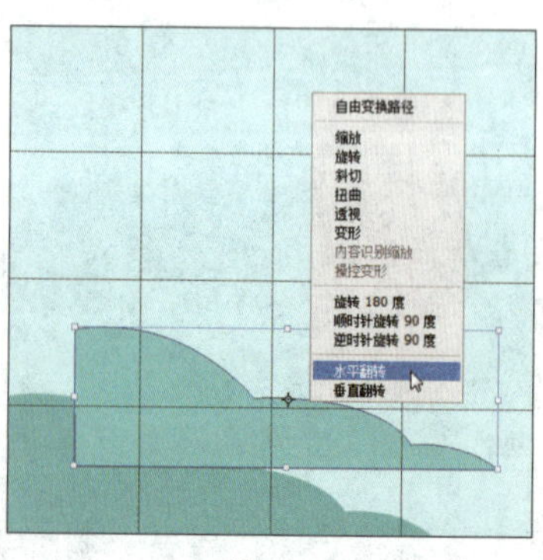

图 5-6

步骤07 选择“移动工具”移动该形状图层，如图5-7所示。

步骤08 按住Shift键选中两个形状图层，按住Alt键移动复制两次，如图5-8所示。

步骤09 删除一个形状图层，并调整颜色（在原先的颜色基础上调整），如图5-9所示。

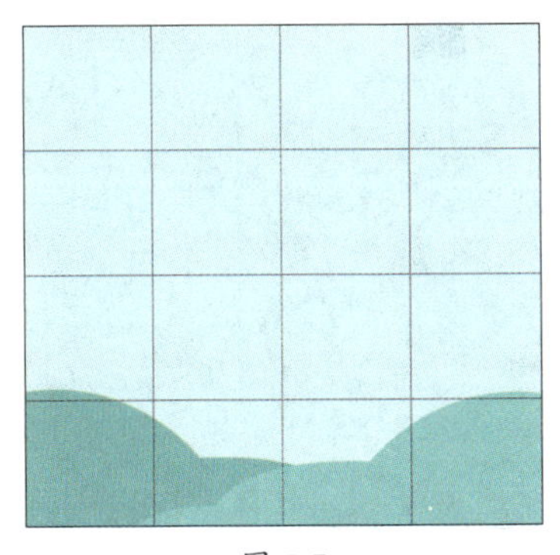

图 5-7

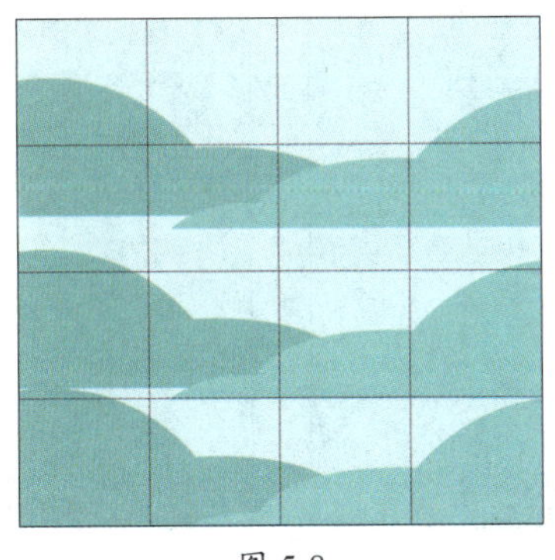

图 5-8

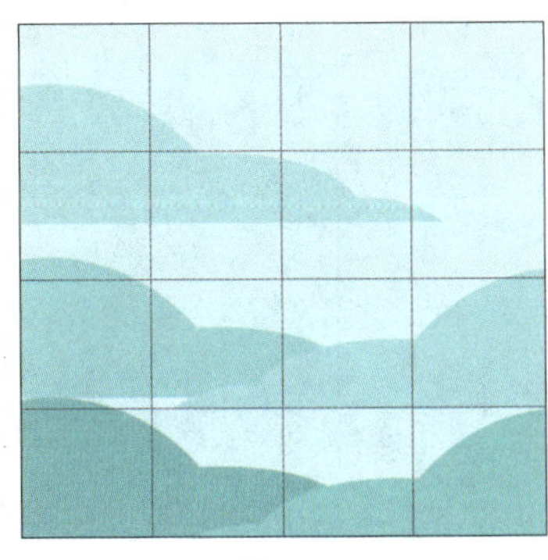

图 5-9

步骤10 选择“移动工具”移动该形状图层，如图5-10所示。

步骤11 在“图层”面板中双击“形状1”空白处，在弹出的“图层样式”对话框中设置“投影”参数，如图5-11所示。

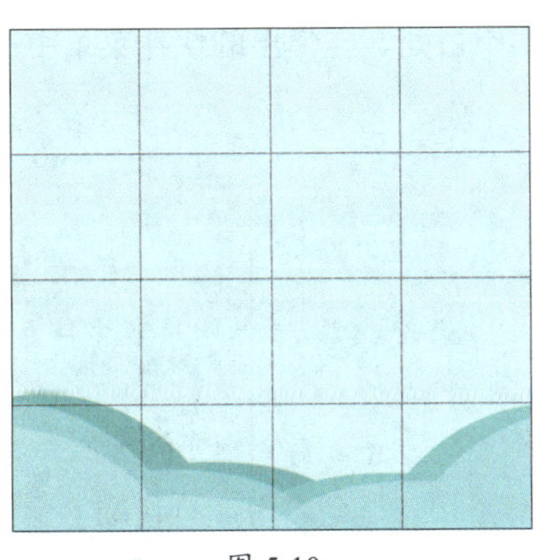

图 5-10

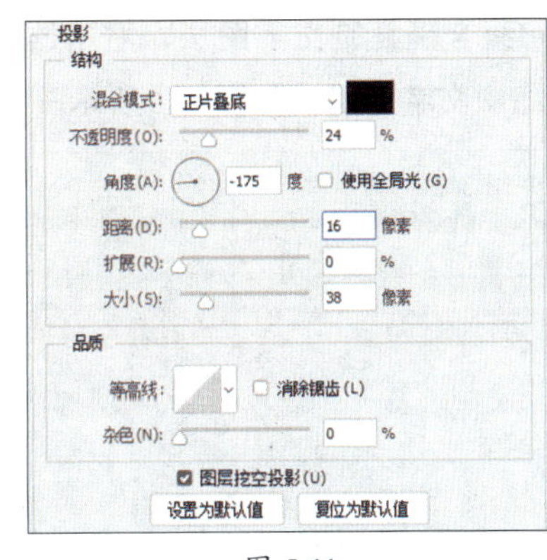

图 5-11

步骤12 右击鼠标，在弹出的快捷菜单中选择“拷贝图层样式”选项，如图5-12所示。

步骤13 按住Shift键选中剩下的形状图层，右击鼠标，在弹出的快捷菜单中选择“粘贴图层样式”选项，如图5-13所示。

步骤14 效果如图5-14所示。

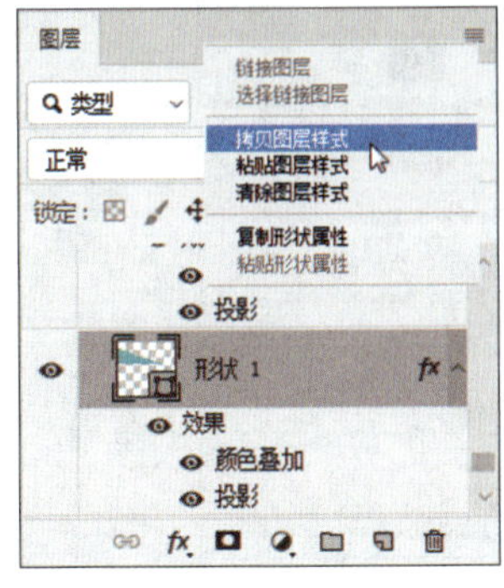

图 5-12

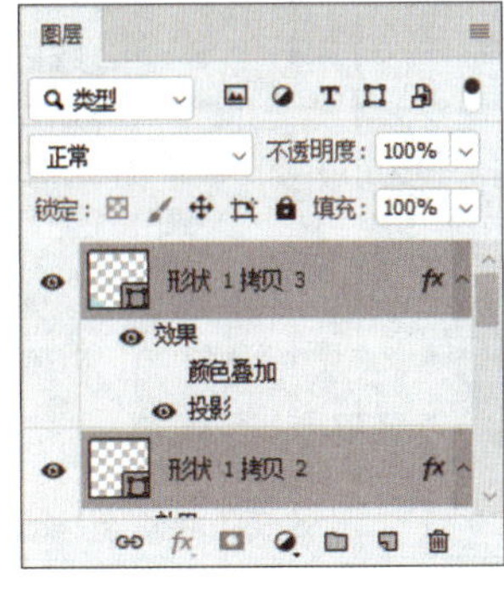

图 5-13

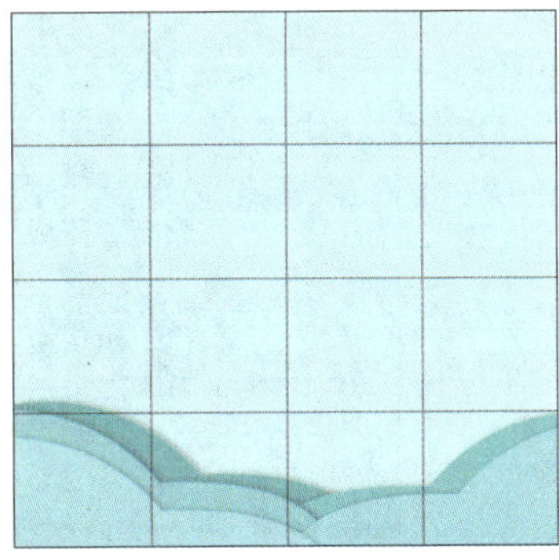

图 5-14

步骤15 新建透明图层，选择“钢笔工具”绘制波浪并填充形状，如图5-15所示。

步骤16 双击该图层空白处，在弹出的“图层样式”对话框中设置“投影”参数，如图5-16所示。

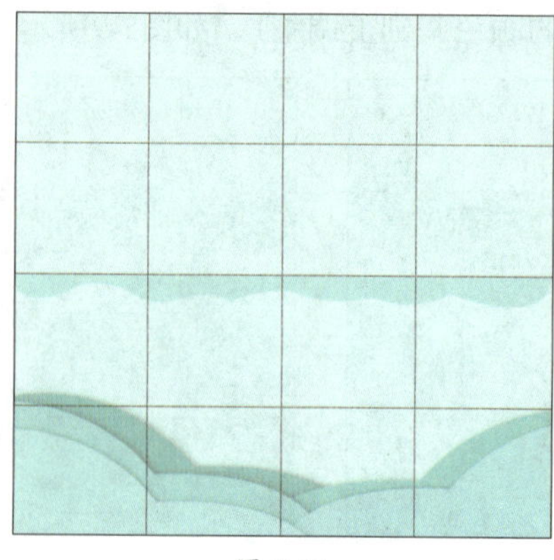

图 5-15

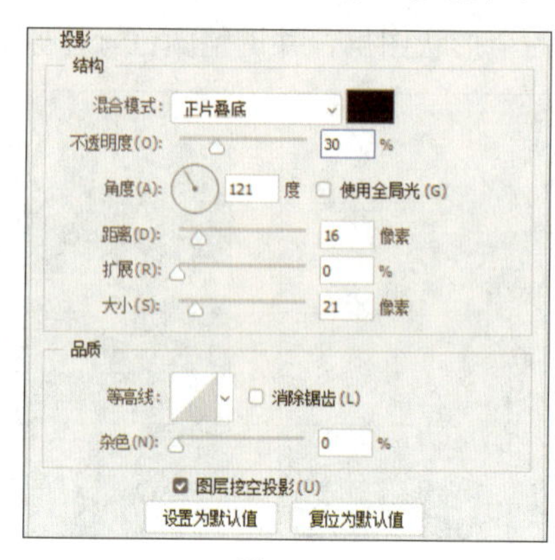

图 5-16

步骤17 新建透明图层，使用“钢笔工具”绘制波浪并设置图层样式，置于画面最底端，如图5-17所示。

步骤18 选择“横排文字工具”输入文字“邀”，如图5-18所示。

步骤19 按Ctrl+J组合键复制文字图层，右击该图层空白处，在弹出的快捷菜单中选择“栅格化文字”选项，隐藏文字图层，如图5-19所示。

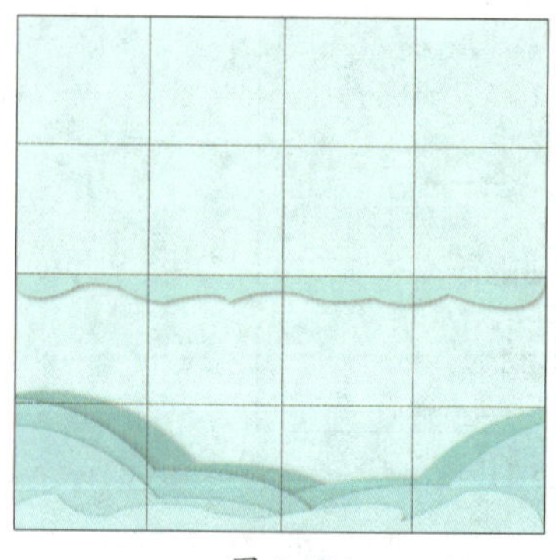

图 5-17

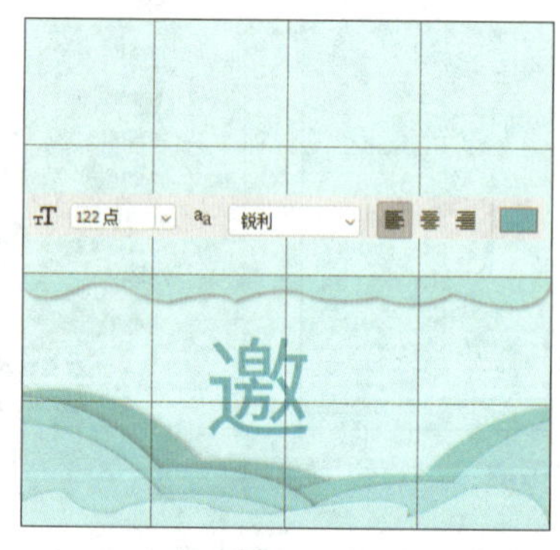

图 5-18

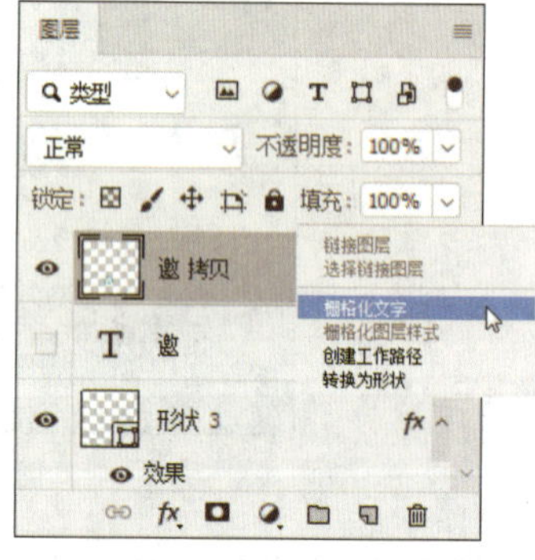

图 5-19

步骤20 新建透明图层，选择“钢笔工具”绘制并填充背景色，如图5-20所示。

步骤21 双击该形状图层，在弹出的“图层样式”对话框中设置参数，如图5-21所示。

图 5-20

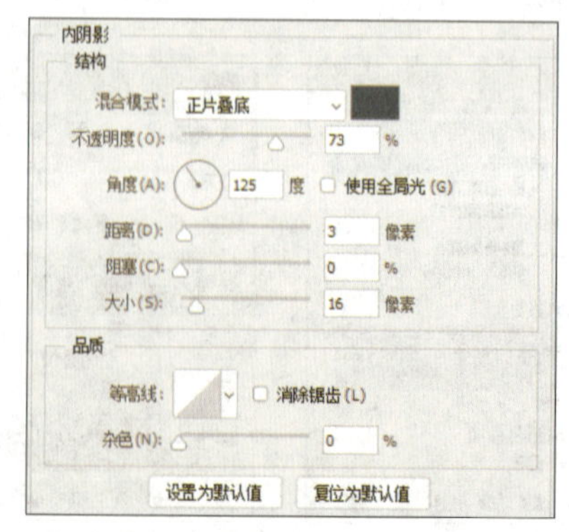

图 5-21

步骤22 设置效果如图5-22所示。

步骤23 新建透明图层，使用同样的方法绘制其他形状，如图5-23所示。

步骤24 选择“多边形套索工具”在图层“邀 拷贝”上将重叠部分删除。将绘制的形状图层按住Ctrl+T组合键自由变换，调整大小并移动，如图5-24所示。

图 5-22

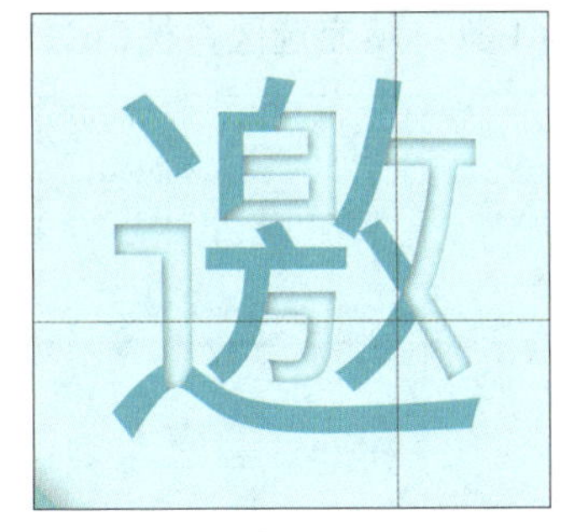

图 5-23

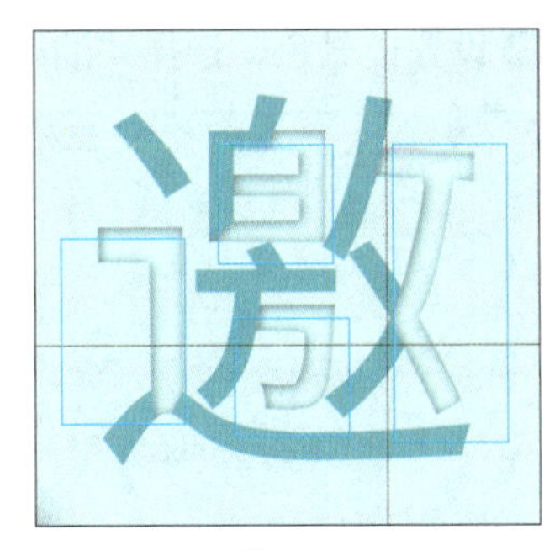

图 5-24

步骤25 选择“横排文字工具”输入文本“请函”，如图5-25所示。

步骤26 选择“自定形状工具”，在属性栏“形状”下拉列表中选择“波浪”“圆形边框”，绘制并填充颜色，如图5-26所示。

步骤27 新建透明图层，选择“自定形状工具”，在属性栏“形状”下拉列表中选择“圆形边框”，绘制并填充颜色，如图5-27所示。

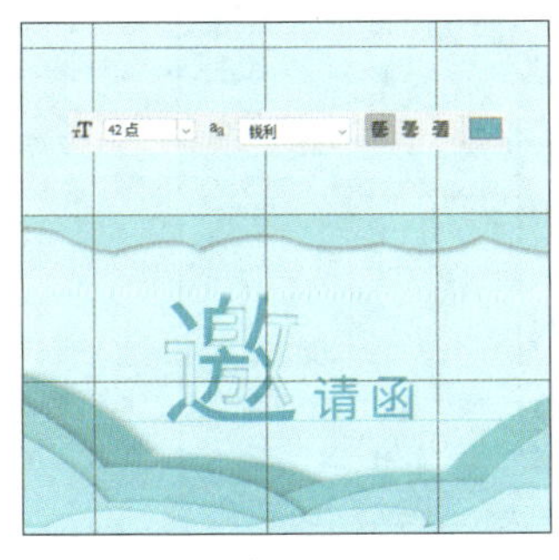

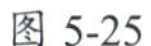

图 5-25

图 5-26

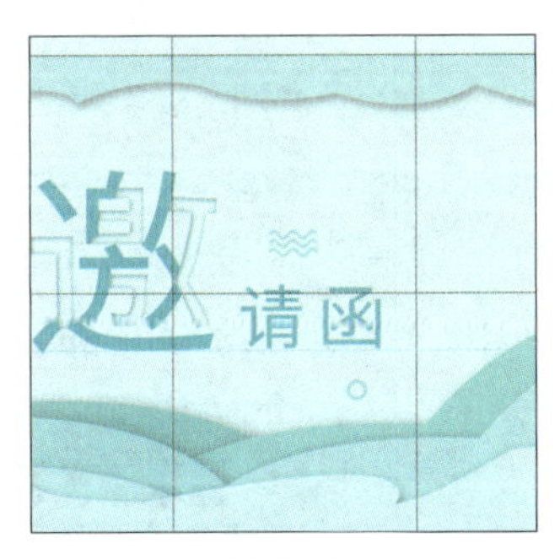

图 5-27

步骤28 按住Alt键选择并复制波浪和圆形边框，如图5-28所示。

步骤29 按住Shift键选择自定形状图层，调整不透明度，如图5-29所示。

步骤30 按住Shift键选择所有图层，单击面板底部的“创建新组”按钮，重命名为“封面”，然后隐藏该组，如图5-30所示。

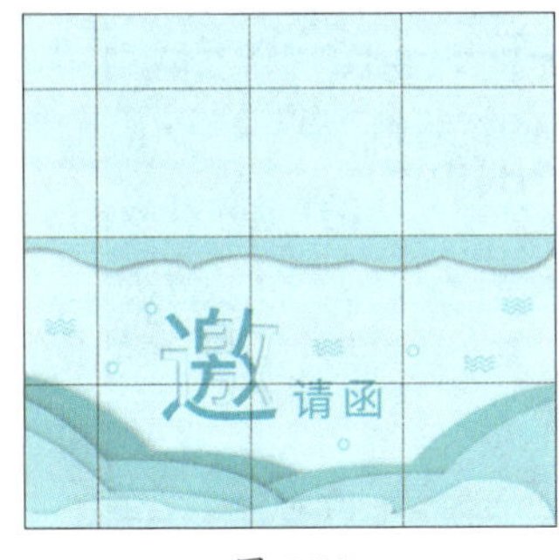

图 5-28

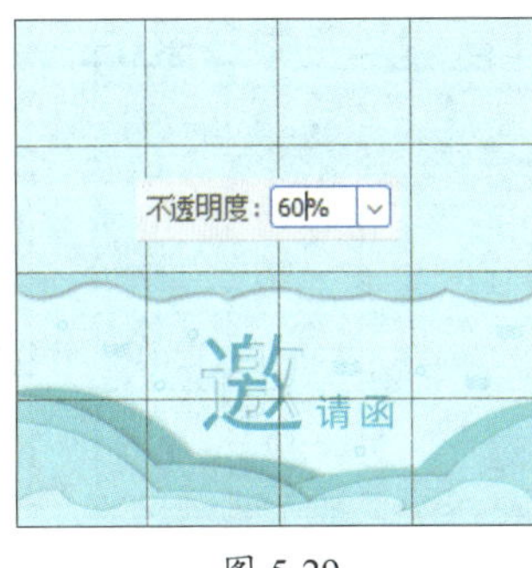

图 5-29

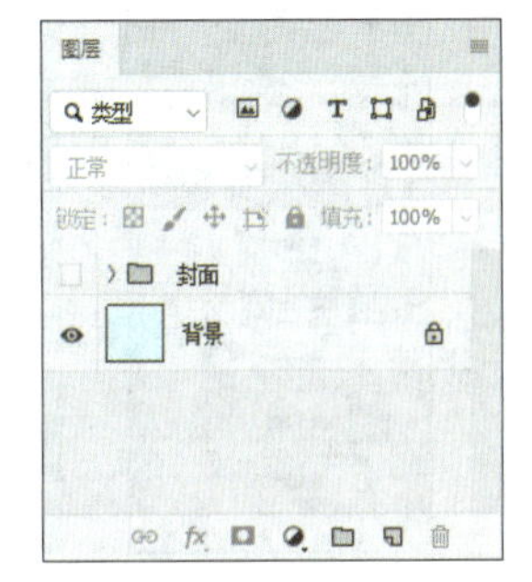

图 5-30

2. 制作邀请函内页

步骤01 新建透明图层，选择“钢笔工具”，在属性栏中将其设置为“路径”模式并进行绘制，如图5-31所示。

步骤02 按Ctrl+Enter组合键创建选区，按Ctrl+Shift+I组合键反向，如图5-32所示。

步骤03 设置前景色，选择“油漆桶工具”填充选区，按Ctrl+D组合键取消选区，如图5-33所示。

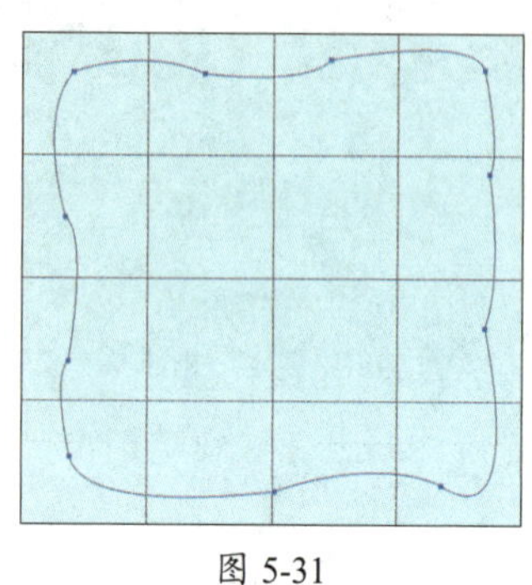
图 5-31

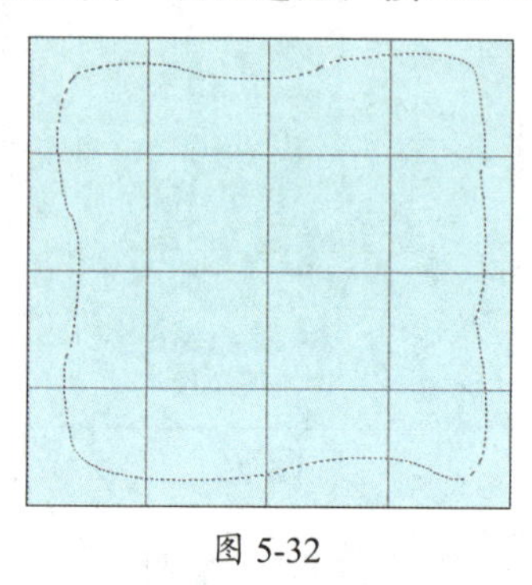
图 5-32

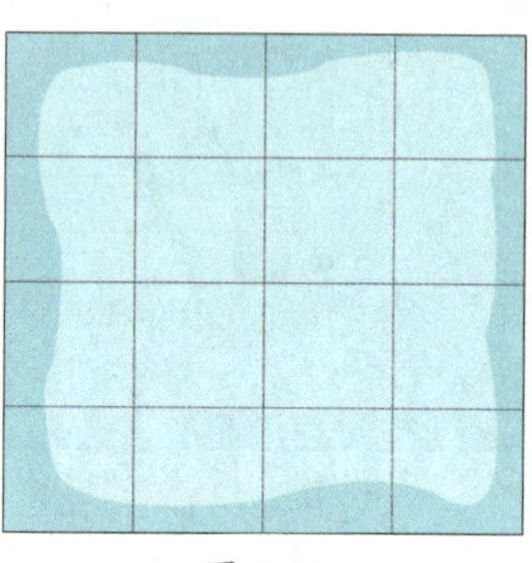
图 5-33

步骤04 双击该图层，在弹出的“图层样式”对话框中设置“投影”参数，如图5-34所示。

步骤05 按Ctrl+J组合键复制图层，按Ctrl+T组合键自由选择变换，如图5-35所示。

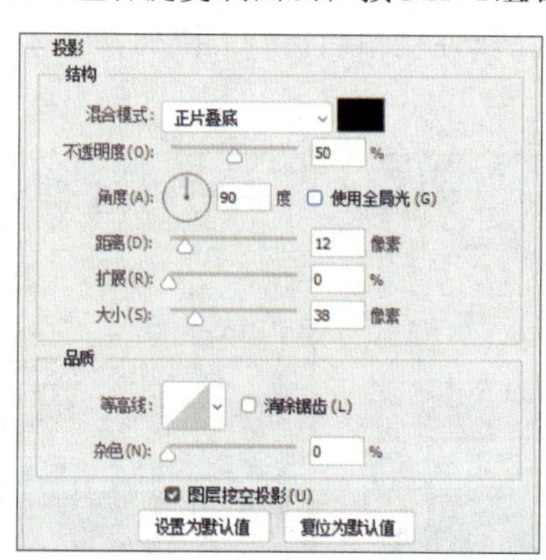

图 5-34

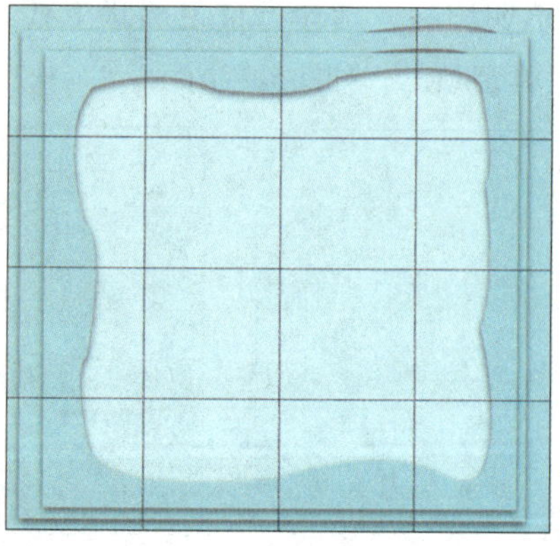
图 5-35

步骤06 调整图层顺序，如图5-36所示。

步骤07 按住Shift键选中调整的3个图层，单击属性栏中的“水平居中对齐”按钮和“垂直居中对齐”按钮，调整结果如图5-37所示。

步骤08 选择“横排文字工具”输入两组文字，如图5-38所示。

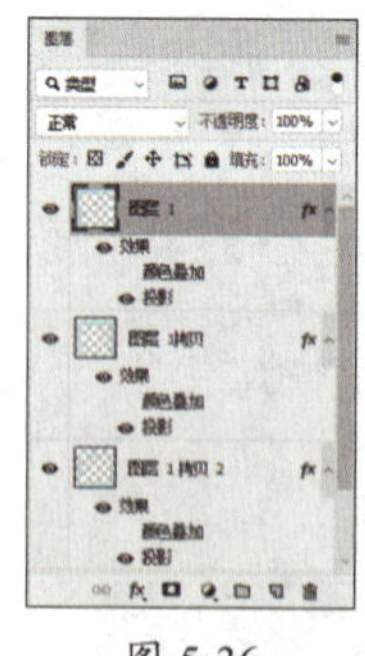
图 5-36

图 5-37

图 5-38

步骤 09 按Shift键选中两个文字图层，按Ctrl+J组合键复制并栅格化，隐藏文字图层，如图5-39所示。

步骤 10 选择“矩形选框工具”框选图层“HAPPY 拷贝”下方区域，按Delete键删除，按Ctrl+D组合键取消选区，如图5-40所示。

步骤 11 框选图层“BIRTHDAY 拷贝”上方区域，按Delete键删除，按Ctrl+D组合键取消选区，如图5-41所示。

图 5-39

图 5-40

图 5-41

步骤 12 双击该图层，在弹出的“图层样式”对话框中设置“描边”参数，如图5-42所示。

步骤 13 右击鼠标，在弹出的快捷菜单中选择“拷贝图层样式”选项。右击“HAPPY 拷贝”图层，从中选择“粘贴图层样式”选项，如图5-43所示。

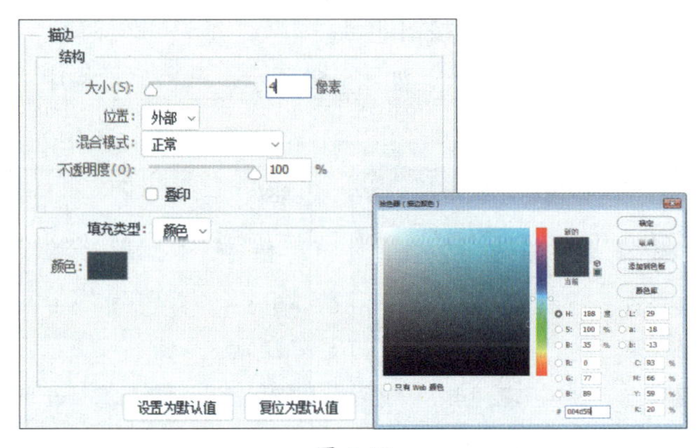

图 5-42

图 5-43

步骤 14 按Shift键选中两个文字拷贝图层，设置“填充”参数为0%，如图5-44所示。

步骤 15 选择“矩形工具”绘制并填充颜色，如图5-45所示。

步骤 16 按Ctrl+T组合键自由选择变换调整图层，如图5-46所示。

图 5-44

图 5-45

图 5-46

步骤 17 选择“横排文字工具”，将鼠标指针移动到图像编辑窗口中，当鼠标变成插入符号时，按住鼠标左键不放，拖动鼠标，此时在图像窗口中拉出一个文本框，如图5-47所示。

步骤 18 在文本框中输入文字内容，如图5-48所示。

步骤 19 单击“切换字符和段落面板”按钮，在弹出的“字符”面板中设置参数，如图5-49所示。

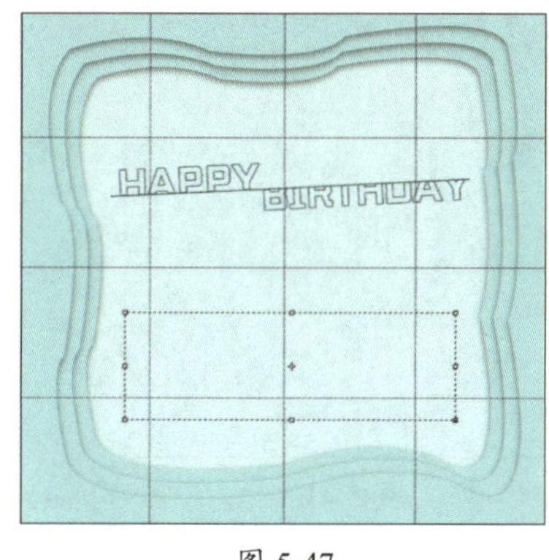

图 5-47

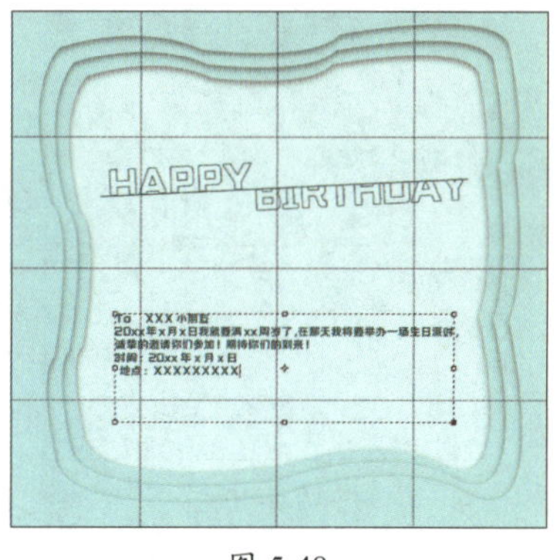

图 5-48

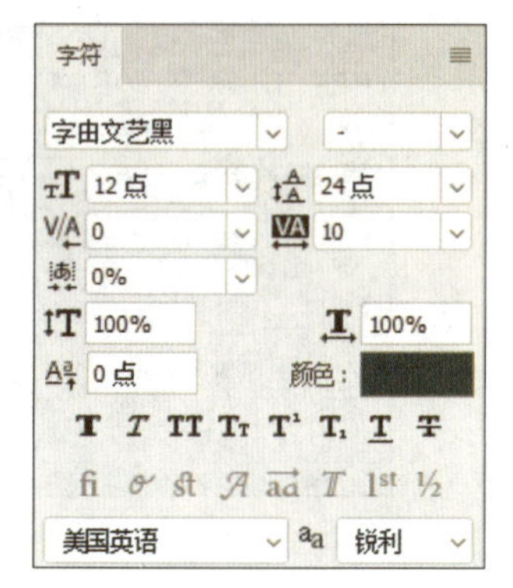

图 5-49

步骤 20 文字格式调整效果如图5-50所示。

步骤 21 选中正文内容，单击“切换字符和段落面板”按钮，在弹出的“段落”面板设置参数，如图5-51所示，单击属性栏中“提交当前编辑”✓按钮即可。

步骤 22 选中落款内容，在弹出的“段落”面板设置参数，如图5-52所示，单击属性栏中“提交当前编辑”✓按钮即可。

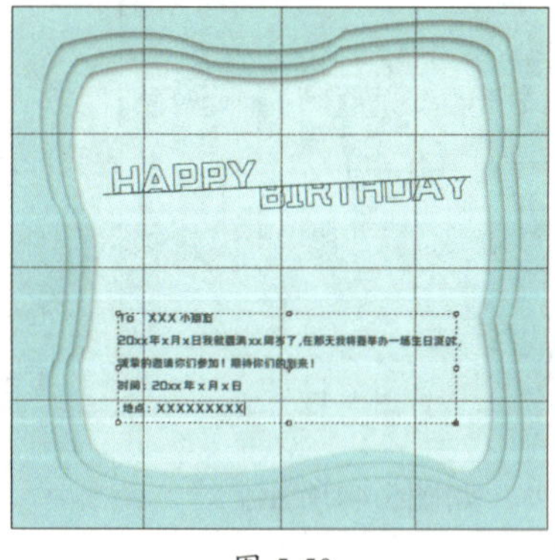

图 5-50

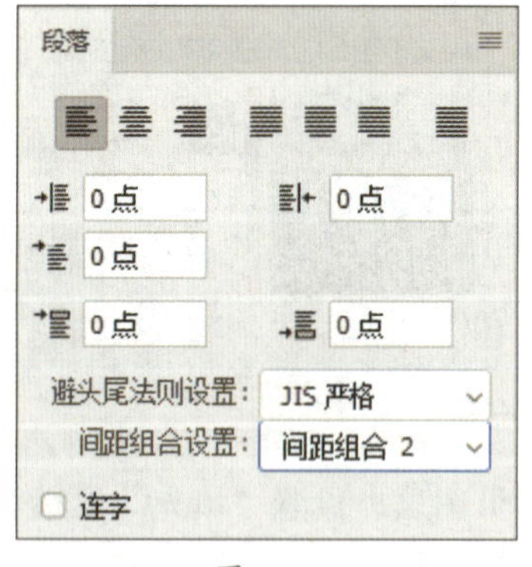

图 5-51

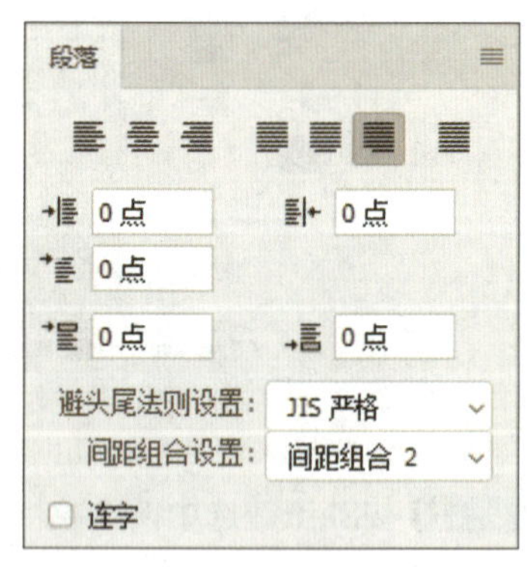

图 5-52

步骤 23 选择“自定形状工具”，在“形状”下拉列表中选择“皇冠2”，进行绘制填充，如图5-53所示。

步骤 24 在“形状”下拉列表中分别选择“五角星边框”和“五角星”，进行绘制填充，如图5-54所示。

步骤 25 更改形状图层的不透明度，如图5-55所示。

图 5-53

图 5-54

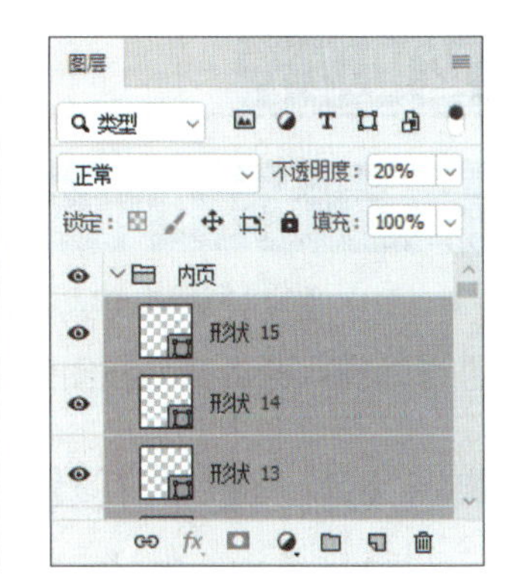

图 5-55

步骤26 按住Alt键复制移动该选中图层，向下移动并调整，如图5-56所示。

步骤27 按住Shift键选择所有图层，单击面板底部的“创建新组”按钮，重命名为“内页”，如图5-57所示。

图 5 56

图 5-57

步骤28 按Ctrl+' 组合键隐藏网格，最终效果如图5-58和图5-59所示。

图 5-58

图 5-59

至此，完成生日邀请函的制作。

边用边学

5.1 文字的基础知识

文字是设计中不可或缺的元素之一，它能辅助传递图像的相关信息。使用Photoshop对图像进行处理，若适当地在图像中添加文字，则能让图像的画面感更加完善。

■ 5.1.1 文字工具组

在Photoshop CC中，文字工具组包括“横排文字工具”“直排文字工具”“直排文字蒙版工具”和“横排文字蒙版工具”。在工具箱中长按“文字工具”按钮 T，即可显示该文字工具组隐藏的子工具，如图5-60所示。

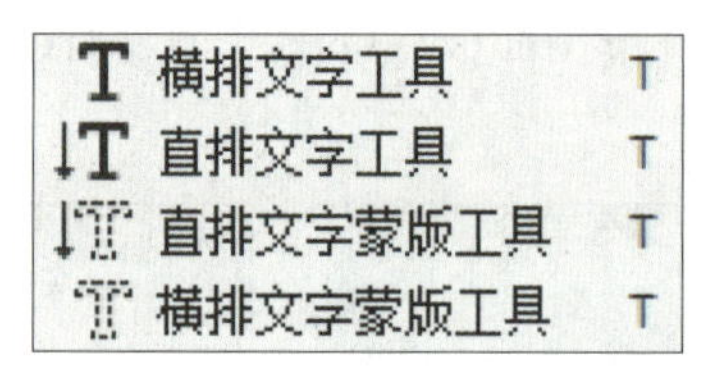

图 5-60

“横排文字工具” T 是最基本的文字类工具之一，用于一般横排文字的处理，输入方式从左至右；“直排文字工具” IT 适用于直排式排列方式，输入方向由上至下；“直排文字蒙版工具” 可创建出竖排的文字选区，使用该工具时图像上会出现一层红色蒙版；“横排文字蒙版工具” 与“直排文字蒙版工具” 效果一样，只是创建出横排文字选区。

选择文字工具后，将在属性栏中显示该工具的属性参数，其中包括多个按钮和选项设置，如图5-61所示。

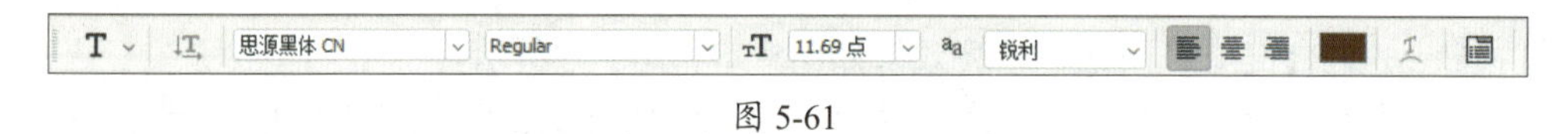

图 5-61

文字工具属性栏中，主要选项的含义介绍如下：

- **“更改文本方向”按钮**：单击该按钮，实现文字横排和直排之间的转换。
- **“字体”选项** 思源黑体 CN：用于设置文字字体。
- **“设置字体样式”选项** Regular：用于设置文字加粗、斜体等样式。
- **“设置字体大小”选项** 12.43 点：用于设置文字的字体大小，默认单位为点，即像素。
- **“设置消除锯齿的方法”选项** 锐利：用于设置消除文字锯齿的模式。
- **对齐按钮组**：用于快速设置文字对齐方式，从左到右依次为“左对齐”“居中对齐”和“右对齐”。
- **“设置文本颜色”色块**：单击色块，即可弹出“拾色器”对话框，从中可设置文本颜色。
- **“创建文字变形”按钮**：单击该按钮，即可弹出“变形文字”对话框，从中可设置变形样式。
- **“切换字符和段落面板”按钮**：单击该按钮即可弹出“字符”面板和“段落”面板。

■ 5.1.2 创建文字

选择文字工具，在属性栏中设置文字的字体和字号，然后在图像中单击，此时在图像中出现相应的文本插入点，此时输入文字即可。文本的排列方式包括横排文字和直排文字两种。

使用“横排文字工具”可以在图像中从左到右输入水平方向的文字，使用“直排文字工具”可以在图像中输入垂直方向的文字，如图5-62和图5-63所示。文字输入完成后，按Ctrl+Enter组合键或者单击文字图层即可。

图 5-62

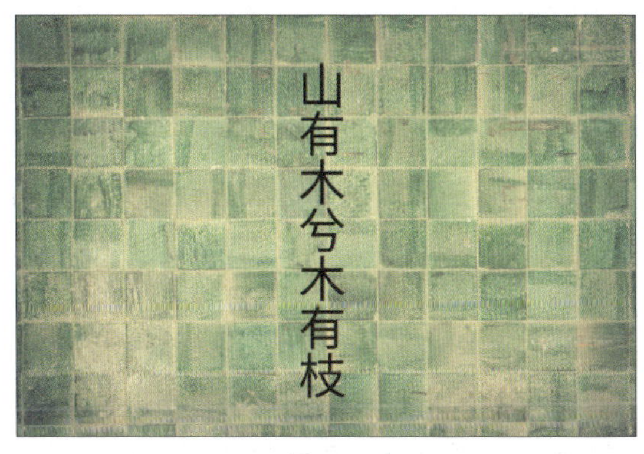

图 5-63

若需要调整已经创建好的文本排列方式，则可以单击文字工具属性栏中的“切换文本取向”按钮，或者执行“文字”→“文本排列方向”命令，在其子菜单中进行“横排”或“竖排”的切换。

■ 5.1.3 创建段落文字

若需要输入的文字内容较多，可通过创建段落文字的方式输入文字，以便对文字进行管理并对格式进行设置。

选择文字工具，将鼠标指针移动到图像编辑窗口中，当鼠标光标变成插入符号时，按住鼠标左键不放，拖动鼠标，此时在图像窗口中拉出一个文本框。文本插入点会自动插入到文本框前端，然后在文本框中输入文字，当文字到达文本框的边界时会自动换行。如果文字需要分段时，按Enter键即可，如图5-64和图5-65所示。

图 5-64

图 5-65

若开始绘制的文本框较小，会导致输入的文字内容不能完全显示在文本框中，此时将鼠标指针移到文本框四周的控制点上拖动鼠标调整文本框大小，使文字全部显示在文本框中。

> **提示：** 点文字与段落文字之间是可以相互转换的，其主要的区别在于：在选取文本后，段落文本的边界处有一个文本框；而选取点文本后，点文本的每一行下有下划线。执行“文字”→“转换为点文本”或“文字”→“转换为段落文本”命令可以实现此功能。

5.2 设置文本内容

在Photoshop中，无论是点文字还是段落文字，可以根据需要设置文字的字体、字号、字距、基线移动和颜色等属性，让文字更贴近用户想表达的主题，并使整个画面的版式更具艺术性。

5.2.1 “字符”面板

在属性栏中单击“切换字符和段落面板”按钮，即可弹出“字符”面板，如图5-66所示。在该面板中除了包括常见的字体系列、字体样式、字体大小、文字颜色和消除锯齿等设置，还包括行间距、字距等常见设置。

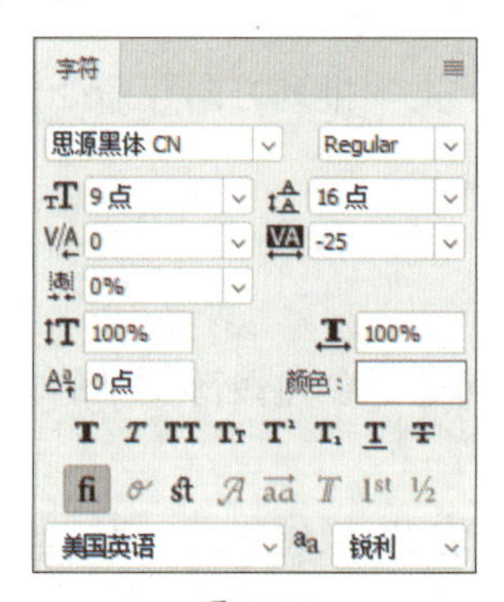

图 5-66

在“字符”面板中，主要选项的含义介绍如下：

- **“字体大小”**：在该下拉列表框中选择预设数值，或者输入自定义数值即可更改字符大小。
- **“设置行距”**：用于设置输入文字行与行之间的距离。
- **“字距微调”**：用于设置两个字符之间的字距微调。在设置时将光标插入两个字符之间，在数值框中输入所需的字距微调数量。输入正值时，字距扩大；输入负值时，字距缩小。
- **“字距调整”**：用于设置文字的字符间距。输入正值时，字距扩大；输入负值时，字距缩小。
- **“比例间距”**：用于设置文字字符间的比例间距，数值越大则字距越小。
- **“垂直缩放”**：用于设置文字垂直方向上的缩放大小，即调整文字的高度。
- **“水平缩放”**：用于设置文字水平方向上的缩放大小，即调整文字的宽度。

- **“基线偏移”** A: 用于设置文字与文字基线之间的距离。输入正值时，文字会上移；输入负值时，文字会下移。
- **“颜色”**：单击色块，在弹出的拾色器中可选取字符颜色。
- **文字效果按钮组** T T TT Tr T' T, T T：设置文字的效果，依次是仿粗体、仿斜体、全部大写字母、小型大写字母、上标、下标、下划线和删除线。
- **OpenType功能组** fi ℴ st A ad T 1st ½：依次是标准连字、上下文替代字、自由连字、花饰字、替代样式、标题代替字、序数字、分数字。
- **“语言设置”选项** 美国英语：用于设置文本连字符和拼写的语言类型。
- **“设置消除锯齿的方法”选项** aa 锐利：用于设置消除文字锯齿的模式。

5.2.2 “段落”面板

设置段落格式包括设置文字的对齐方式和缩进方式等，不同的段落格式具有不同的文字效果。段落格式的设置主要通过“段落”面板来实现，执行“窗口”→“段落”命令，弹出“段落”面板，如图5-67所示。在面板中单击相应的按钮或输入数值即可对文字的段落格式进行调整。

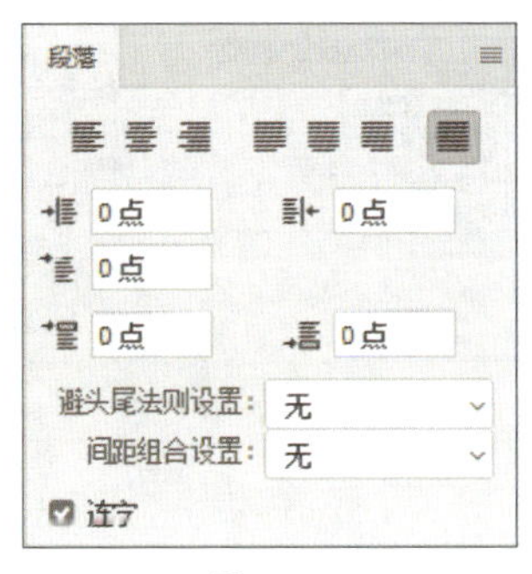

图 5-67

在“段落”面板中，主要选项的含义介绍如下：

- **“对齐方式”按钮组**：从左到右依次为“左对齐文本”“居中对齐文本”“右对齐文本”“最后一行左对齐”“最后一行居中对齐”“最后一行右对齐”和“全部对齐”。
- **“缩进方式”按钮组**：“左缩进”按钮（段落的左边距离文字区域左边界的距离）、“右缩进”按钮（段落的右边距离文字区域右边界的距离）、“首行缩进”按钮（每一段的第1行留空或超前的距离）。
- **“添加空格”按钮组**：“段前添加空格”按钮（设置当前段落与上一段的距离）、“段后添加空格”按钮（设置当前段落与下一段落的距离）。
- **“避头尾法则设置”** 避头尾法则设置：无 **选项**：避头尾字符是指不能出现在每行开头或结尾的字符。Photoshop提供了基于标准JIS的宽松和严格的避头尾集，宽松的避头尾设置忽略了长元音和小平假名字符。
- **“间距组合设置”** 间距组合设置：无 **选项**：用于设置内部字符集间距。
- **“连字”** 连字 **复选框**：选中该复选框可将文字的最后一个英文单词拆开，形成连字符号，而剩余的部分则自动换到下一行。

5.3　编辑文本内容

利用Photoshop中的文字工具输入文字后，还可以对文字进行一些高级的编辑操作，例如栅格化文字图层、变形文字、将文字转换为工作路径和沿路径绕排文字等。

5.3.1　栅格化文字图层

文字图层是一种特殊的图层，它具有文字的特性，可对其文字大小、字体等进行修改，但是如果要在文字图层上绘制、应用滤镜等操作，这时需要将文字图层转化为普通图层。文字的栅格化即是将文字图层转换成普通图层，栅格化后将无法进行字体的更改。

选中文字图层，执行“图层”→“栅格化”→“文字”命令或者执行“文字”→“栅格化文字图层”命令，即可将文字图层变为普通图层；或者在“图层”面板中选择文字图层，在图层名称上右击鼠标，在弹出的快捷菜单中选择“栅格化文字”选项即可，如图5-68和图5-69所示。

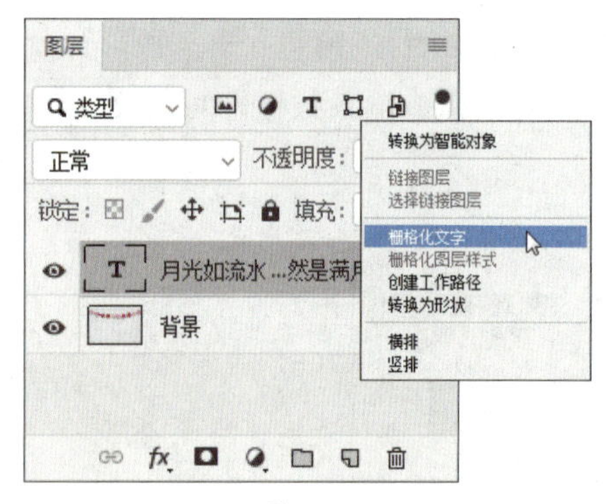

图 5-68

图 5-69

5.3.2　变形文字

变形文字即对文字的水平形状和垂直形状做出调整，让文字效果更多样化。Photoshop CC 2019为用户提供了15种文字的变形样式，分别为扇形、下弧、上弧、拱形、凸起、贝壳、花冠、旗帜、波浪、鱼形、增加、鱼眼、膨胀、挤压和扭转，使用这些样式可以创建多种艺术字体。

执行“文字”→“文字变形”命令或单击属性栏中的“创建文字变形”按钮，即可打开“变形文字”对话框，如图5-70所示。

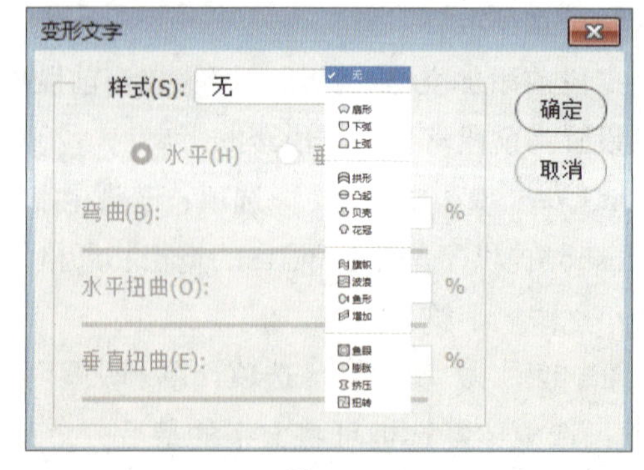

图 5-70

在“变形文字”对话框中，主要选项及按钮的含义如下：

- **样式：**决定文本最终的变形效果，该下拉列表中包括各种变形的样式，选择不同的选项，文字的变形效果也各不相同。
- **水平/垂直：**决定文本的变形是在水平方向还是在垂直方向上进行。
- **弯曲：**设置文字的弯曲方向和弯曲程度（当参数为0时无任何弯曲效果）。
- **水平扭曲：**用于对文字应用透视变形，决定文本在水平方向上的扭曲程度。
- **垂直扭曲：**用于对文字应用透视变形，决定文本在垂直方向上的扭曲程度。

图5-71和图5-72所示分别为花冠、挤压变形文字的效果。

图 5-71

图 5-72

> **提示：**变形文字工具只针对整个文字图层而不能单独针对某些文字。如果要制作多种文字变形混合效果，可以通过将文字输入到不同的文字图层，然后分别设定变形的方法来实现。

5.3.3 将文字转换为工作路径

在图像中输入文字后，选择文字图层，右击鼠标，在弹出的快捷菜单中选择“创建工作路径”选项或执行“文字”→“创建工作路径”命令即可将文字转换为文字形状的路径。

转换为工作路径后，可以使用“路径选择工具”对文字路径进行移动，调整工作路径的位置。同时还能通过按Ctrl+Enter组合键将路径转换为选区，让文字在文字型选区、文字型路径以及文字型形状间进行相互转换，变换出更多效果，如图5-73和图5-74所示。

图 5-73

图 5-74

■ 5.3.4 沿路径绕排文字

沿路径绕排文字的实质就是让文字跟随路径的轮廓形状进行自由排列，有效地将文字和路径结合，在很大程度上扩充了文字带来的图像效果。

选择钢笔工具或形状工具，在属性栏中选择“路径”选项，在图像中绘制路径，然后使用文字工具，将鼠标光标移至路径上方，当鼠标光标变为I形状时，在路径上单击鼠标，此时光标会自动吸附到路径上，即可输入文字。按Ctrl+Enter组合键确认，即得到文字按照路径走向排列的效果，如图5-75和图5-76所示。

图 5-75

图 5-76

> **提示**：在创建文本绕排路径时，绘制路径的方向决定了Photoshop如何放置文本。若从左向右绘制路径，文本在线上方流动；若相反方向，则会颠倒显示。如需翻转文本，可将路径上的左右两端相反拖动。

经验之谈 如何在Photoshop中添加外部字体？

在实际工作中，为了达到特殊效果的需求，常常需要各式各样的字体，那么该如何添加外部字体在Photoshop中使用呢？

下面以在Windows中安装思源字体为例，介绍两种安装字体的方法。

1. 自动安装

选中字体文件，右击鼠标，在弹出的快捷菜单中选择“安装”选项，便会自动安装，提示框消失则安装成功，如图5-77和图5-78所示。

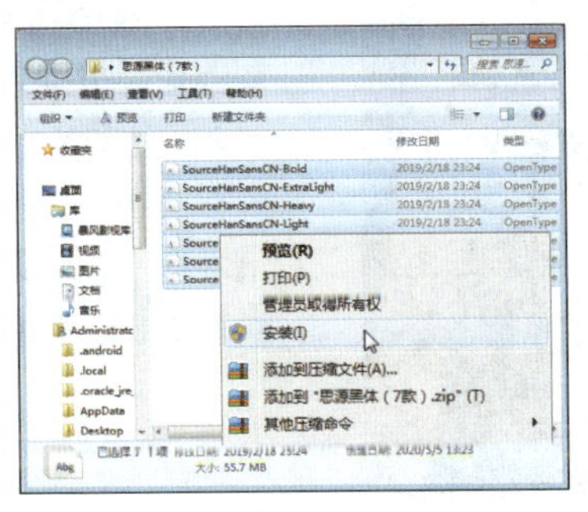

图 5-77

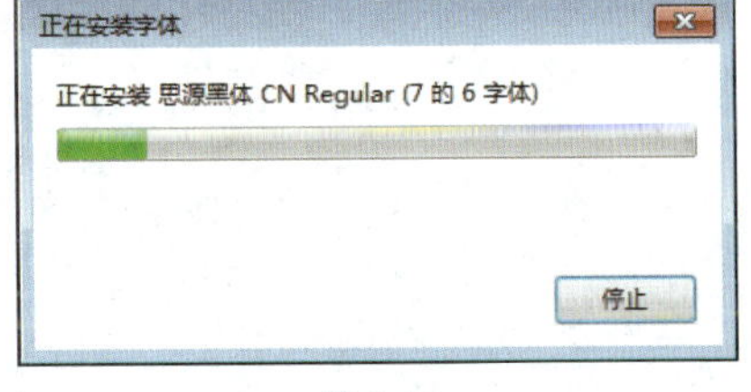

图 5-78

2. 手动安装

执行“开始”→“控制面板”命令，在打开的界面中选择“外观和个性化”选项，在打开的“外观和个性化”界面中，双击“字体”选项，如图5-79和图5-80所示。

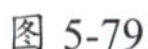

图 5-79

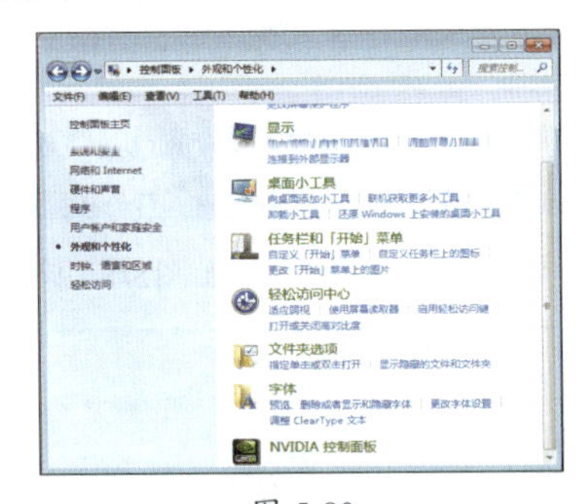

图 5-80

打开“字体”界面，将字体全选拖入该界面内，系统自动安装完成。打开Photoshop软件，输入文字，在“字体”下拉列表中就会显示安装的新字体了，单击应用即可，如图5-81和图5-82所示。

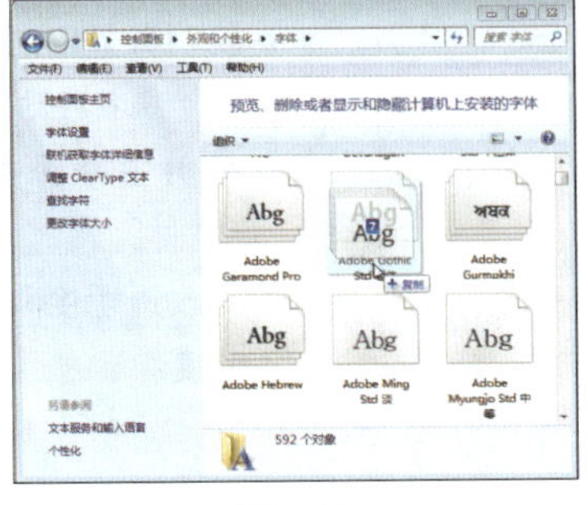

图 5-81

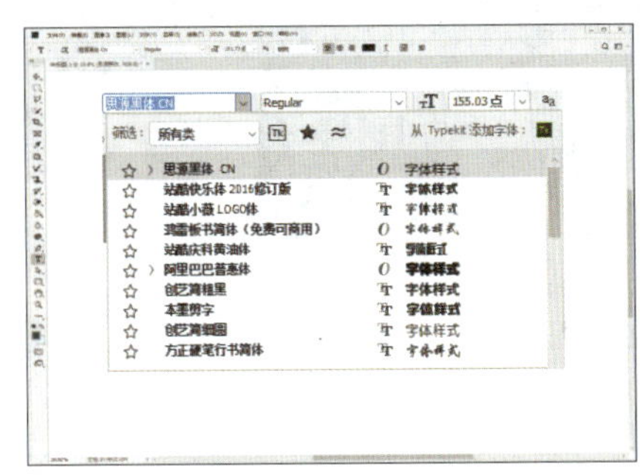

图 5-82

上手实操

为了能够更好地掌握本章所学的知识内容，下面安排了两个实操习题，让用户动起手来练一练，以达到温故知新的目的。

实操一：制作放假通知

制作放假通知，最终效果如图5-83所示。

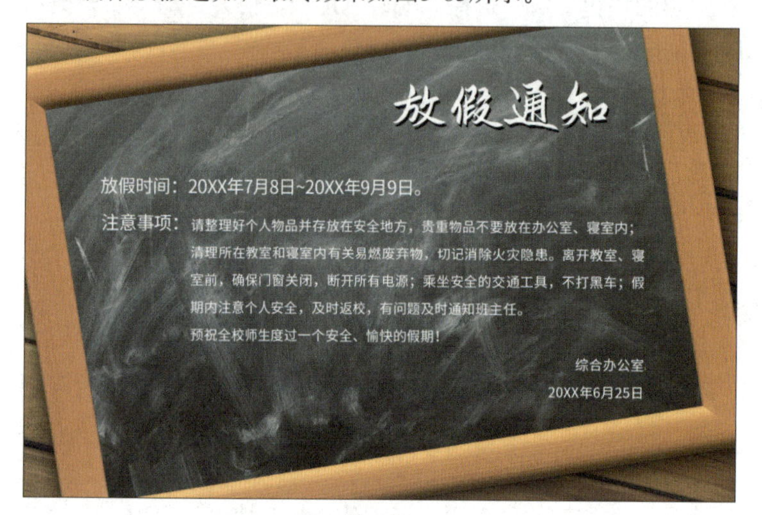

图 5-83

设计要领

- 选择“横排文字工具”输入标题和单行文字。
- 在文字工具状态下拉出文本框，输入段落文字。
- 设置参数并进行调整。

实操二：制作文字特效海报

制作文字特效海报，最终效果如图5-84所示。

图 5-84

设计要领

- 复制图层并逆时针旋转90°。
- 选择“直排文字蒙版工具”输入文字。
- 创建蒙版并自由变换移动至合适位置。
- 复制背景图层并填充灰白色，将其移动至最下层。
- 裁剪主图添加渐变蒙版（径向）。
- 更改透明度和调整蒙版明暗度。

第6章 图像的绘制与编辑

内容概要

在 Photoshop 中绘制图像除了使用钢笔工具、形状工具这些路径工具之外，还可以使用画笔工具组、历史记录画笔工具组、橡皮擦工具组、填充工具组等。本章将对这些工具的使用方法与应用技巧进行详细介绍。

知识要点

- 画笔工具组的应用。
- 历史记录画笔工具组的基本操作。
- 橡皮擦工具组的基本操作。
- 填充工具组的应用。

数字资源

【本章案例素材来源】：“素材文件\第6章”目录下

【本章案例最终文件】：“素材文件\第6章\案例精讲\制作粒子消失效果.psd”

案例精讲 制作粒子消失效果

案/例/描/述

本案例制作粒子消失效果。在实操中主要用到的知识点有“画笔工具”“套索工具”“修补工具”、填充工具、液化滤镜等。

扫码观看视频

案/例/详/解

下面将对案例的制作过程进行详细讲解。

步骤01 将素材文件“人.jpg”拖到Photoshop中，如图6-1所示。

步骤02 按Ctrl+J组合键复制图层，单击“图层1”前的“指示图层可见性”按钮隐藏该图层，如图6-2所示。

图 6-1

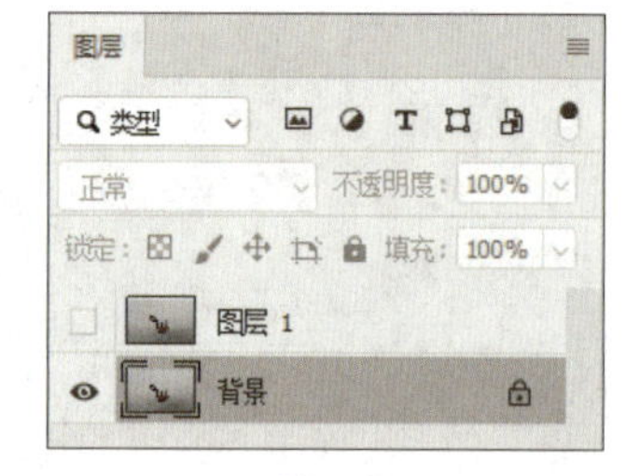

图 6-2

步骤03 选择“套索工具”，在属性栏中设置“羽化”参数为“30 像素”，在图像编辑窗口框选人物，如图6-3所示。

步骤04 按Shift+F5组合键，打开“填充”对话框，在“内容”下拉列表中选择“内容识别”选项，如图6-4所示。设置后的效果如图6-5所示。

图 6-3

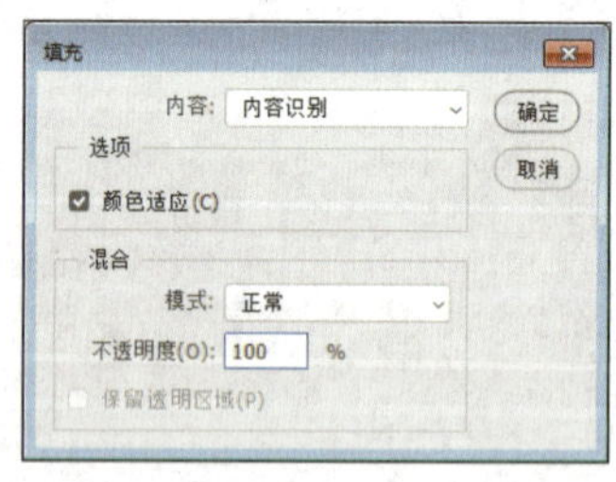

图 6-4

图 6-5

步骤05 在“图层”面板中单击“图层1”前的“指示图层可见性”按钮显示图层，如图6-6所示。

步骤06 执行“选择”→“主体”命令创建选区，选择“快速选择工具”调整选区，如图6-7所示。

步骤07 按Ctrl+Shift+I组合键反向，按Delete键删除背景，如图6-8所示。

图 6-6

图 6-7

图 6-8

步骤 08 按Ctrl+J组合键复制一层并隐藏该图层，如图6-9所示。

步骤 09 新建透明图层，选择“矩形选框工具”，绘制一个小矩形（羽化0像素），设置前景色为黑色，使用“油漆桶工具”进行填充，如图6-10所示。

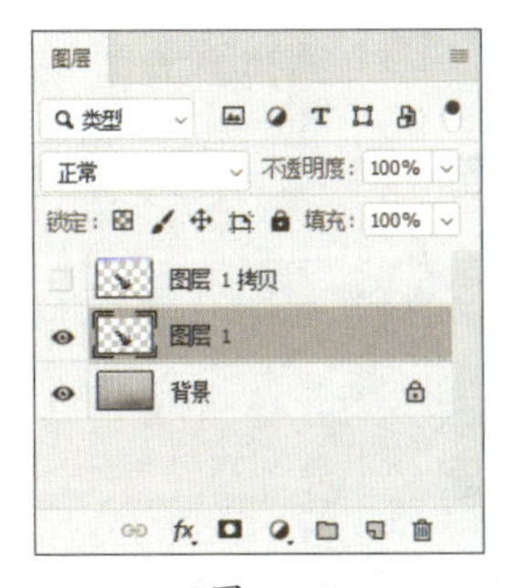

图 6-9

图 6-10

步骤 10 执行“编辑”→“定义画笔预设”命令，打开“画笔名称”对话框，如图6-11所示。

步骤 11 按Ctrl+D组合键取消选区，按Delete键删除矩形所在图层，如图6-12所示。

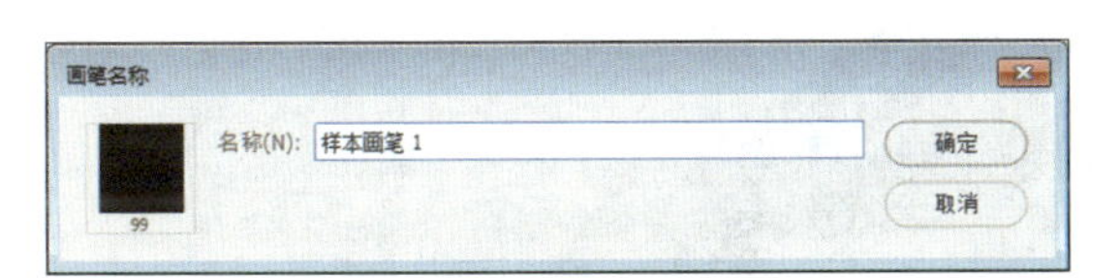

图 6-11

图 6-12

步骤 12 单击“切换画笔面板”按钮，单击“画笔笔尖形状”选项并设置参数，如图6-13所示。

步骤 13 单击“形状动态”选项并设置参数，如图6-14所示。

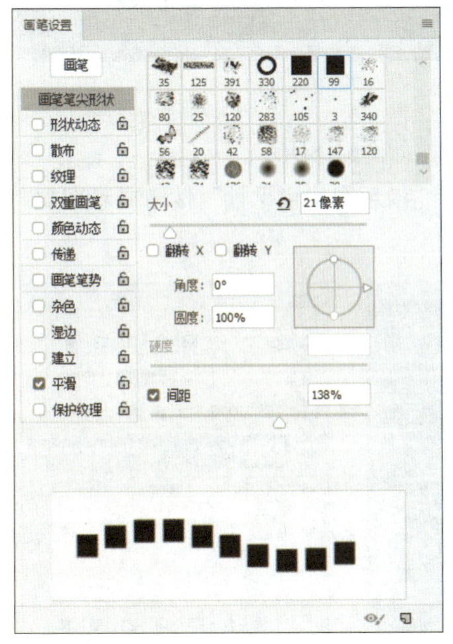

图 6-13

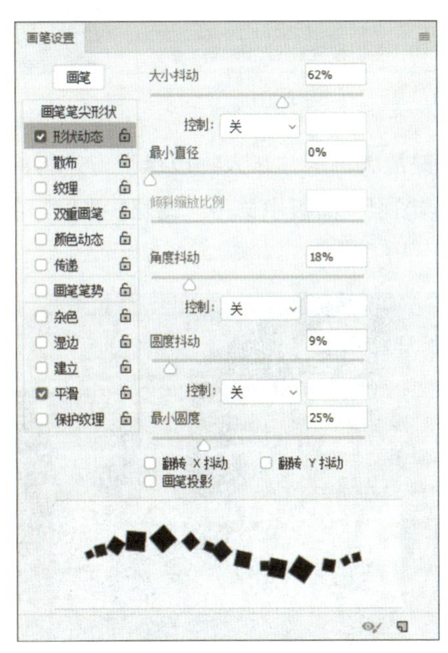

图 6-14

步骤 14 单击“散布”选项并设置参数，如图6-15所示。

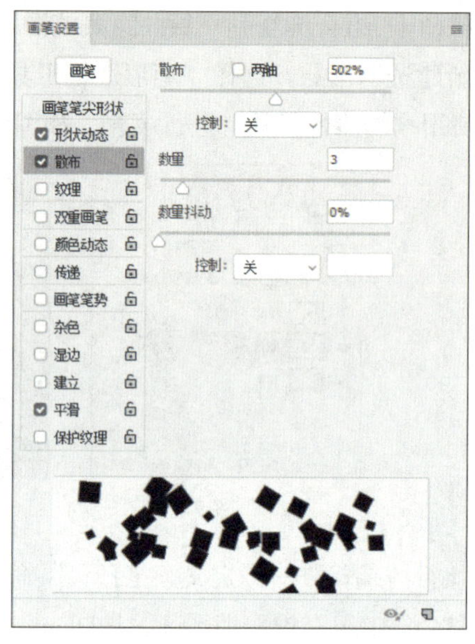

图 6-15

步骤 15 在“图层”面板中单击“添加矢量蒙版”按钮，如图6-16所示。

步骤 16 在人物边缘进行涂抹，如图6-17所示。

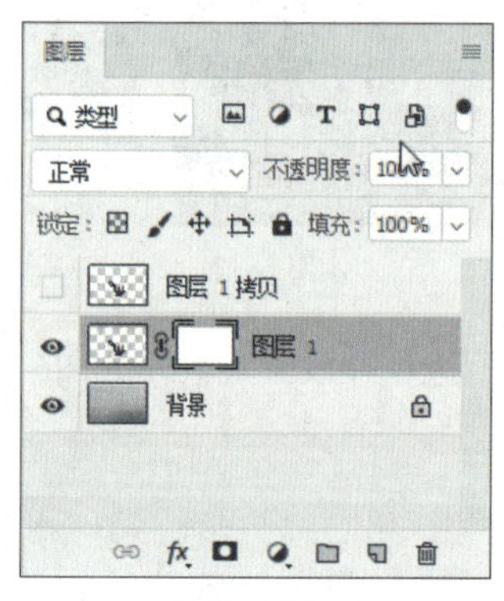

图 6-16

图 6-17

步骤 17 按]键放大画笔，在人物边缘上方进行涂抹，如图6-18所示。

步骤 18 在“图层”面板中单击“图层1 拷贝”前的“指示图层可见性”按钮显示图层，如图6-19所示。

图 6-18

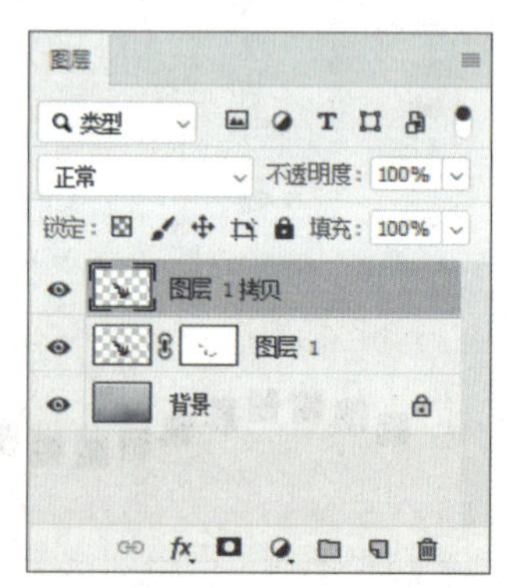

图 6-19

步骤19 执行“滤镜”→“液化”命令，在打开的“液化”对话框中调整相关参数，单击“确定”按钮即可，如图6-20所示。

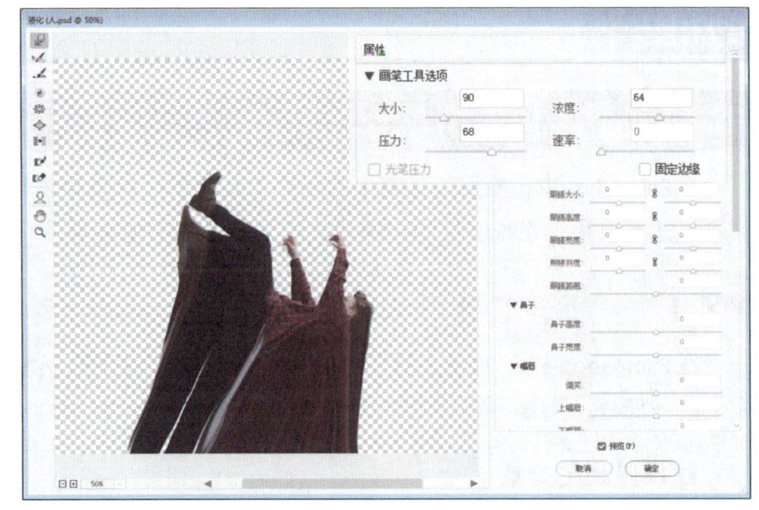

图 6-20

步骤20 选择“修补工具”框选创建选区，并按Shift+F5组合键，打开“填充”对话框，将内容设置为“内容识别”，填充该选区，如图6-21和图6-22所示。

图 6-21

图 6-22

步骤21 在“图层”面板中按住Alt键的同时单击“添加图层蒙版”按钮，如图6-23所示。

步骤22 设置前景色为白色，在人物边缘下方进行涂抹，制作小碎片效果，按[键和]键调整画笔大小，越往下碎片越大，最终效果如图6-24所示。

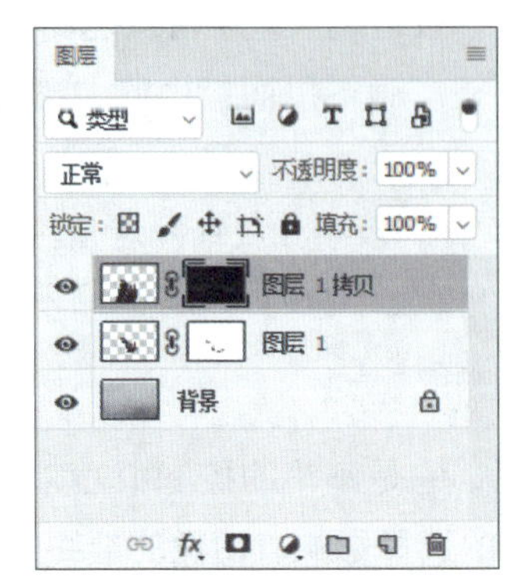

图 6-23

图 6-24

至此，完成粒子消失效果的制作。

边用边学

6.1 画笔工具组

在Photoshop中，使用工具箱中的画笔工具不仅可以很轻松地创建柔和的、坚硬的和果断的线条，还可以根据系统提供的不同样式绘制不同的图像效果。

6.1.1 画笔工具

在Photoshop中，“画笔工具”的应用比较广泛，对于绘画编辑工具而言，选择画笔是非常重要的一部分。

1. 设置画笔参数

选择“画笔工具”后，在其属性栏中可以设置参数，不同的画笔参数会有不同的绘画效果，图6-25所示为“画笔工具”的属性栏。

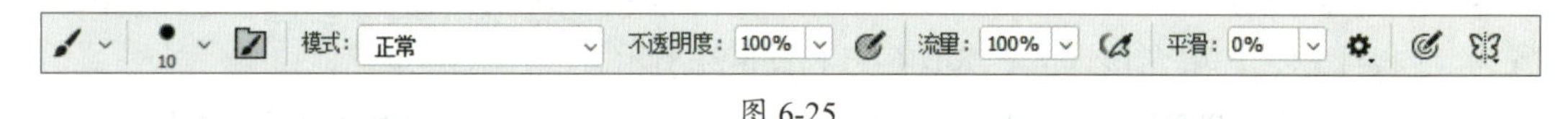

图 6-25

在“画笔工具”属性栏中，主要选项的含义介绍如下：

- **“工具预设”**：实现新建工具预设和载入工具预设等操作。
- **“画笔预设”**：选择画笔笔尖，设置画笔大小和硬度。
- **“模式”选项**模式：正常：设置画笔的绘画模式，即绘画时的颜色与当前颜色的混合模式。
- **“不透明度”**不透明度：30%：设置在使用画笔绘图时所绘颜色的不透明度。数值越小，所绘出的颜色越浅，反之则越深。
- **“流量”**流量：100%：设置使用画笔绘图时所绘颜色的深浅。若设置的流量较小，则其绘制效果如同降低透明度一样，但经过反复涂抹，颜色就会逐渐饱和。
- **“启用喷枪样式的建立效果”**：单击该按钮即可启动喷枪功能，将渐变色调应用于图像，同时模拟传统的喷枪技术，Photoshop会根据单击程度确定画笔线条的填充数量。
- **“平滑”**平滑：30%：可控制绘画时得到图像的平滑度，数值越大，平滑度越高。
- **“绘板压力控制大小”**：使用压感笔压大小可以覆盖“画笔”面板中的“不透明度”和“大小”的设置。
- **“设置绘画的对称选项”**：有多种对称类型，例如垂直、水平、双轴、对角线、波纹、圆形螺旋线、平行线、径向和曼陀罗。

2. 设置画笔参数

“画笔设置”面板主要用于选择预设画笔和自定义画笔，它是画笔的控制中心，要设置复杂的笔刷样式，只有在“画笔设置”面板中才能完成。画笔的选择影响着图像的最终处理效果。

执行“窗口”→“画笔设置”命令或者在其属性栏中单击“切换画笔面板”按钮，即可弹出“画笔设置”面板。在“画笔设置”面板中，主要选项介绍如下：

（1）选择面板左侧的“画笔笔尖形状”选项，在面板右侧的列表框中将会显示出相应的画笔形状，如图6-26所示。

在“画笔笔尖形状”列表中，主要选项的含义介绍如下：

- **直径：**用于定义画笔的直径大小，其取值范围为1～2 500 px。
- **翻转X/翻转Y：**用于设置笔尖形状的翻转效果。
- **角度：**用于设置画笔的角度，其取值范围为－180°～180°。
- **圆度：**用于控制椭圆形画笔长轴和短轴的比例，其取值范围为0%～100%。
- **硬度：**用于设置画笔笔触的柔和程度，其取值范围为0%～100%。
- **间距：**用于设置在绘制线条时两个绘制点之间的距离。

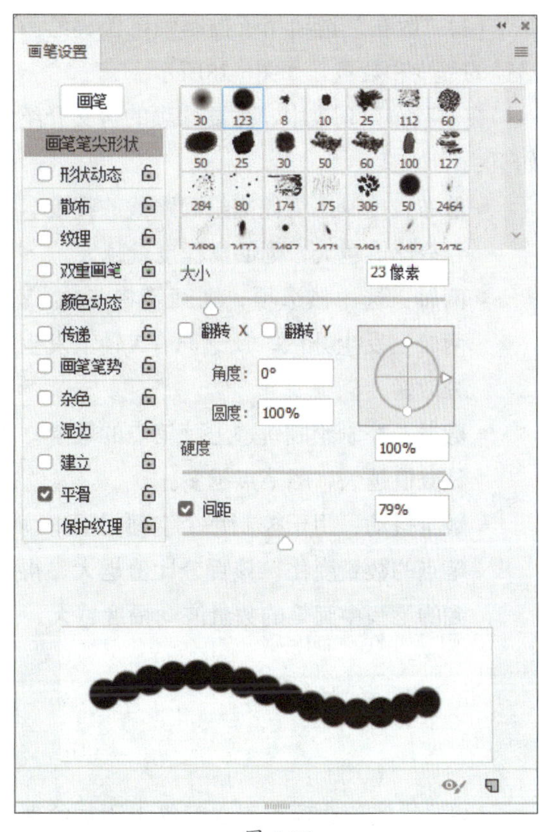

图 6-26

（2）“形状动态”选项用于设置画笔的大小、角度和圆度变化，控制绘画过程中画笔形状的变化效果，如图6-27所示。

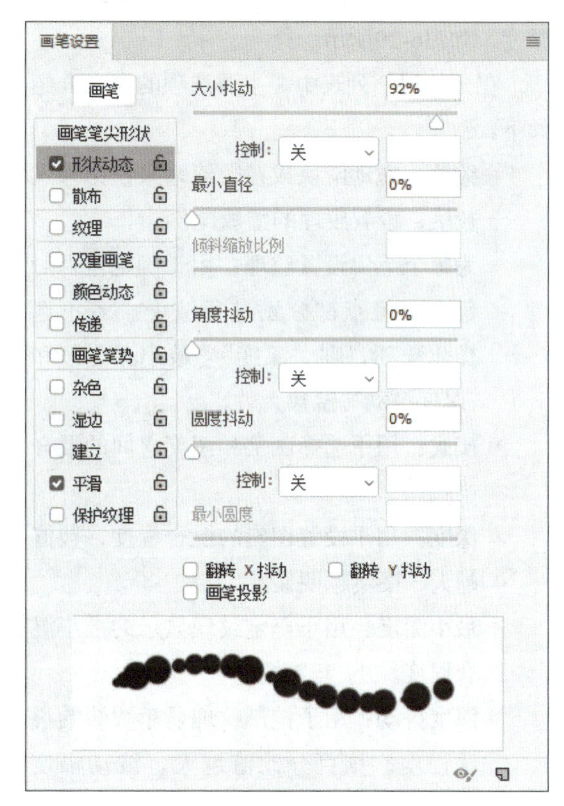

图 6-27

（3）“散布”选项用于控制画笔偏离绘画路径的程度和数量，如图6-28所示。

在“散布”列表中，主要选项的含义介绍如下：

- **散布：**控制画笔偏离绘画路线的程度。百分比值越大，则偏离程度就越大。
- **两轴：**选中该选项，则画笔将在X、Y两轴上发生分散，反之只在X轴上发生分散。
- **数量：**控制绘制轨迹上画笔点的数量。该数值越大，画笔点越多。
- **数量抖动：**用于控制每个空间间隔中画笔点的数量变化。该百分比值越大，得到的笔画中画笔的数量波动幅度越大。

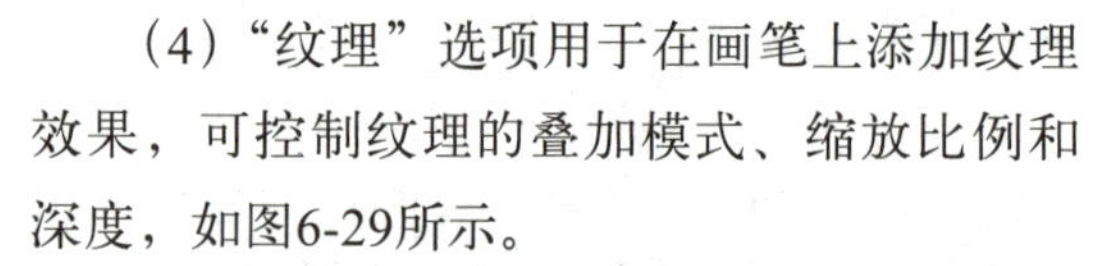

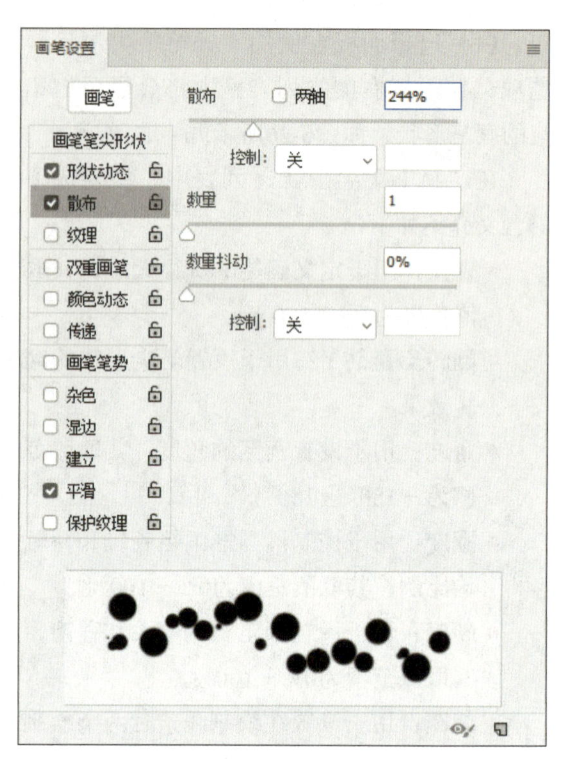

图 6-28

（4）“纹理”选项用于在画笔上添加纹理效果，可控制纹理的叠加模式、缩放比例和深度，如图6-29所示。

在“纹理”列表中，主要选项的含义介绍如下：

- **缩放：**拖动滑块或在数值输入框中输入数值，设置纹理的缩放比例。
- **为每个笔尖设置纹理：**用于确定是否对每个画笔点都分别进行渲染。若不选择此选项，则“深度”“最小深度”和“深度抖动”参数无效。
- **模式：**用于选择画笔和图案之间的混合模式。
- **深度：**用于设置图案的混合程度，数值越大，图案越明显。
- **最小深度：**用于确定纹理显示的最小混合程度。
- **深度抖动：**用于控制纹理显示浓淡的抖动程度。该百分比值越大，波动幅度越大。

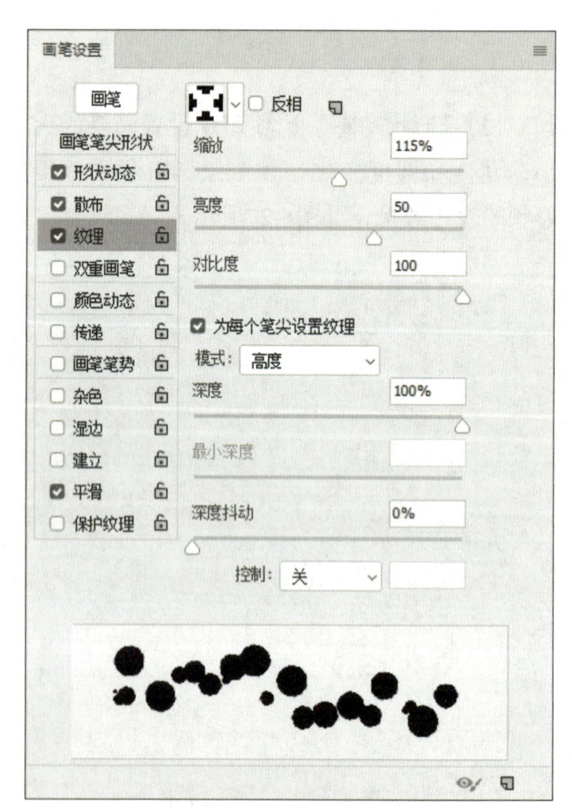

图 6-29

（5）“双重画笔”选项即使用两种笔尖形状创建画笔。双重画笔的设置方法是：先在“模式”下拉列表框中选择原始画笔和第2种画笔的混合方式，然后在下面的笔尖形状列表框中选择一种笔尖作为第2种笔尖形状，最后设置第2种笔尖的直径、间距、散布和数量参数，如图6-30所示。

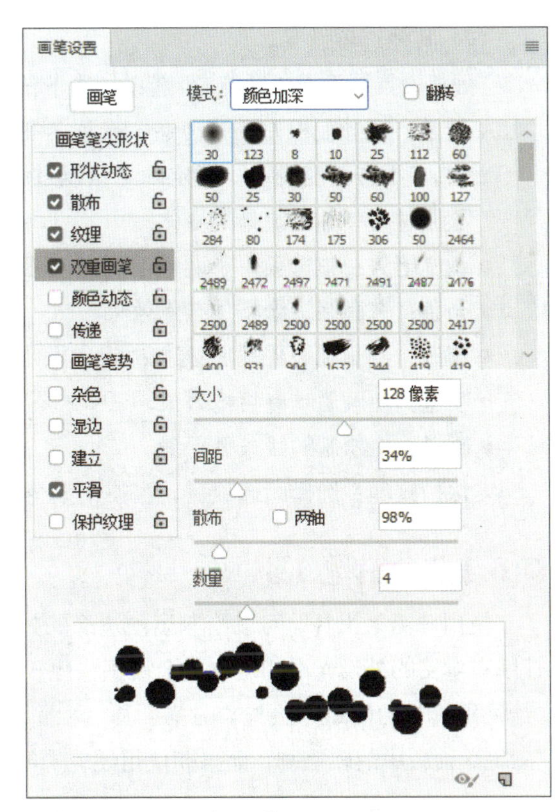

图 6-30

（6）“颜色动态”选项控制在绘制过程中画笔颜色的变化情况，包括前景/背景抖动、色相抖动、饱和度抖动、亮度抖动和纯度，如图6-31所示。

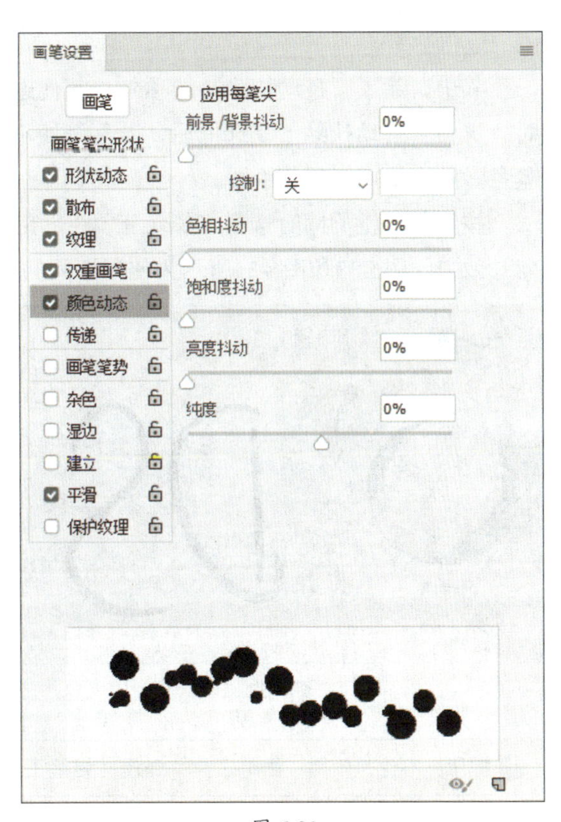

图 6-31

在“颜色动态”列表中，主要选项的含义介绍如下：

- **前景/背景抖动：**用于设置画笔颜色在前景色和背景色之间变化。
- **色相抖动：**指定画笔绘制过程中画笔颜色色相的动态变化范围，该百分比值越大，画笔的色调发生随机变化时就越接近背景色色调，反之就越接近前景色色调。
- **饱和度抖动：**指定画笔绘制过程中画笔颜色饱和度的动态变化范围，该百分比值越大，画笔的饱和度发生随机变化时就越接近背景色的饱和度，反之就越接近前景色的饱和度。
- **亮度抖动：**指定画笔绘制过程中画笔亮度的动态变化范围，该百分比值越大，画笔的亮度发生随机变化时就越接近背景色亮度，反之就越接近前景色亮度。
- **纯度：**设置绘画颜色的纯度。

（7）其他选项设置。

“画笔设置”面板中还有7个选项，选中任一个选项会为画笔添加其相应的效果。

- **传递**：选择面板左侧“传递”选项，在右侧可以设置画笔的不透明度抖动和流量抖动参数。“不透明度抖动”指定画笔绘制过程中油墨不透明度的变化，“流量抖动”指定画笔绘制过程中油墨流量的变化。
- **画笔笔势**：该选项用于调整毛刷画笔笔尖、侵蚀画笔笔尖的角度。
- **杂色**：在画笔边缘增加杂点效果。
- **湿边**：使画笔边界呈现湿边效果，类似于水彩绘画。
- **喷枪**：使画笔具有喷枪效果。
- **平滑**：使绘制的线条更平滑。
- **保护纹理**：选择此选项后，当使用多个画笔时，可模拟一致的画布纹理效果。

6.1.2 铅笔工具

使用“铅笔工具”可以绘制出硬边缘的效果，特别是绘制斜线，锯齿效果会非常明显，并且所有定义的外形光滑的笔刷也会被锯齿化。根据该特性，“铅笔工具”更适合于绘制像素画。“铅笔工具”的使用方法与“画笔工具”相同，但两者的不同之处在于，“铅笔工具”不能使用“画笔”面板中的软笔刷，而只能使用硬轮廓笔刷。图6-32所示为“铅笔工具”的属性栏。

图 6-32

其中，除了“自动抹除”选项外，其他选项均与“画笔工具”相同。在使用“铅笔工具”时，选中“自动抹除”复选框后，若落笔处不是前景色，则将使用前景色绘图；若落笔处是前景色，则将使用背景色绘图。

按住Shift键的同时选择“铅笔工具”，在图像中拖动鼠标可以绘制出直线（水平或垂直方向）效果。图6-33和图6-34所示为使用不同的铅笔样式绘制出的图像效果。

图 6-33

图 6-34

提示：不论是使用“画笔工具”还是“铅笔工具”绘制图像，画笔的颜色都默认为前景色。

■ 6.1.3 颜色替换工具

"颜色替换工具" 可以将选定的颜色替换为其他颜色，并能够保留图像原有材质的纹理与明暗，赋予图像更多变化。图6-35所示为"颜色替换工具"的属性栏。

图 6-35

在"颜色替换工具"属性栏中，主要选项的含义分别介绍如下：

- **模式：**用于设置替换颜色与图像的混合方式，有"色相""饱和度""亮度"和"颜色"4种方式供选择。
- **取样方式：**用于设置所要替换颜色的取样方式，包括"连续""一次"和"背景色板"3种方式。"连续"：连续从笔刷中心所在区域取样，随着取样点的移动而不断地取样；"一次"：以第1次单击鼠标左键时笔刷中心点的颜色为取样颜色，取样颜色不随鼠标指针的移动而改变；"背景色板"：将背景色设置为取样颜色，只替换与背景颜色相同或相近的颜色区域。
- **限制：**用于指定替换颜色的方式。包括"不连续""连续"和"查找边缘"3种。"不连续"：替换在容差范围内所有与取样颜色相似的像素；"连续"：替换与取样点相接或邻近的颜色相似区域；"查找边缘"：替换与取样点相连的颜色相似区域，能较好地保留替换位置颜色反差较大的边缘轮廓。
- **容差：**用于控制替换颜色区域的大小。数值越小，替换的颜色就越接近色样颜色，所替换的范围也就越小，反之替换的范围越大。
- **消除锯齿：**选中此复选框，在替换颜色时，将得到较平滑的图像边缘。

"颜色替换工具"的使用方法很简单：首先设置前景色，然后选择"颜色替换工具"，并设置其各选项参数值，在图像中进行涂抹即可实现颜色的替换，如图6-36和图6-37所示。

图 6-36

图 6-37

■ 6.1.4 混合器画笔工具

"混合器画笔工具" 可以模拟真实的绘画技术。图6-38所示为"混合器画笔工具" 的属性栏。

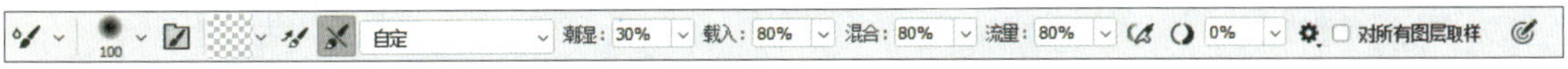

100 自定 潮湿：30% 载入：80% 混合：80% 流量：80% 0% 对所有图层取样

图 6-38

在“混合器画笔工具”属性栏中，主要选项的含义介绍如下：

- **“当前画笔载入”** ：单击色块可调整画笔颜色，单击右侧三角符号可以选择“载入画笔”“清理画笔”和“只载入纯色”。“每次描边后载入画笔” 和“每次描边后清理画笔” 两个按钮，控制了每一笔涂抹结束后对画笔是否更新和清理。
- **“潮湿”选项：**控制画笔从画布拾取的油彩量，较高的设置会产生较长的绘画条痕。
- **“载入”选项：**指定储槽中载入的油彩量，当载入速率较低时，绘画描边干燥的速度会更快。
- **“混合”选项：**控制画布油彩量同储槽油彩量的比例。当比例为100%时，所有油彩将从画布中拾取；当比例为0%时，所有油彩都来自储槽。
- **“流量”选项：**控制混合画笔流量大小。
- **“描边平滑度”** 10%：用于控制画笔抖动。
- **“对所有图层取样”复选框：**拾取所有可见图层中的画布颜色。

> **提示：**“混合画笔工具”常用于人物修图，可以快速地去除皮肤上的瑕疵，达到磨皮的效果。

6.2 历史记录画笔工具组

在Photoshop中，历史记录画笔工具组包含“历史记录画笔工具”和“历史记录艺术画笔工具”。这两种工具均可以根据“历史记录”面板中拍摄的快照或历史记录的内容涂绘出以前暂时保存的图像。

6.2.1 历史记录画笔工具

“历史记录画笔工具”的主要功能是恢复图像，其属性栏如图6-39所示，它与“画笔工具”属性栏相似，可用于设置画笔的样式、模式和不透明度等。

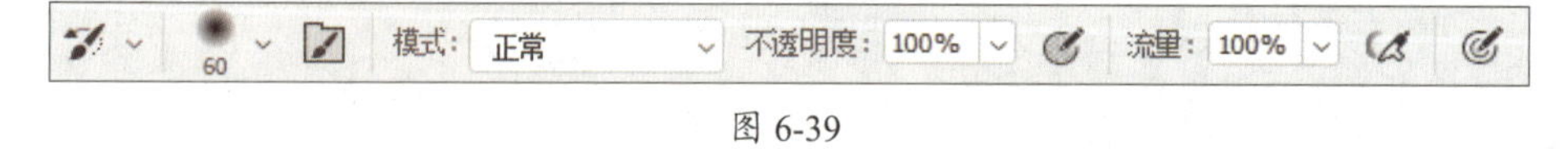

图 6-39

“历史记录画笔工具”的具体操作方法为：选择“历史记录画笔工具” ，在其属性栏中可以设置画笔大小、模式、不透明度和流量等参数。完成后单击并按住鼠标不放，同时在图像中需要恢复的位置处拖动，光标经过的位置即会恢复为上一步中为对图像进行操作的效果，而图像中未被修改过的区域将保持不变，如图6-40、图6-41和图6-42所示。

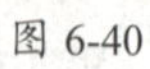
图 6-40

图 6-41

图 6-42

■ 6.2.2　历史记录艺术画笔工具

使用“历史记录艺术画笔工具”恢复图像时，将产生一定的艺术笔触，常用于制作富有艺术气息的绘画图像。选择“历史记录艺术画笔工具”，在其属性栏中可以设置画笔大小、模式、不透明度、样式、区域和容差等参数，如图6-43所示。

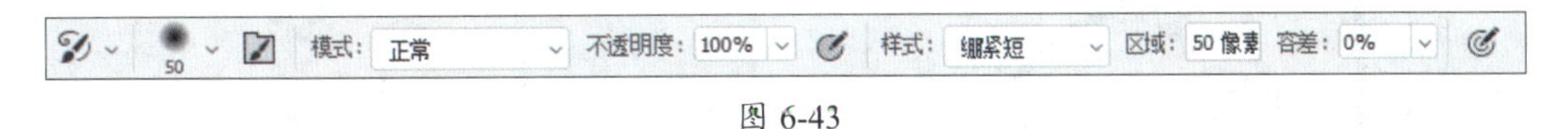

图 6-43

在“样式”下拉列表框中，可以选择不同的笔刷样式进行绘制。在“区域”文本框中可以设置历史记录艺术画笔描绘的范围，范围越大，影响的范围就越大。图6-44和图6-45所示为使用“历史记录艺术画笔工具”绘制图像效果。

图 6-44

图 6-45

6.3　橡皮擦工具组

在Photoshop中，橡皮擦工具组包含“橡皮擦工具”“背景橡皮擦工具”和“魔术橡皮擦工具”，下面将对其进行详细介绍。

■ 6.3.1　橡皮擦工具

“橡皮擦工具”主要用于擦除当前图像中的颜色。图6-46所示为“橡皮擦工具”属性栏。

图 6-46

在“橡皮擦工具”属性栏中，主要选项的含义介绍如下：

- **模式：**该工具可以使用“画笔工具”和“铅笔工具”的参数，包括笔刷样式、大小等。若选择“块”模式，“橡皮擦工具”将使用方块笔刷。
- **不透明度：**若不想完全擦除图像，可以降低不透明度。
- **抹到历史记录：**在擦除图像时，可以使图像恢复到任意一个历史状态。该方法常用于恢复图像的局部到前一个状态。

“橡皮擦工具”在不同图层模式下有不同的擦除效果，在背景图层下擦除，擦除的部分显示为背景色；在普通图层状态下擦除，擦除的部分为透明，如图6-47和图6-48所示。

图 6-47

图 6-48

■ 6.3.2　背景橡皮擦工具

“背景橡皮擦工具” 可以用于擦除指定颜色，并将被擦除的区域以透明色填充。图6-49所示为“背景橡皮擦工具”的属性栏。

图 6-49

在“背景橡皮擦工具”属性栏中，主要选项的含义介绍如下：

- **限制：** 在该下拉列表中包含3个选项。若选择“不连续”选项，则擦除图像中所有具有取样颜色的像素；若选择“连续”选项，则擦除图像中与光标相连的具有取样颜色的像素；若选择“查找边缘”选项，则在擦除与光标相连区域的同时保留图像中物体锐利的边缘效果。
- **容差：** 可设置被擦除的图像颜色与取样颜色之间差异的大小，取值范围为0%～100%。数值越小，被擦除的图像颜色与取样颜色越接近，擦除的范围越小；数值越大，则擦除的范围越大。
- **保护前景色：** 选中该复选框，可防止具有前景色的图像区域被擦除。

“背景橡皮擦工具”的使用方法为：分别吸取背景色和前景色，前景色为保留的部分，背景色为擦除的部分。图6-50和图6-51所示为保留了蓝天部分，擦除了白云部分。

图 6-50

图 6-51

■ 6.3.3 魔术橡皮擦工具

“魔术橡皮擦工具”是“魔棒工具”和“背景橡皮擦工具”的综合，它是一种根据像素颜色来擦除图像的工具，使用“魔术橡皮擦工具”可以一次性擦除图像或选区中颜色相同或相近的区域，从而得到透明区域。图6-52所示为“魔术橡皮擦工具”的属性栏。

图 6-52

在“魔术橡皮擦工具”属性栏中，主要选项的含义介绍如下：

- **消除锯齿：**选中该复选框，将得到较平滑的图像边缘。
- **连续：**选中该复选框，可使擦除工具仅擦除与单击处相连接的区域。
- **对所有图层取样：**选中该复选框，将利用所有可见图层中的组合数据来采集色样，否则只对当前图层的颜色信息进行取样。

该工具能直接对背景图层进行擦除操作，而无须解锁。使用魔术橡皮擦擦除图像的前后对比如图6-53和图6-54所示。

图 6-53

图 6-54

6.4 填充工具组

在Photoshop中，填充工具组包含“渐变工具”和“油漆桶工具”，下面将对其进行详细介绍。

■ 6.4.1 渐变工具

“渐变工具”的应用非常广泛，不仅可以填充图像，还可以填充图层蒙版、快速蒙版和通道等。“渐变工具”可以创建多种颜色之间的逐渐混合。图6-55所示为“渐变工具”的属性栏。

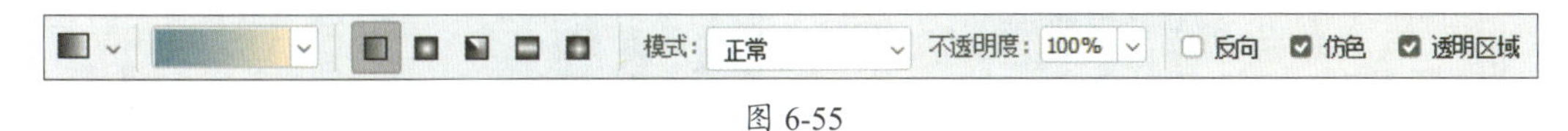

图 6-55

在“渐变工具”属性栏中，主要选项的含义介绍如下：

- **渐变颜色条：**显示当前渐变颜色，单击右侧的下拉按钮，即可打开“渐变”拾色器，如图6-56所示。单击渐变颜色条，即可打开“渐变编辑器”对话框，在该对话框中可以进行编辑，如图6-57所示。

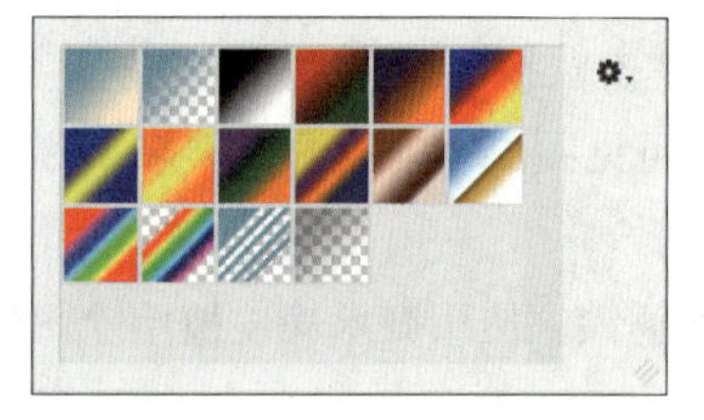
图 6-56

图 6-57

- **“线性渐变”**：单击该按钮，可以以直线方式从不同方向创建起点到终点的渐变。图6-58和图6-59所示为从不同方向创建的渐变。

图 6-58

图 6-59

- **“径向渐变”**：单击该按钮，可以以圆形的方式创建起点到终点的渐变。图6-60和图6-61所示为从不同方向创建的渐变。

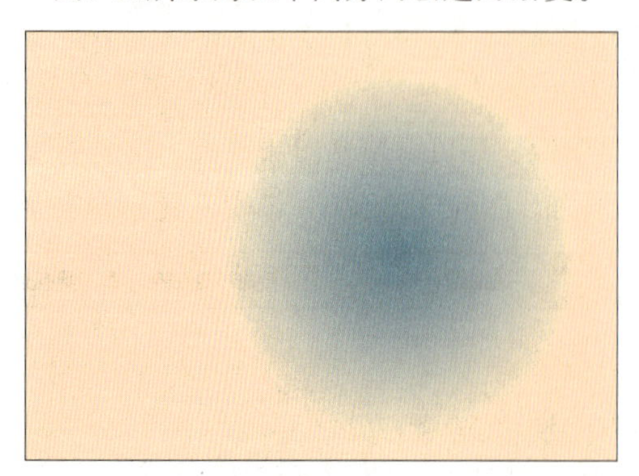
图 6-60

图 6-61

- **“角度渐变”** ：单击该按钮，可以创建围绕起点以逆时针扫描方式的渐变。图6-62和图6-63所示为从不同方向创建的渐变。

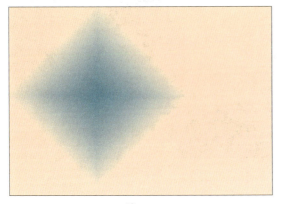

图 6-62

图 6-63

- **“对称渐变”** ：单击该按钮，可以使用均衡的线性渐变在起点的任意一侧创建渐变。图6-64和图6-65所示为从不同方向创建的渐变。

图 6-64

图 6-65

- **“菱形渐变”** ：单击该按钮，可以以菱形方式从起点向外产生渐变，终点定义菱形的一个角。图6-66和图6-67所示为从不同方向创建的渐变。

图 6-66

图 6-67

- **“模式”选项**：设置应用渐变时的混合模式。
- **“不透明度”选项**：设置应用渐变时的不透明度。
- **“反向”复选框**：选中该复选框，得到反方向的渐变效果。
- **“仿色”复选框**：选中该复选框，可以使渐变效果更加平滑，防止打印时出现条带化现象，但在显示屏上不能明显地显示出来。
- **“透明区域”复选框**：选中该复选框，可以创建包含透明像素的渐变。

6.4.2 油漆桶工具

使用“油漆桶工具”可以在图像中填充前景色和图案。若已创建选区，填充的区域为当前区域；若未创建选区，填充的是与鼠标吸取处颜色相近的区域。图6-68所示为“油漆桶工具”的属性栏。

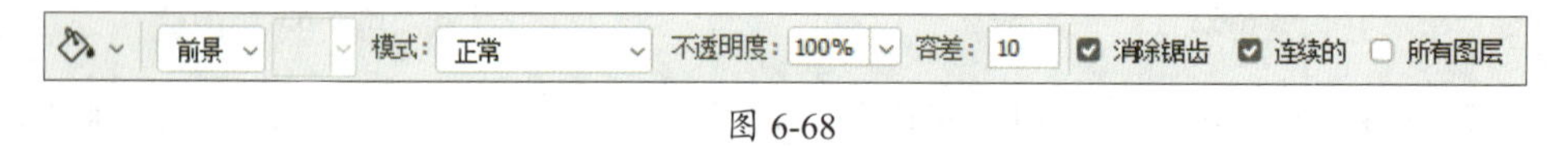

图 6-68

在“油漆桶工具”属性栏中，主要选项的含义介绍如下：

- **填充**：可选择前景或图案两种填充。当选择图案填充时，可在后面的下拉列表中选择相应的图案。
- **不透明度**：用于设置填充的颜色或图案的不透明度。
- **容差**：用于设置“油漆桶工具”进行填充的图像区域。
- **消除锯齿**：用于消除填充区域边缘的锯齿形。
- **连续的**：若选择此选项，则填充的区域是和鼠标单击点相似并连续的部分；若不选择此选项，则填充的区域是所有和鼠标单击点相似的像素，无论其是否和鼠标单击点相连续。
- **所有图层**：选择表示作用于所有图层。

新建图层选区和直接使用“油漆桶工具”的对比效果如图6-69和图6-70所示。

图 6-69

图 6-70

经验之谈 渐变编辑器详解

在“渐变编辑器”对话框中可以进行创建、编辑、管理和删除渐变等操作，如图6-71所示。

图 6-71

在该对话框中，主要选项的含义介绍如下：

- **预设：**显示Photoshop预设的渐变效果，单击菜单按钮 ，可以载入或设置渐变参数。
- **载入：**单击此按钮，可以载入外部的渐变资源。
- **存储：**单击此按钮，可以将当前的选择渐变存储起来。
- **名称：**显示当前渐变色的名称。
- **渐变类型：**包含“实底”和“杂色”两种。“实底”渐变默认的是渐变色；“杂色”渐变包含了在指定范围内随机分布的颜色，其颜色变化效果更加丰富。
- **平滑度：**设置渐变的平滑程度。
- **不透明度色标：**拖动不透明度色标可以移动其位置。在“色标”选项组下可以精确其不透明度和位置，如图6-72所示。
- **不透明度中点：**用来设置当前不透明度色标的中心点位置，也可以在“色标”选项组下设置其位置参数。
- **色标：**拖动色标可以移动其位置，如图6-73所示。
- **删除：**删除不透明度色标和色标。

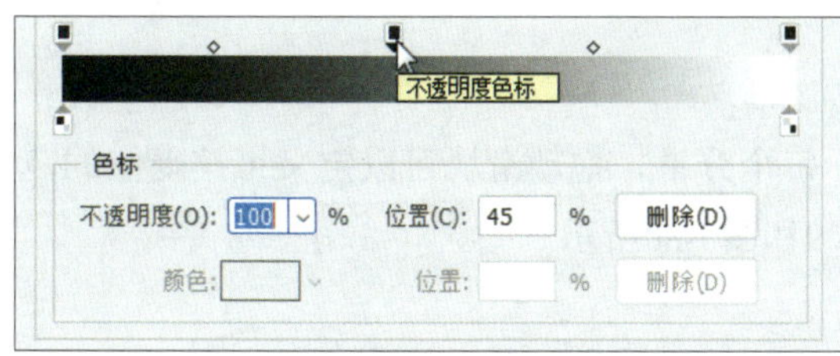

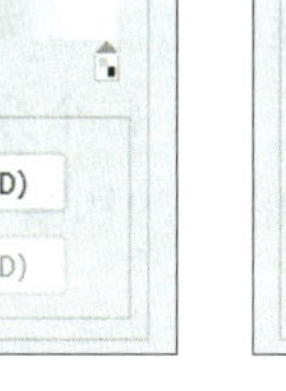

图 6-72

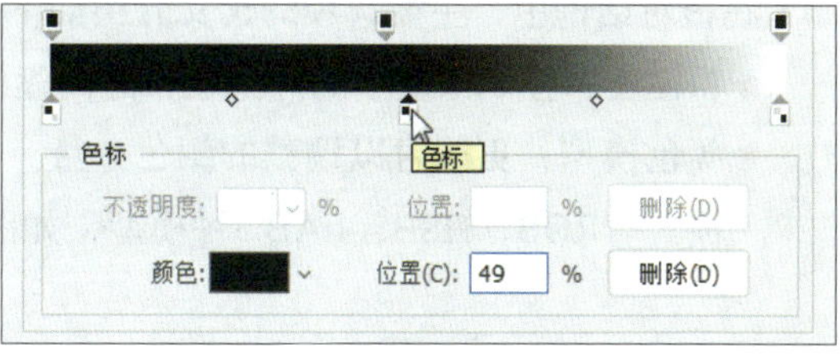

图 6-73

1. 如何在渐变编辑器中选取和添加颜色?

要选取颜色，可以执行以下任一操作：

- 双击色标，在弹出的“拾色器”对话框中选取颜色。
- 在该对话框的“色标”部分中单击“颜色”色块，在弹出的“拾色器”对话框中选取颜色。
- 将指针定位在渐变条上（指针变成吸管状），单击采集色样，或单击图像中的任意位置从图像中采集色样，如图6-74和图6-75所示。

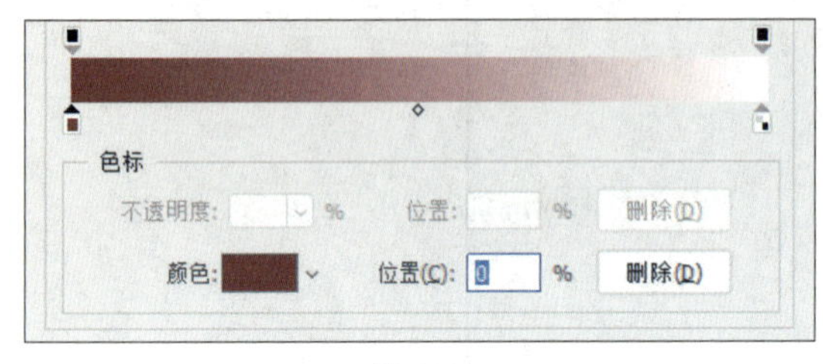

图 6-74

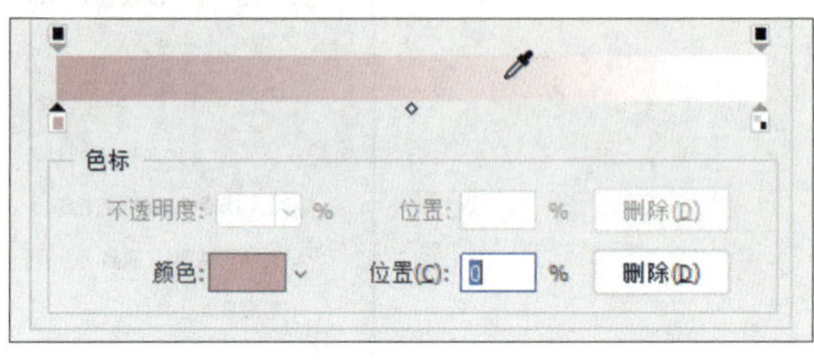

图 6-75

要添加色标颜色，可以执行以下任一操作：

- 按住Alt键的同时拖动色标起点，可以复制一个色标颜色，如图6-76所示。
- 在任意位置点按可添加色标，如图6-77所示。

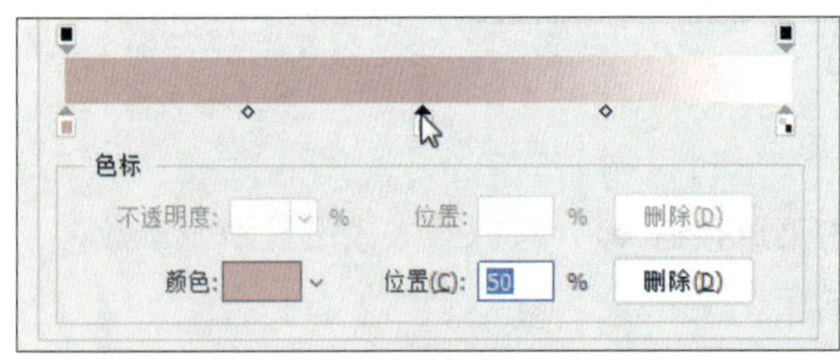

图 6-76

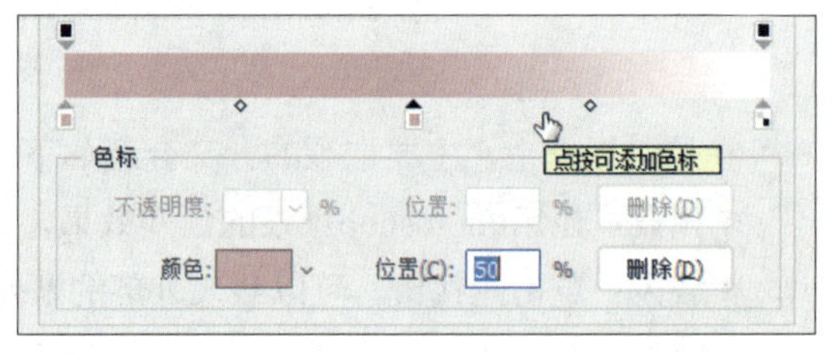

图 6-77

2. 如何在渐变编辑器中设置杂色渐变?

在“渐变类型”下拉列表框中选择“杂色”选项，如图6-78所示。

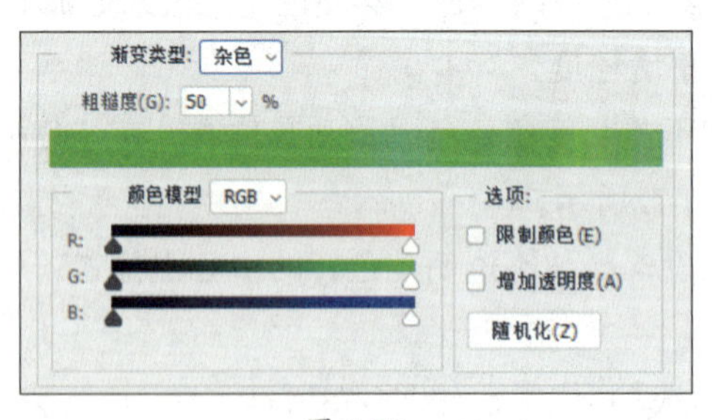

图 6-78

在该对话框中，主要选项的含义介绍如下：

- **粗糙度：**控制渐变中的两个色带之间逐渐过渡的方式。
- **颜色模型：**更改可以调整的颜色分量。对于每个分量，拖动滑块可以定义可接受值的范围。有RGB、HSB、LAB 3种模型，如图6-79和图6-80所示。

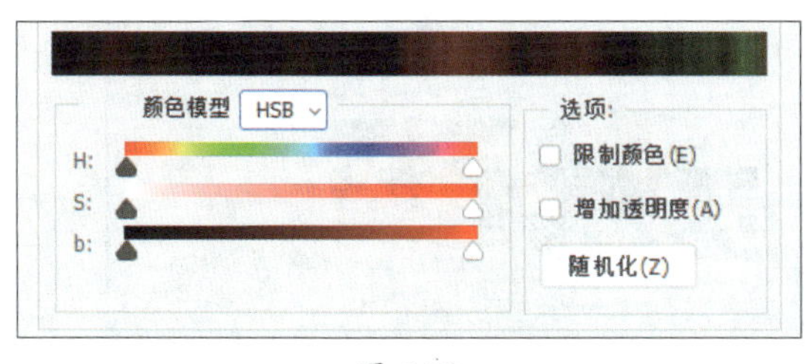

图 6-79

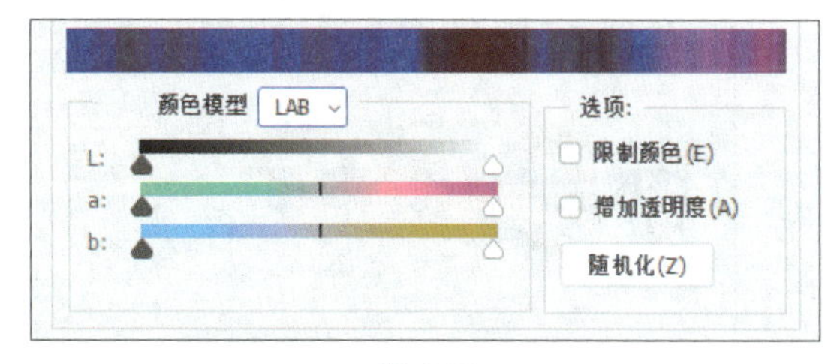

图 6-80

- **限制颜色：**防止过饱和颜色。
- **增加透明度：**增加随机颜色的透明度。
- **随机化：**随机创建符合上述设置的渐变。单击该按钮，直至找到所需的设置为止，如图6-81和图6-82所示。

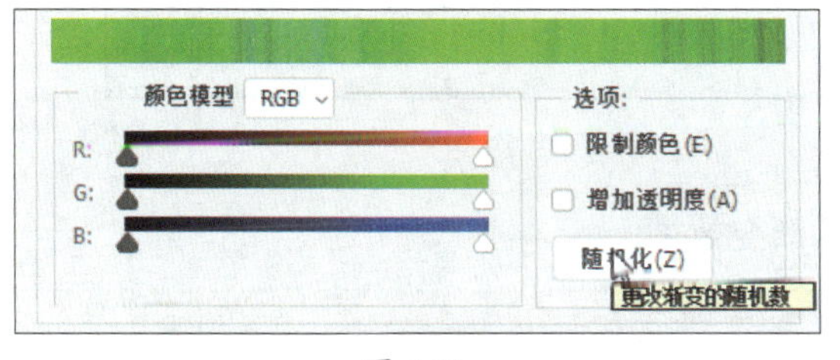

图 6-81

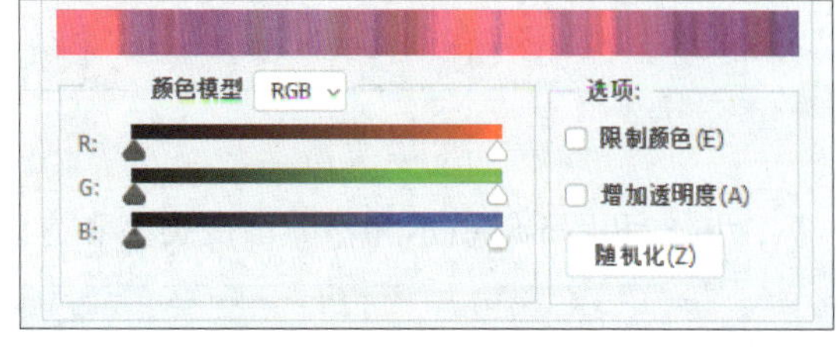

图 6-82

3. 如何在渐变编辑器中添加并应用预设颜色？

在“渐变编辑器”对话框中单击菜单按钮 ，如图6-83所示。在弹出的快捷菜单中选择任意一种渐变预设，会弹出一个提示框，单击“确定”按钮，此时“渐变编辑器”对话框的“预设”区域将变成“蜡笔”渐变预设样式，如图6-84所示。

图 6-83

图 6-84

若要复位或添加显示默认渐变效果，单击菜单按钮 ，在弹出的快捷菜单中选择“复位渐变”选项之后，在弹出的提示框中选择“追加”选项即可。选择“预设”列表框中的任意一个渐变效果，单击“确定”按钮即可，如图6-85和图6-86所示。

图 6-85

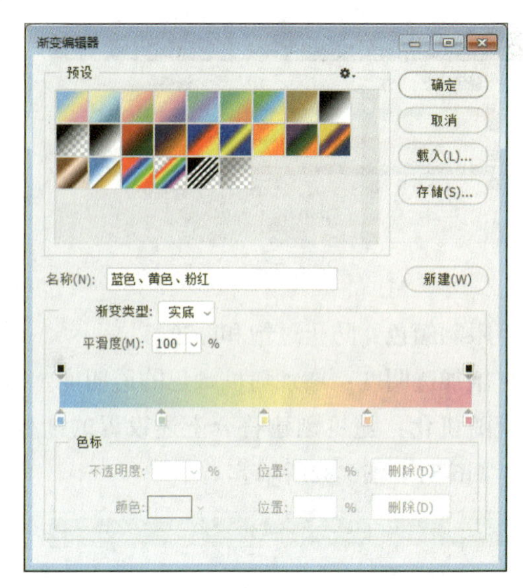

图 6-86

图6-87和图6-88所示为不同渐变类型和方向的渐变效果。

图 6-87

图 6-88

上手实操

为了能够更好地掌握本章所学的知识内容，下面安排了两个实操习题，让用户动起手来练一练，以达到温故知新的目的。

实操一：制作雨后彩虹效果

制作雨后彩虹效果，最终效果如图6-89所示。

图 6-89

设计要领

- 新建透明图层。
- 选择“渐变工具”设置参数（特殊效果—罗素彩虹—径向渐变）。
- 拖动箭头绘制彩虹。
- 设置图层混合模式为滤色。
- 执行“滤镜”→“模糊”→“高斯模糊”命令，设置参数。
- 添加蒙版，黑白直线渐变。
- 调整不透明度。

扫码观看视频

实操二：绘制对称曼陀罗图案

绘制对称曼陀罗图案，最终效果如图6-90所示。

图 6-90

设计要领

- 填充背景图层，新建透明图层。
- 选择“画笔工具”并设置参数。
- 在“画笔工具”属性栏中单击“设置绘画的对称选项”按钮，设置参数（曼陀罗-8段）。
- 绘制图案。

第7章 图像的修饰与修复

内容概要

本章将主要介绍如何使用绘图工具绘制图像，以及如何灵活使用修图工具修饰图像，最终制作出自己想要的图像效果，真正做到为图像的美丽“加分”。本章将对这些工具的使用方法与应用技巧进行详细介绍。

知识要点

- 减淡工具组的基本操作。
- 模糊工具组的基本操作。
- 图像修复工具组的基本操作。
- 图章工具组的基本操作。

数字资源

【本章案例素材来源】：“素材文件\第7章”目录下

【本章案例最终文件】：“素材文件\第7章\案例精讲\制作毛茸茸兔子效果.psd”

案例精讲 制作毛茸茸兔子效果

案/例/描/述

本案例制作的是毛茸茸效果的兔子。在实操中主要用到的知识点有“自定形状工具”、杂色、模糊、“涂抹工具”“画笔工具”“加深工具”“减淡工具”等。

扫码观看视频

案/例/详/解

下面将对案例的制作过程进行详细讲解。

步骤 01 打开Photoshop软件，新建600×800 px的文档并填充颜色，如图7-1所示。

步骤 02 选择“自定形状工具”，单击属性栏中的“形状”按钮，在弹出的扩展菜单中选择“兔”选项，绘制并填充颜色，如图7-2所示。

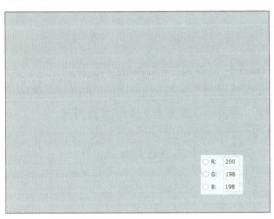

图 7-1

图 7-2

步骤 03 右击图层“形状 1”后的空白部分，在弹出的快捷菜单中选择“栅格化图层”选项，将其栅格化处理，如图7-3所示。

步骤 04 执行“滤镜”→“杂色”→“添加杂色”命令，在弹出的“添加杂色”对话框中设置参数，如图7-4所示，效果如图7-5所示。

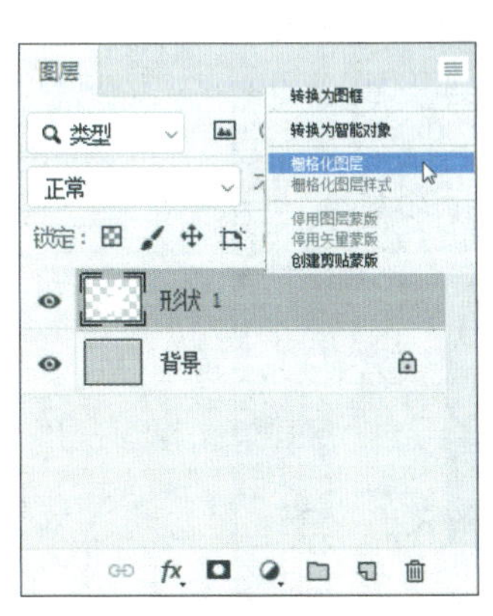

图 7-3

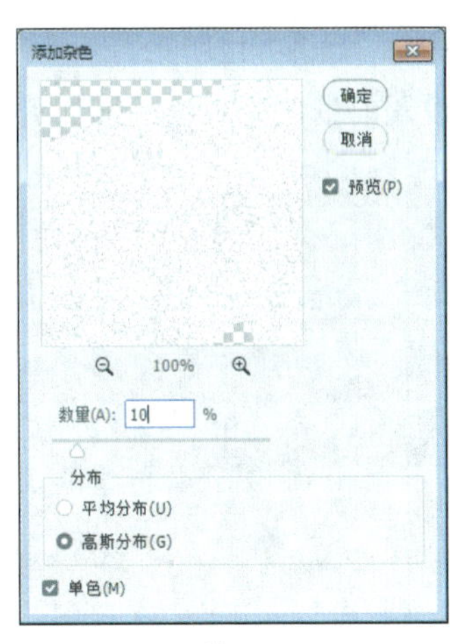

图 7-4

图 7-5

步骤05 执行“滤镜”→“模糊”→“高斯模糊”命令，在弹出的“高斯模糊”对话框中设置参数，如图7-6所示。

步骤06 执行“滤镜”→“模糊”→“径向模糊”命令，在弹出的“径向模糊”对话框中设置参数，如图7-7所示，效果如图7-8所示。

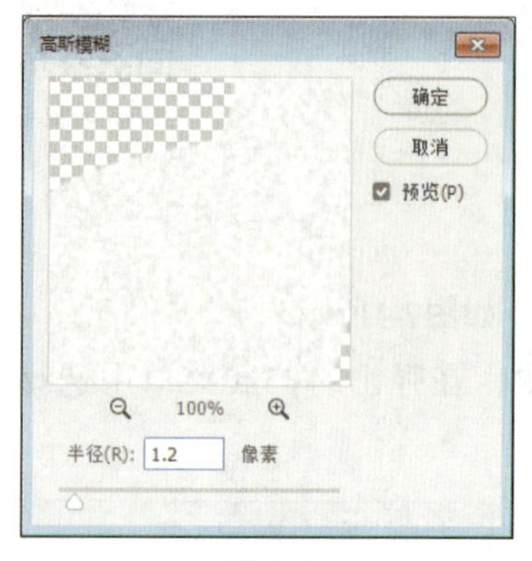

图 7-6

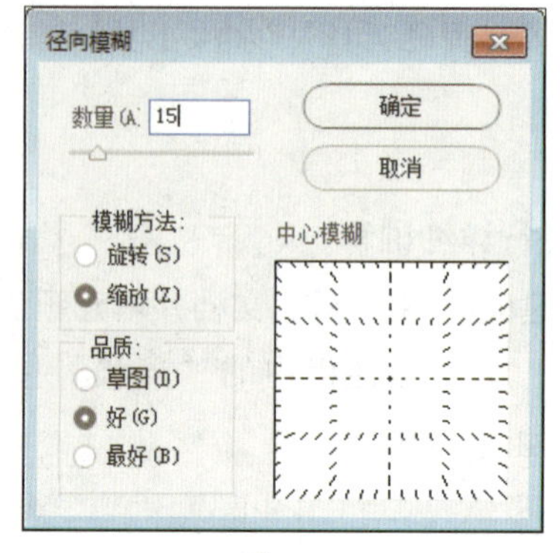

图 7-7

图 7-8

步骤07 选择“涂抹工具”，设置参数并在边缘处进行涂抹，如图7-9所示。

步骤08 单击“图层”面板底部的“创建新的填充或调整图层”按钮，在弹出的快捷菜单中选择“亮度/对比度”选项，如图7-10所示，在“属性”面板中设置参数，如图7-11所示。

图 7-9

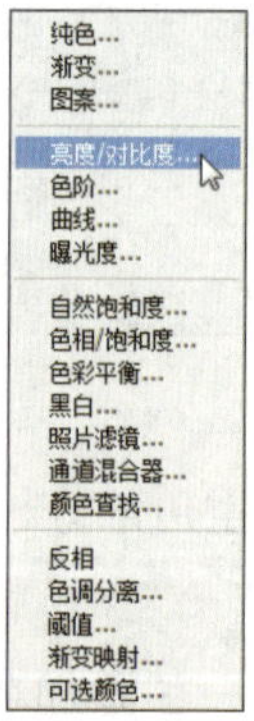

图 7-10

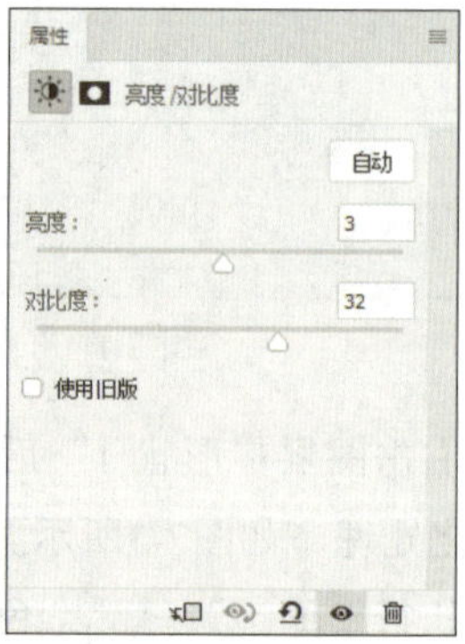

图 7-11

步骤09 按Ctrl+Alt+G组合键创建剪贴蒙版，如图7-12所示。

步骤10 新建透明图层并置于最上方，设置前景色为灰色，绘制阴影部分，如图7-13所示。

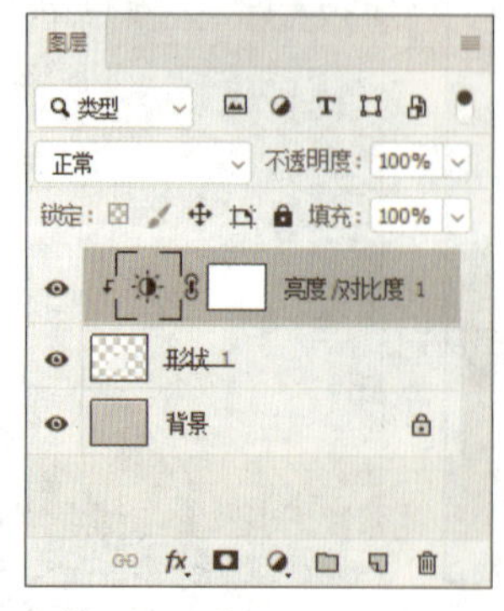

图 7-12

图 7-13

步骤 11 设置图层混合模式和不透明度，如图7-14所示。设置完成后的效果如图7-15所示。

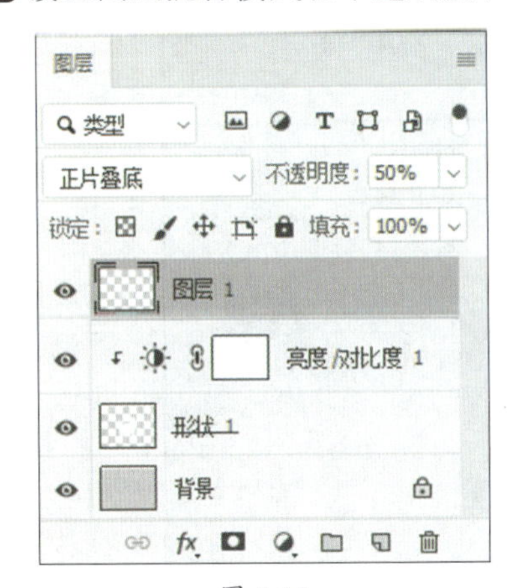

图 7-14

图 7-15

步骤 12 隐藏“背景”图层，按Ctrl+Shift+Alt+E组合键盖印图层，如图7-16所示。

步骤 13 将素材文件“幻境.jpg”拖到Photoshop中，如图7-17所示。

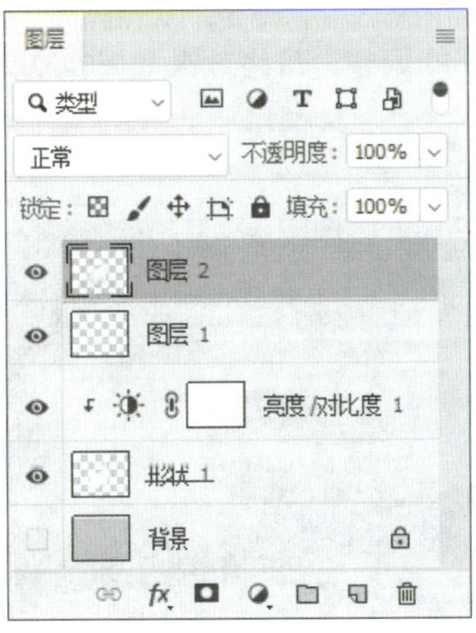

图 7-16

图 7-17

步骤 14 将盖印图层移动到“幻境”中，如图7-18所示。

步骤 15 按Ctrl+T组合键自由变换图像，如图7-19所示。

图 7-18

图 7-19

步骤 16 双击图层，在弹出的“图层样式”对话框中设置参数，如图7-20所示。

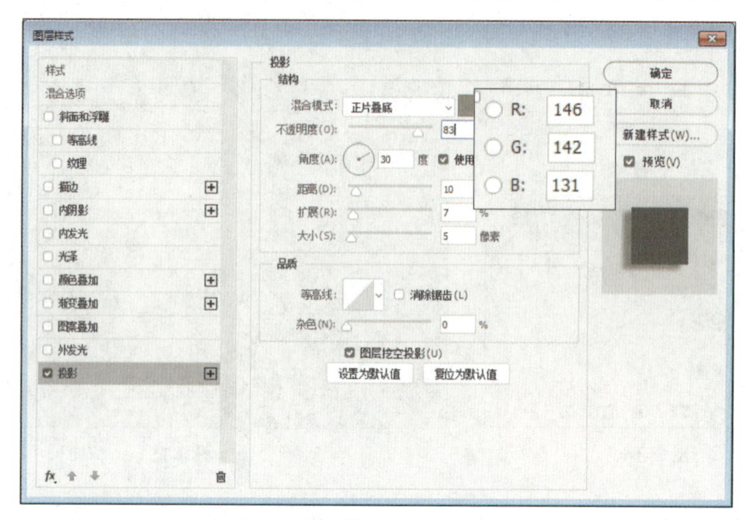

图 7-20

步骤 17 设置后的效果如图7-21所示。

步骤 18 选择“加深工具”和“减淡工具”进行亮部和暗部的调整，最终效果如图7-22所示。

图 7-21

图 7-22

至此，完成毛茸茸兔子的制作。

边用边学

7.1 图像修饰工具

在Photoshop中，图像修饰工具主要有两个组共6个工具："减淡工具""加深工具""海绵工具""模糊工具""锐化工具"和"涂抹工具"。

7.1.1 减淡工具组

减淡、加深和海绵工具属于减淡工具组。使用这些工具可以对图像的亮部、暗部和饱和度等进行处理。

1. 减淡工具

使用"减淡工具"可以对图像的暗部、中间调、亮部分别进行减淡处理。图7-23所示为"减淡工具"的属性栏。

图 7-23

在"减淡工具"属性栏中，主要选项的含义介绍如下：

- **范围：**用于设置加深的作用范围，包括阴影、中间调和高光3个选项。"阴影"表示修改图像的暗部，如阴影区域等；"中间调"表示修改图像的中间色调区域，即介于阴影和高光之间的色调区域；"高光"表示修改图像的亮部。
- **曝光度：**用于设置对图像色彩减淡的程度，取值范围在0%～100%之间，输入的数值越大，对图像减淡的效果就越明显。
- **保护色调：**选中该复选框后，使用加深或减淡工具进行操作时可以尽量保护图像原有的色调不失真。

选择"减淡工具"，在属性栏中进行设置后将鼠标移动到需要处理的位置，单击并拖动鼠标进行涂抹即可应用减淡效果，如图7-24和图7-25所示。

图 7-24

图 7-25

2. 加深工具

使用“加深工具”可以对图像色调进行加深处理，常用于阴影部分的处理。图7-26所示为“加深工具”的属性栏。

图 7-26

“减淡工具”和“加深工具”都是用于调整图像的色调，它们分别通过增加和减少图像的曝光度来变亮或变暗图像，其功能与“亮度/对比度”命令相类似。使用“加深工具”为图像增加阴影部分的前后效果对比如图7-27和图7-28所示。

图 7-27

图 7-28

3. 海绵工具

“海绵工具”用于改变图像局部的色彩饱和度，因此对于黑白图像的处理效果很不明显。图7-29所示为“海绵工具”的属性栏。

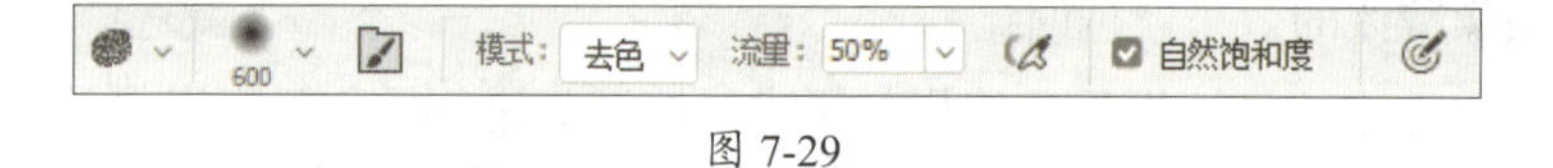

图 7-29

“模式”选项用于选择改变饱和度的方式，其中包括“去色”和“加色”两种。在改变饱和度的过程中，流量越大，效果越明显。使用“海绵工具”处理图像前后的对比效果如图7-30和图7-31所示。

图 7-30

图 7-31

> ❗ **提示**：海绵工具不会造成像素的重新分布，因此降低饱和度和饱和这两种方式可以互补使用。过度降低色彩饱和度后，可以切换到饱和方式增加色彩饱和度，但无法为已经完全成为灰度的像素添加色彩。

■ 7.1.2　模糊工具组

模糊、锐化和涂抹工具属于模糊工具组。使用模糊工具组中的工具可以对图像进行清晰或模糊处理。

1. 模糊工具

使用“模糊工具”可以绘制模糊不清的效果，也可以用于修复图像中的杂点或折痕，它是通过降低图像相邻像素之间的反差，使得生硬的图像边界变得柔和，颜色过渡变得平缓，从而起到模糊图像局部的效果。图7-32所示为“模糊工具”的属性栏。

图 7-32

在“模糊工具”属性栏中，主要选项的含义介绍如下：

- **模式**：用于设置像素的合成模式。
- **强度**：用于控制模糊的程度。
- **对所有图层取样**：选中该复选框，则将模糊应用于所有可见图层，否则只应用于当前图层。

选择“模糊工具”，在属性栏中进行设置后将鼠标移动到需要处理的位置，单击并拖动鼠标进行涂抹即可应用模糊效果，如图7-33和图7-34所示。

图 7-33

图 7-34

2. 锐化工具

“锐化工具”与“模糊工具”的使用效果正好相反，它是通过增强图像相邻像素之间的反差，使图像的边界变得明显。图7-35所示为“锐化工具”的属性栏。

图 7-35

选择“锐化工具”，在属性栏中进行设置后将鼠标移动到需要处理的位置，单击并拖动鼠标进行涂抹即可应用锐化效果，如图7-36和图7-37所示。

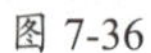

图 7-36

图 7-37

3. 涂抹工具

“涂抹工具”可以用于模拟在未干的绘画纸上拖动手指的动作，也可以用于修复有缺憾的图像边缘。若图像中颜色与颜色之间的边界过渡强硬，则可以使用涂抹工具进行涂抹，以使边界柔和过渡。“涂抹工具”常与路径结合使用，沿路径描边，制作出手绘效果。图7-38所示为“涂抹工具”的属性栏。

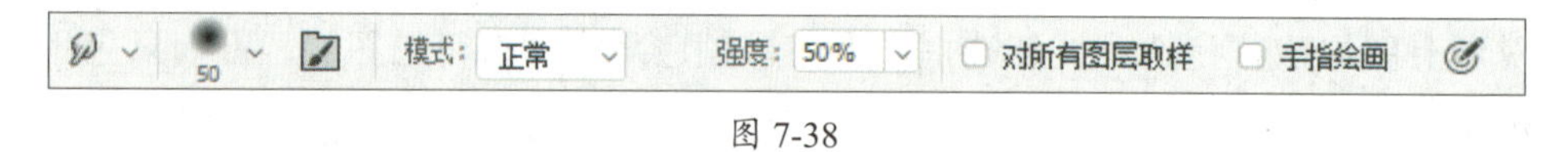

图 7-38

在该属性栏中，若选中“手指绘画”复选框，单击鼠标拖动时，使用前景色与图像中的颜色相融合；若取消选中该复选框，使用开始拖动时的图像颜色。涂抹效果如图7-39和图7-40所示。

图 7-39

图 7-40

7.2 图像修复工具

在Photoshop中，图像修复工具主要有“污点修复画笔工具”“修复画笔工具”“修补工具”“红眼工具”“仿制图章工具”和“图案图章工具”6种修复工具，可根据具体情况选择工具，对照片进行一定的修复。

■ 7.2.1 污点修复画笔工具

“污点修复画笔工具”是将图像的纹理、光照和阴影等与所修复的图像进行自动匹配。该工具不需要进行取样定义样本，它可以通过在瑕疵处单击，自动从所修饰区域的周围进行取样来修复单击的区域。图7-41所示为“污点修复画笔工具”的属性栏。

图 7-41

在“污点修复画笔工具”属性栏中，主要选项的含义介绍如下：

- **“类型”选项** 类型：内容识别 创建纹理 近似匹配 ：选中“内容识别”按钮，将比较附近的图像内容，不留痕迹地填充选区，同时保留让图像栩栩如生的关键细节，如阴影和对象边缘；选中“创建纹理”按钮，将使用选区中的所有像素创建一个用于修复该区域的纹理；选中“近似匹配”按钮，将使用选区边缘周围的像素来查找要用作选定区域修补的图像区域。
- **“对所有图层取样”复选框：**选中该复选框，可使取样范围扩展到图像中所有的可见图层。

选择“污点修复画笔工具”，在属性栏中设置参数，然后在需要修补的位置单击并拖动鼠标，释放鼠标即可修复图像中的某个对象，如图7-42和图7-43所示。

图 7-42

图 7-43

■ 7.2.2 修复画笔工具

“修复画笔工具”与“仿制图章工具”的使用方法类似，都需要先取样，再用取样点的样本图像来修复图像，但“修复画笔工具”可将样本像素的纹理、光照、透明度和阴影与所修复的像素进行匹配，从而使修复后的像素不留痕迹地融入图像的其余部分。图7-44所示为该工具的属性栏。

图 7-44

在该属性栏中，选中“取样”按钮，表示“修复画笔工具”对图像进行修复时以图像区域中某处颜色作为基点；选中“图案”按钮，可在其右侧的列表中选择已有的图案用于修复。

选择“修复画笔工具”，按Alt键在源区域单击，对源区域进行取样，然后在目标区域单击并拖动鼠标，即可将取样的内容复制到目标区域中，如图7-45和图7-46所示。

图 7-45

图 7-46

■ 7.2.3 修补工具

“修补工具”和“修复画笔工具”类似，是使用图像中其他区域或图案中的像素来修复选择的区域。“修补工具”会将样本像素的纹理、光照和阴影与源像素进行匹配。图7-47所示为“修补工具”的属性栏。

图 7-47

其中，若选择“源”按钮，则“修补工具”将从目标选区修补源选区；若选择“目标”按钮，则“修补工具”将从源选区修补目标选区。

选择“修补工具”，在属性栏中设置参数，沿需要修补的部分绘制出一个随意性的选区，拖动选区到其他部分的图像上，释放鼠标即可用其他部分的图像修补图像，如图7-48和图7-49所示。

图 7-48

图 7-49

■ 7.2.4 内容感知移动工具

“内容感知移动工具”属于操作简单的智能修复工具。图7-50所示为“内容感知移动工具”的属性栏。“内容感知移动工具”主要有两大功能：

（1）感知移动：该功能主要是用于移动图片中的主体，并随意放置到合适的位置。移动后的空隙位置，软件会智能修复。

（2）快速复制：选取想要复制的部分，移到其他需要的位置就可以实现复制，复制后的边缘会自动柔化处理，跟周围环境融合。

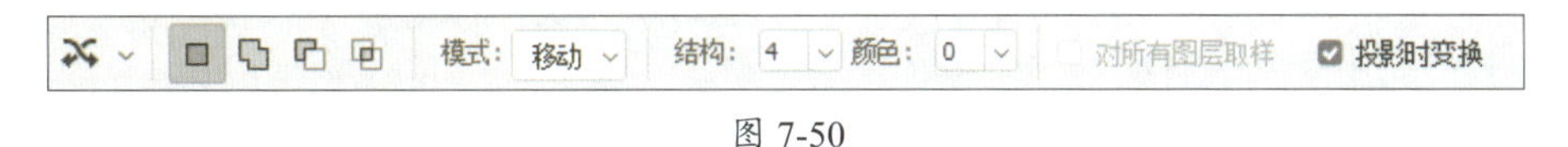

图 7-50

“模式”选项包括“移动”和“扩展”两个选择。若选择“移动”选项，就会实现“感知移动”功能；若选择“扩展”选项，就会实现“快速复制”功能。

选择“内容感知移动工具”，按住鼠标左键并拖动画出选区，然后在选区中再按住鼠标左键拖动，移到想要放置的位置后释放鼠标后即可，如图7-51和图7-52所示。

图 7-51

图 7-52

■ 7.2.5 仿制图章工具

“仿制图章工具”的功能就像复印机，它能够指定某像素点为复制基准点，将该基点周围的图像复制到图像中的任意位置。图7-53所示为“仿制图章工具”的属性栏。

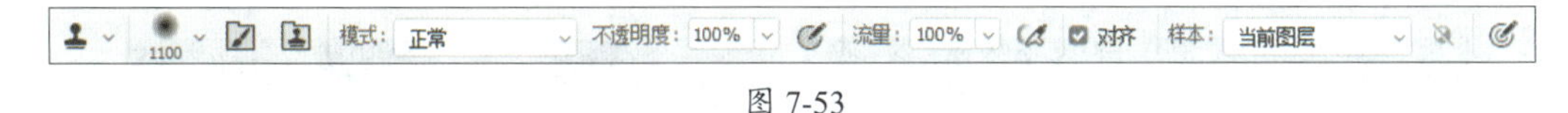

图 7-53

在“仿制图章工具”属性栏中，主要选项的含义介绍如下：

- **对齐：**用于控制在复制时是否使用对齐功能。
- **样本：**用于选择复制样本的图层，其中分为“当前图层”“当前和下方图层”和“所有图层”3个选项。

若选中“对齐”复选框，则在定位复制基准点后，系统将一直以首次单击点为对齐点，即使分多次复制全部图像，最终也能够得到完整的图像；若未选中“对齐”复选框，在复制过程中松开鼠标后再次继续进行复制操作时，将会以新的单击点为对齐点，重新复制基准点周围的图像。

选择“仿制图章工具”，在属性栏中设置选项参数，然后按住Alt键的同时单击要复制的区域定义参考点，选取参考点后，在图像中拖动鼠标即可复制图像，如图7-54和图7-55所示。

图 7-54

图 7-55

■ 7.2.6　图案图章工具

“图案图章工具”用于复制图案，并对图案进行排列，但需要注意的是，该图案是在复制操作之前定义好的。图7-56所示为“图案图章工具”的属性栏。

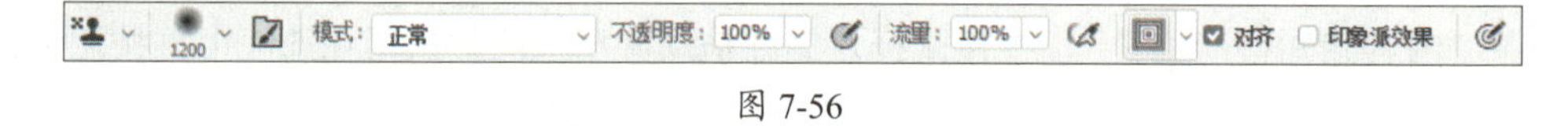

图 7-56

在“图案图章工具”属性栏中，主要选项的含义介绍如下：

- **图案：**在该下拉列表中可以选择进行复制的图案，其中，图案可以为系统预设的图案，也可以是自己定义的图案。
- **印象派效果：**选中该复选框，可以对图案应用印象派艺术效果，图案的笔触会变得扭曲、模糊。

在属性栏中，若选中“对齐”复选框，每次单击拖动得到的图像效果是图案重复衔接拼贴；若取消“对齐”复选框，多次复制时会得到图像的重叠效果。

要使用自定义的图案，具体的操作方法为：首先使用“矩形选框工具”选取要作为自定义图案的图像区域，然后执行“编辑”→“定义图案”命令，打开“图案名称”对话框，为选区命名并保存。选择“图案图章工具”，在属性栏的“图案”下拉列表中选择所需图案，将鼠标移到图像编辑窗口中，按住鼠标左键并拖动，即可使用选择的图案覆盖当前区域的图像，如图7-57和图7-58所示。

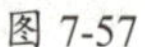

图 7-57

图 7-58

提示：在定义图案的操作过程中需要注意两点：一是应使用“矩形选框工具”创建选区；二是“矩形选框工具”的羽化值必须为0。

经验之谈 修补工具与内容识别

在处理修补残缺或者去除多余物体的图像操作中，可以选择“修补工具”进行移动修补，但是受样本像素的纹理、光照和阴影与源像素的影响，或者主体物占据太大，不宜移动选区，此时便可以使用填充中的“内容识别”功能进行搭配使用。

以图7-59为例，若想去除主体物，只留下背景，正常情况先选择“修补工具”，沿需要修补的部分绘制选区，拖动选区到其他部分的图像上，释放鼠标即可用其他部分的图像进行修补图像。但主体物太大，无论整体移动，或选择部分移动，都会留下痕迹，不够真实美观，或者需要多次重复进行修补，如图7-60所示。

图 7-59

图 7-60

那么如何快速准确地去除主体物呢？选择“修补工具”绘制选区，按Shift+F5组合键，在弹出的“填充”对话框中选择填充内容为“内容识别”即可，前后对比效果如图7-61和图7-62所示。

图 7-61

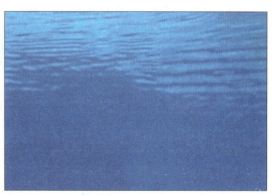

图 7-62

提示： 若要移动一个物体可以选择“内容感知移动工具”，若要覆盖、修补则要选择“修补工具”。

上手实操

为了能够更好地掌握本章所学的知识内容，下面安排了两个实操习题，让用户动起手来练一练，以达到温故知新的目的。

实操一：制作景深效果

制作景深效果，最终效果如图7-63所示。

图 7-63

设计要领

- 执行“选择”→“主体”命令，调整选区，选择反向。
- 选择“模糊工具”，模糊背景。
- 选择“历史记录画笔工具”设置属性，在主体物边缘进行涂抹，使其过渡自然。
- 调整亮度/对比度。

实操二：修复图像

对图像进行修复，图7-64所示的是原图，而图7-65所示为修复后的效果。

图 7-64

图 7-65

设计要领

- 选择“修补工具”绘制选区并内容识别填充。

第8章 图像的颜色调整

内容概要

在Photoshop中，对图像色彩和色调的控制是编辑图像的关键，它直接关系到图像最后的效果。只有有效地控制图像的色彩和色调，才能制作出高品质的图像。本章将对其进行详细的介绍。

知识要点

- 调整图像的色彩。
- 调整图像的色调。
- 色彩的特殊调整。

数字资源

【本章案例素材来源】："素材文件\第8章"目录下

【本章案例最终文件】："素材文件\第8章\案例精讲\制作电影质感照片.psd"

案例精讲 制作电影质感照片

案/例/描/述

本案例制作的是偏青蓝色的电影质感照片。在实操中主要用到的知识点有杂色、可选颜色、色彩平衡、曲线、亮度/对比度、渐变等。

扫码观看视频

案/例/详/解

下面将对案例的制作过程进行详细讲解。

步骤01 将素材文件“1.jpg”拖动到Photoshop中，按Ctrl+J组合键复制图层，如图8-1所示。

步骤02 执行“滤镜”→“杂色”→“添加杂色”命令，在弹出的“添加杂色”对话框中设置参数，如图8-2所示。

图 8-1

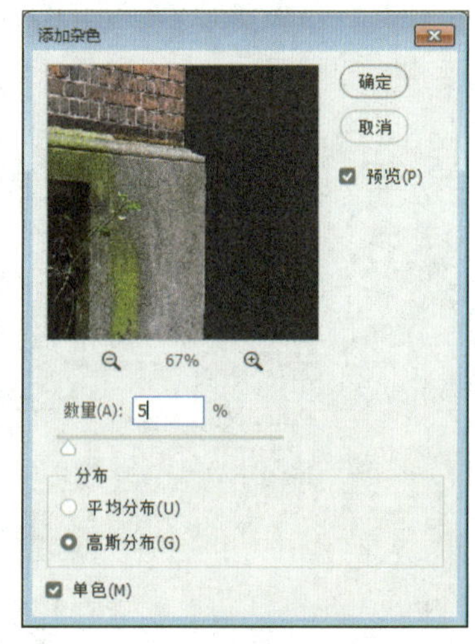

图 8-2

步骤03 单击“图层”面板底部的“创建新的填充或调整图层”按钮，在弹出的快捷菜单中选择“可选颜色”选项，如图8-3所示。在属性面板中设置参数，如图8-4和图8-5所示。

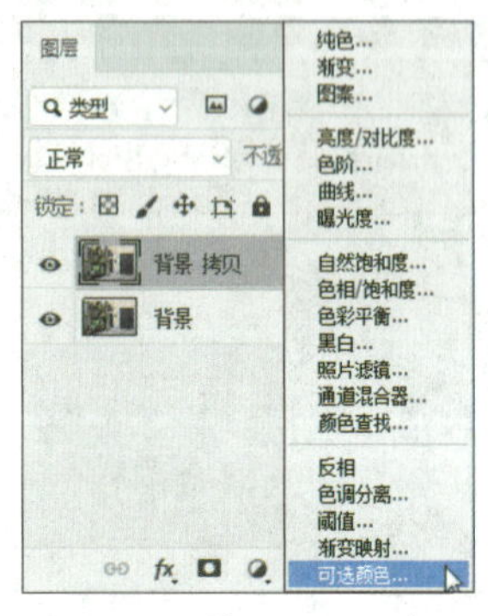

图 8-3

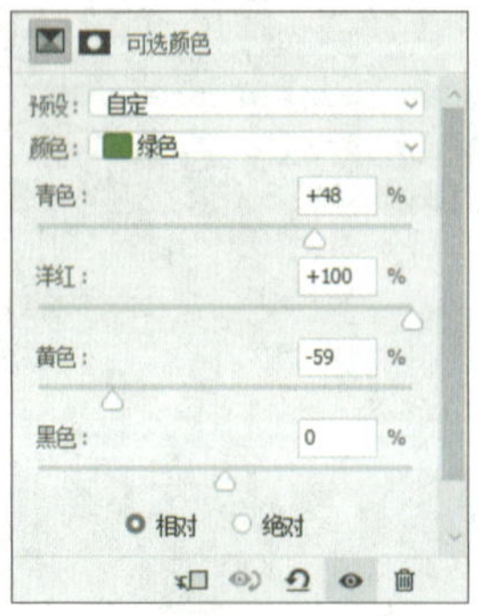

图 8-4

图 8-5

步骤04 继续创建“可选颜色”调整图层，在属性面板中设置参数，如图8-6和图8-7所示。

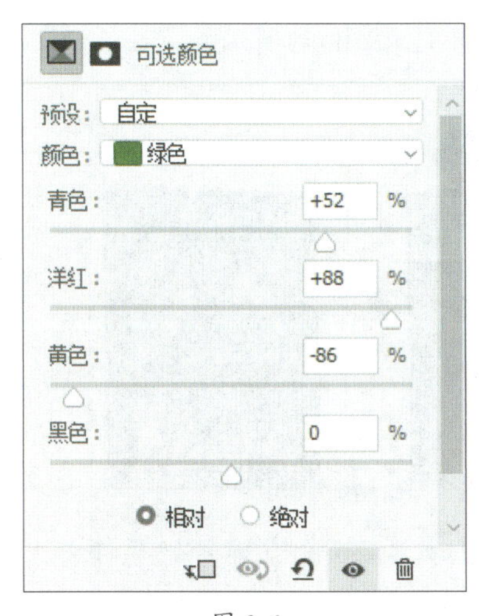

图 8-6

图 8-7

步骤 05 创建“色彩平衡”调整图层，在属性面板中设置参数，如图8-8和图8-9所示。

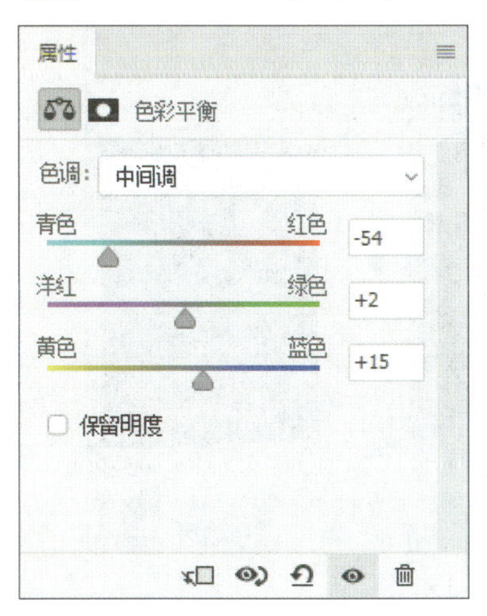

图 8-8

图 8-9

步骤 06 创建“曲线”调整图层，在属性面板中设置参数，如图8-10和图8-11所示。

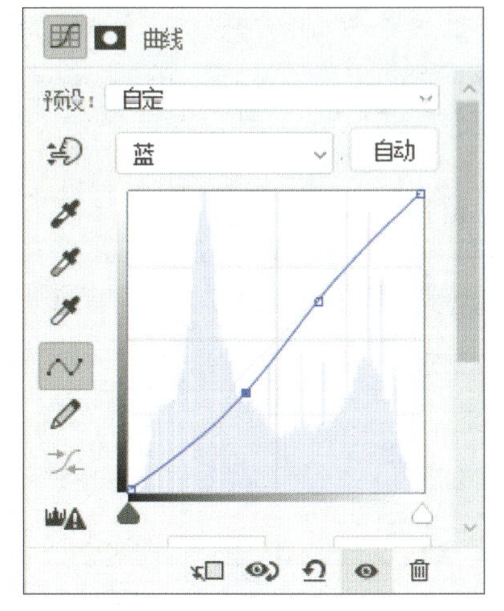

图 8-10

图 8-11

步骤07 创建“曲线”调整图层，在属性面板中设置参数，如图8-12和图8-13所示。

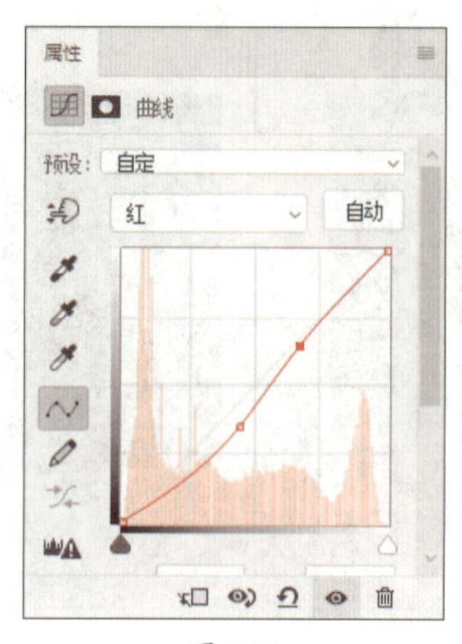

图 8-12

图 8-13

步骤08 创建“曲线”调整图层，在属性面板中设置参数，如图8-14和图8-15所示。

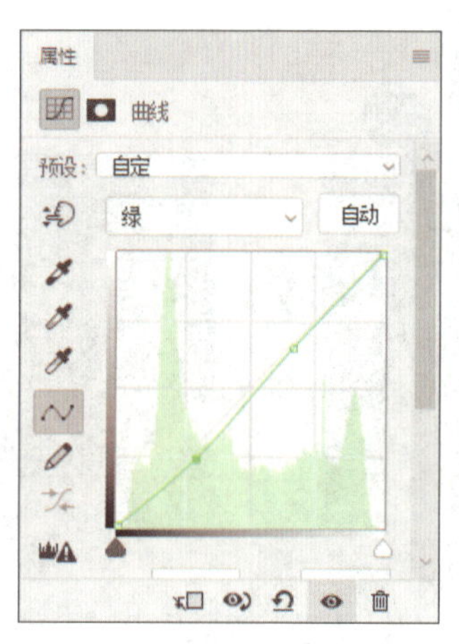

图 8-14

图 8-15

步骤09 创建“渐变”调整图层，在弹出的“渐变填充”对话框中设置参数，如图8-16所示。

步骤10 设置图层不透明度为73%，如图8-17所示。

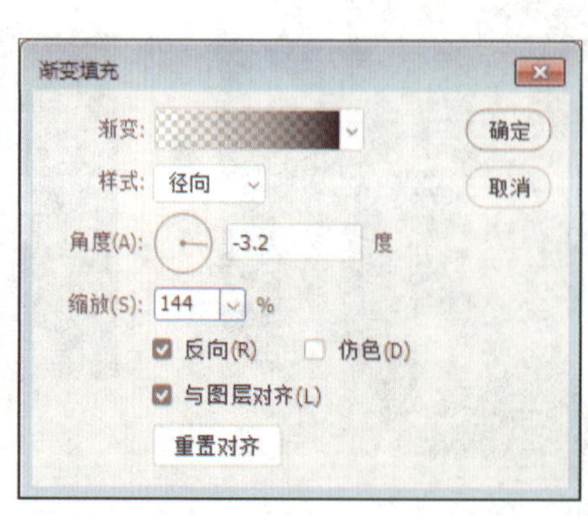

图 8-16

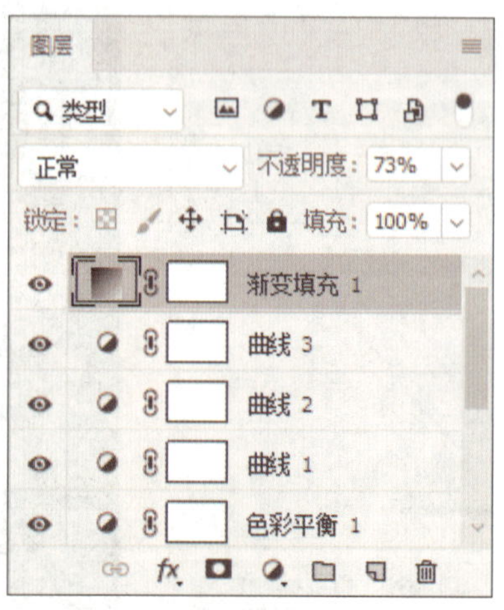

图 8-17

步骤11 设置后的效果如图8-18所示。

步骤12 设置前景色为黑色，选择“画笔工具”在蒙版处涂抹调整，最终效果如图8-19所示。

图 8-18

图 8-19

至此，完成电影质感色调效果的制作。

> **提示：** 每个显示器和照片的显示颜色都不一样，在调色前要先了解色调的特点，边调边对比，数值只是作为参考。

边用边学

8.1 调整图像的色彩与色调

在Photoshop中可以通过执行“色阶”“曲线”“亮度/对比度”“色彩平衡”“色相/饱和度”“替换颜色”“可选颜色”“阴影/高光”和“通道混合器”等菜单命令，对图像的色彩进行准确地调整，也可以通过“调整”面板对图像进行快速设置。“调整”面板的使用既简单又直观，只需单击其相应的图标按钮，打开面板，从中设置各选项即可将该效果应用。下面将对其相关内容进行详细介绍。

8.1.1 色阶

“色阶”主要用于调整图像色彩的明暗程度，因此非常适合调整那些色彩暗淡、发灰的图像或照片。执行“图像”→“调整”→“色阶”命令或按Ctrl+L组合键，打开“色阶”对话框，如图8-20所示。

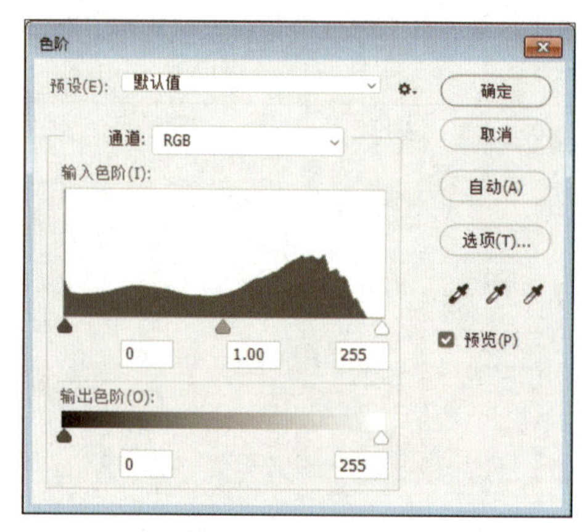

图 8-20

在该对话框中主要选项的含义介绍如下：

- **预设：**用于选择已经调整完成的色阶效果。
- **通道：**用于选择要调整色调的通道。
- **输入色阶：**该选项分别对应下方直方图中的3个滑块。
- **输出色阶：**用于限定图像亮度范围，其取值范围为0～255，两个数值分别用于调整暗部色调和亮部色调。
- **自动：**单击该按钮，Photoshop将以0.5的比例对图像进行调整，把最亮的像素调整为白色，而把最暗的像素调整为黑色。
- **选项：**单击该按钮，可打开“自动颜色校正选项”对话框，从中可设置“阴影”和“高光”所占比例。
- **吸管工具：**用鼠标双击其中的某一只吸管都将会打开“拾色器”对话框，从中可以设置用于分配亮光、中间调和暗调的值。

图8-21和图8-22所示为使用“色阶”命令调整的前后对比效果图。

图 8-21

图 8-22

■ 8.1.2 曲线

使用“曲线”可以调整图像整体的色调，也可以精确地控制图像中多个色调区域的明暗度。使用“曲线”命令可以将一幅整体偏暗且模糊的图像变得清晰、色彩鲜明。执行“图像”→“调整”→“曲线”命令或按Ctrl+M组合键，打开“曲线”对话框，如8-23所示。

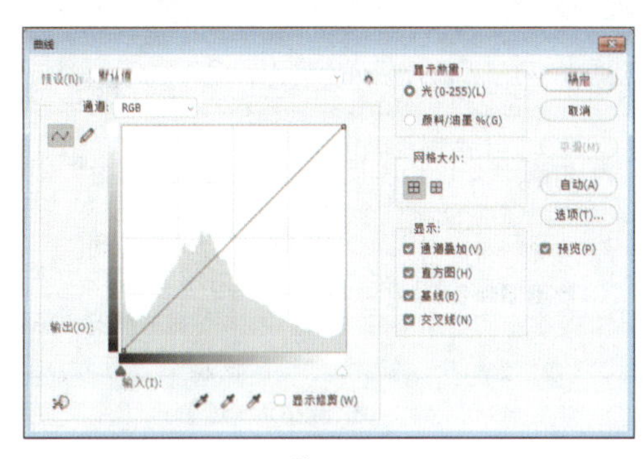

图 8-23

在该对话框中，主要选项的含义介绍如下：

- **“预设”选项：**Photoshop已对一些特殊调整做了设定，在其中选择相应选项即可快速调整图像。
- **“通道”选项：**选择需要调整的通道。图8-24和图8-25所示为“绿”通道调整的前后对比效果图。

图 8-24

图 8-25

- **曲线编辑框：**曲线的水平轴表示原始图像的亮度，即图像的输入值；垂直轴表示处理后新图像的亮度，即图像的输出值；曲线的斜率表示相应像素点的灰度值。在曲线上单击可创建控制点。

- **“编辑点以修改曲线”按钮**：表示以拖动曲线上控制点的方式来调整图像。
- **“通过绘制来修改曲线”按钮**：单击该按钮后将鼠标移到曲线编辑框中，当其变为形状时单击并拖动，绘制需要的曲线来调整图像。
- **按钮**：控制曲线编辑框中曲线的网格大小。
- **“显示”选项区**：包括“通道叠加”“基线”“直方图”和“交叉线”4个复选框，只有选中这些复选框才会在曲线编辑框里显示3个通道叠加及基线、直方图和交叉线的效果。

8.1.3 亮度/对比度

“亮度/对比度”主要用于调节图像的亮度和对比度，当打开的图像文件太暗或模糊时，可以使用“亮度/对比度”命令来增加图像的清晰度。执行“图像”→“调整”→“亮度/对比度”命令，打开“亮度/对比度”对话框，如图8-26所示。

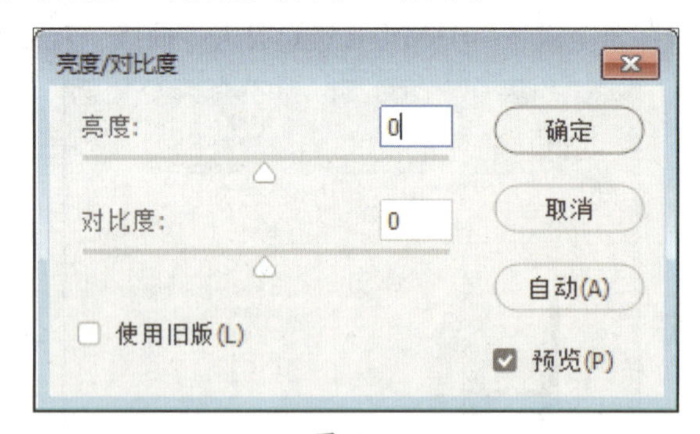

图 8-26

在弹出的“亮度/对比度”对话框中，可以通过拖动滑块或在文本框中输入数值（范围是-100～100）来调整图像的亮度和对比度。图8-27和图8-28所示分别为使用“亮度/对比度”调整的前后对比效果图。

图 8-27

图 8-28

8.1.4 色彩平衡

“色彩平衡”可用于控制图像的颜色分布，使图像的整体色彩平衡。执行“图像”→“调整”→“色彩平衡”或按Ctrl+B命令，打开“色彩平衡”对话框，如图8-29所示。

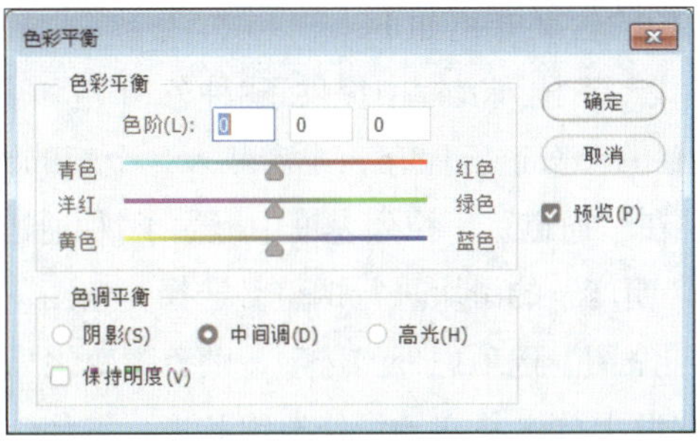

图 8-29

在该对话框中，主要选项的含义介绍如下：

- **“色彩平衡”选项区：**在“色阶”后的文本框中输入数值即可调整组成图像的6个不同原色的比例，也可直接鼠标拖动文本框下方3个滑块的位置来调整图像的色彩。
- **“色调平衡”选项区：**用于选择需要进行调整的色彩范围，包括阴影、中间调和高光。选中某一个单选按钮，就可对相应色调的像素进行调整。选中“保持明度”复选框时，调整色彩时将保持图像亮度不变。

图8-30和图8-31所示分别为调整“色彩平衡”的前后效果对比图。

图 8-30

图 8-31

■ 8.1.5 色相/饱和度

“色相/饱和度”可以用于调整图像像素的色相和饱和度，也可以用于灰度图像的色彩渲染，从而为灰度图像添加颜色。执行“图像”→“调整”→“色相/饱和度”命令或按Ctrl+U组合键，打开“色相/饱和度”对话框，如图8-32所示。

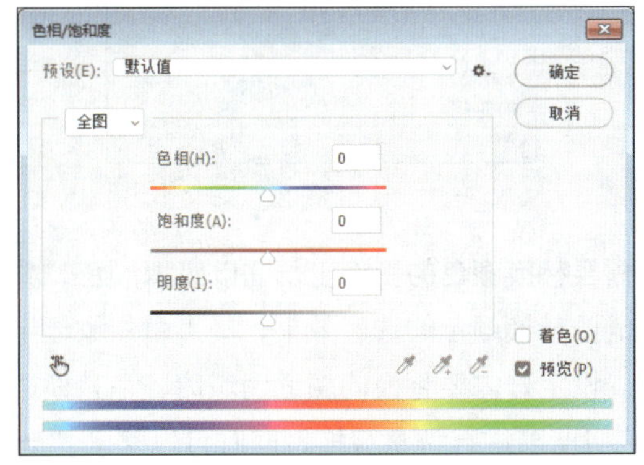

图 8-32

在该对话框中，主要选项的含义介绍如下：

- **“预设”选项：** 在“预设”下拉列表框中提供了8种色相/饱和度预设，单击“预设”选项按钮，可以对当前设置的参数进行保存，或者载入一个新的预设调整文件。
- **“通道”下拉列表框：** 在“通道”下拉列表框中提供了7种通道，选择通道后，可拖动下面“色相”“饱和度”和“明度”的滑块进行调整。选择“全图”选项可一次调整整幅图像中的所有颜色。若选择“全图”选项之外的选项，则色彩变化只对当前选中的颜色起作用。
- **“移动工具”：** 在图像上单击并拖动可修改饱和度，按住Ctrl键单击可修改色相。
- **“着色”复选框：** 选中该复选框后，图像会整体偏向于单一的红色调，通过调整色相和饱和度，能让图像呈现多种富有质感的单色调效果。图8-33和图8-34所示为调整“色相/饱和度”的前后对比效果图。

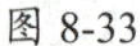

图 8-33

图 8-34

■ 8.1.6 替换颜色

“替换颜色”用于替换图像中某个特定范围的颜色，来调整色相、饱和度和明度值。执行“图像”→“调整”→“替换颜色”命令，打开“替换颜色”对话框，如图8-35所示。

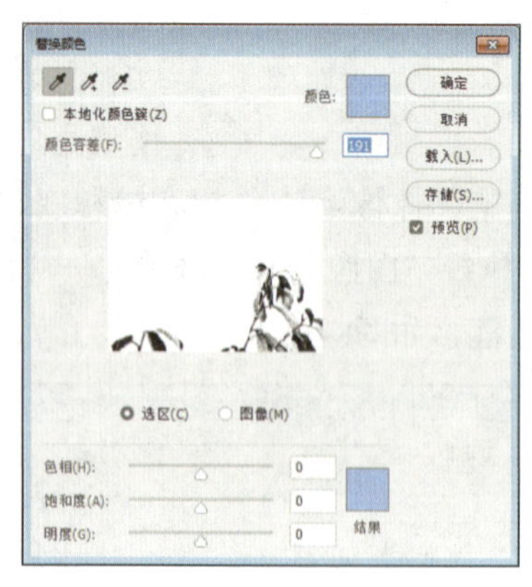

图 8-35

将鼠标移动到图像中需要替换颜色的图像上单击以吸取颜色，并在该对话框中设置颜色容差，在图像栏中出现的为需要替换颜色的选区效果，呈黑白图像显示，白色代表替换区域，黑色代表不需要替换的颜色。设定好需要替换的颜色区域后，在替换选项区域中移动三角形滑块对“色相”“饱和度”和“明度”进行调整替换，同时可以移动“颜色容差”右侧的滑块进行控制，数值越大，模糊度越高，替换颜色的区域越大。

图8-36和图8-37所示为“替换颜色”的前后对比效果图。

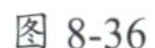

图 8-36

图 8-37

■ 8.1.7 可选颜色

使用“可选颜色”可以校正颜色的平衡，选择某种颜色范围进行针对性的修改，在不影响其他原色的情况下修改图像中的某种原色的数量。执行“图像”→“调整”→“可选颜色”命令，打开“可选颜色”对话框，可以根据需要在“颜色”下拉列表框中选择相应的颜色后拖动其下的滑块进行调整，如图8-38所示。

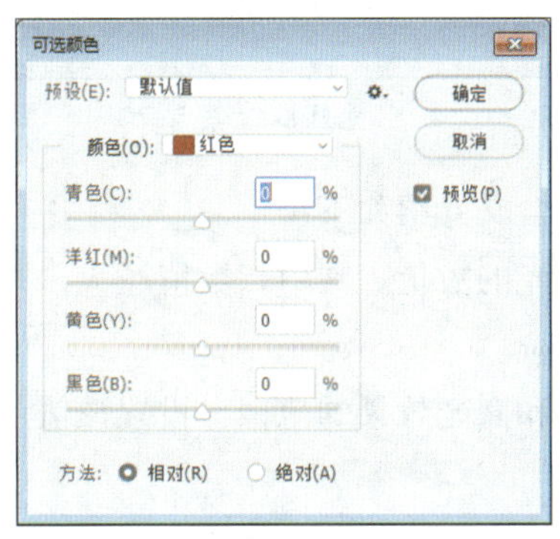

图 8-38

在弹出的“可选颜色”对话框中，若选中“相对”单选按钮，则表示按照总量的百分比更改现有的青色、洋红、黄色或黑色的量；若选中“绝对”单选按钮，则按绝对值进行颜色值的调整。

图8-39和图8-40所示为调整“可选颜色”的前后对比效果图。

图 8-39

图 8-40

8.1.8　阴影/高光

“阴影/高光”用于对曝光不足或曝光过度的照片进行修正。执行“图像”→“调整”→“阴影/高光”命令，打开“阴影/高光”对话框，如图8-41所示。

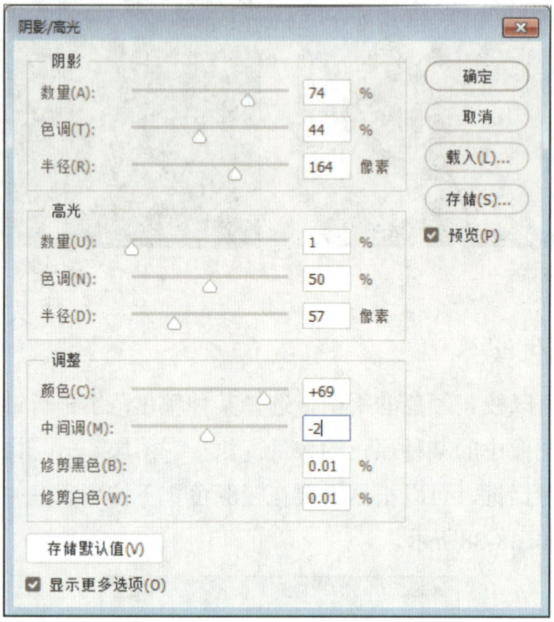

图 8-41

在该对话框中，主要选项的含义介绍如下：

- **数量：**用于调整阴影或高光的数量。其中，数值越大，则表示阴影越亮而高光越暗；反之，阴影越暗而高光越亮。
- **半径：**用于调整应用阴影和高光效果的范围，设置该值可决定某一像素是属于阴影还是属于高光。
- **颜色：**用于微调彩色图像中已被改变区域的颜色。
- **中间调：**用于调整中间色调的对比度。
- **存储默认值：**单击该按钮，可将当前的设置存储为“阴影/高光”命令的默认设置。

图8-42和图8-43所示为调整“阴影/高光”的前后对比效果图。

图 8-42

图 8-43

■ 8.1.9 通道混合器

“通道混合器”用于对通道合成的控制，通过它可以将指定的通道与现有通道以一定的对比度和合成的方式进行调整。执行“图像”→“调整”→“通道混合器”命令，打开“通道混和器”对话框，如图8-44所示。

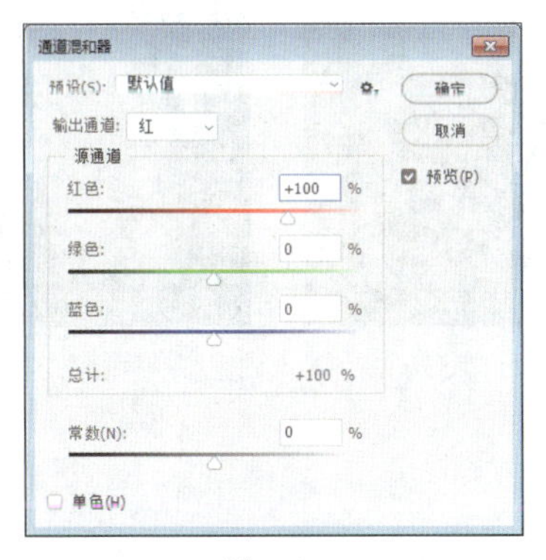

图 8-44

其中，主要选项的含义介绍如下：

- **输出通道：**用于选择要调整的颜色通道。
- **源通道：**用于调整源通道在输出通道中所占的百分比。
- **常数：**用于改变输出通道的不透明度，其取值在-200%～+200%之间。
- **单色：**可将彩色图像变成只含灰度值的灰度图像。

图8-45和图8-46所示为调整“通道混合器”中“红”通道的前后对比效果图。

图 8-45

图 8-46

8.2 色彩的特殊调整

在Photoshop中，灵活运用去色、反相、阈值、渐变映射等命令，可以快速地使图像产生特殊的色调效果。

■ 8.2.1 去色

“去色”即去掉图像的颜色，将图像中所有颜色的饱和度改为0，使图像显示为灰度，每个像素的亮度值不会改变。执行“图像”→“调整”→“去色”命令或按Shift+Ctrl+U组合键。图8-47和图8-48所示为图像“去色”的前后对比效果图。

图 8-47

图 8-48

■ 8.2.2 反相

“反相”可以将图像中的所有颜色替换为相应的补色，即将每个通道中的像素亮度值转换为256种颜色的相反值，以制作出负片效果，当然也可以将负片效果还原为图像原来的色彩效果。执行“图像”→“调整”→“反相”命令或按Ctrl+I组合键即可。图8-49和图8-50所示为图像“反相”的前后对比效果图。

图 8-49

图 8-50

■ 8.2.3 阈值

“阈值”命令可以将一幅彩色图像或灰度图像转换为只有黑白两种色调的图像。执行“图像”→“调整”→“阈值”命令，打开“阈值”对话框，在该对话框中可拖动滑块以调整阈值色阶，完成后单击“确定”按钮即可，如图8-51所示。

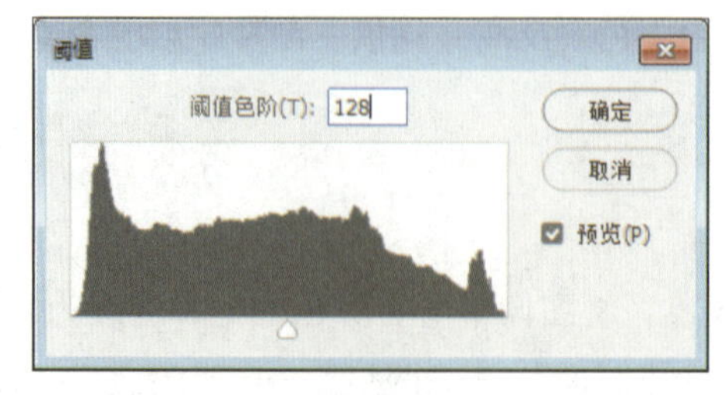

图 8-51

根据“阈值”对话框中的“阈值色阶”，将图像像素的亮度值一分为二，比阈值亮的像素将转换为白色，而比阈值暗的像素将转换为黑色。图8-52和图8-53所示为使用“阈值”命令的前后对比效果图。

图 8-52

图 8-53

■ 8.2.4 渐变映射

“渐变映射”可以将相等的图像灰度范围映射到指定的渐变填充色，即在图像中将阴影映射到渐变填充的一个端点颜色，高光映射到另一个端点颜色，而中间调映射到两个端点颜色之间。执行“图像”→“调整”→“渐变映射”命令，打开“渐变映射”对话框，单击渐变颜色条，弹出“渐变编辑器”面板，从中可以设置相应的渐变以确定渐变颜色，如图8-54所示。

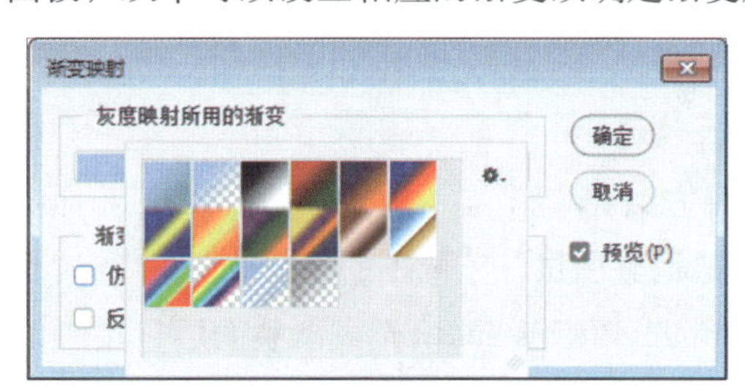

图 8-54

“渐变映射”首先对所处理的图像进行分析，然后根据图像中各个像素的亮度，用所选渐变模式中的颜色进行替代。但该功能不能应用于完全透明图层，因为完全透明图层中没有任何像素。图8-55和图8-56所示为图像应用“渐变映射”的前后对比效果图。

图 8-55

图 8-56

经验之谈 关于调整图层

颜色调整有两种方式，一是直接执行“图像”→“调整”菜单下的子命令，这种方式一旦应用了将不可修改；另一种是使用调整图层，这种方式可以不断修改，直至满意。

调整图层在Photoshop中是一种特殊的图层，它有以下特点：

- 作为“工具”，它可以调整当前图像显示的颜色和色调，可以反复修改，不会破坏原图的像素值。
- 作为“图层”，它具备图层的参数属性，如透明度、混合模式、蒙版等属性。
- 创建剪贴蒙版时，调整图层可以只针对一个图层产生作用；不创建蒙版时，可以对下面所有图层产生作用，如图8-57和图8-58所示。

图 8-57

图 8-58

1. 新建调整图层

新建调整图层主要有3种方法：

- 执行“图层”→“新建调整图层”菜单下的子命令。
- 单击“图层”面板底部的“创建新的填充或调整图层”按钮，在弹出的“属性”面板中调整参数。
- 执行“窗口”→“调整”命令，在弹出的“调整”面板中单击相应的图标，如图8-59所示。

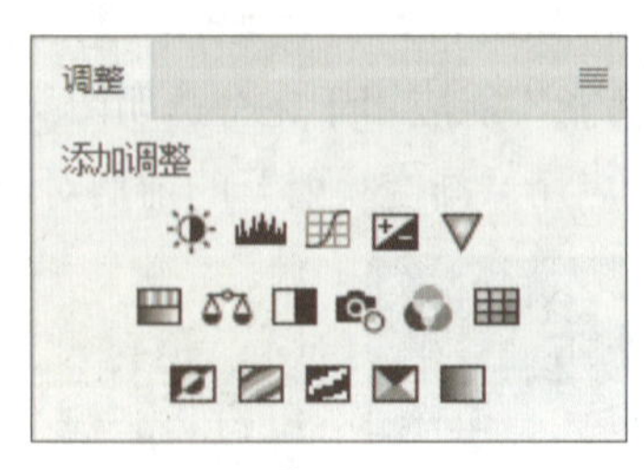

图 8-59

2. 修改调整图层

创建好调整图层后，在“图层”面板中单击调整图层的缩览图，如图8-60所示，在弹出的“属性”面板中调整参数即可，如图8-61所示。

图 8-60

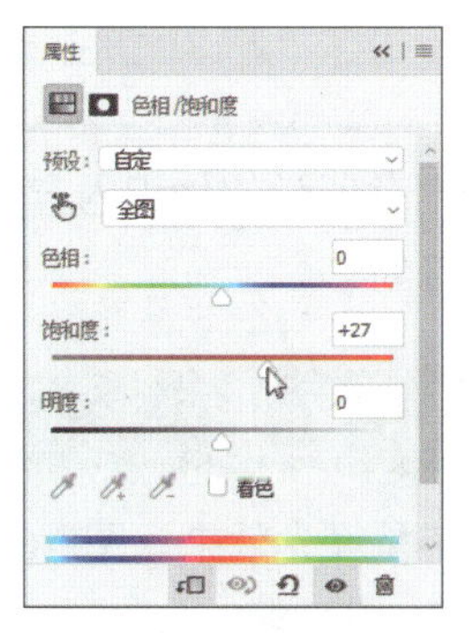

图 8-61

在其调整图层的蒙版中也可以使用“画笔工具”进行调整，如图8-62和图8-63所示。

图 8-62

图 8-63

3. 删除调整图层

删除调整图层有3种方法：

- 选中调整图层，按Delete键直接删除。
- 选中调整图层，拖动到“图层”面板底部的“删除”按钮上，松开鼠标即可删除（调整图层的蒙版也可以按照此方法单独删除）。
- 在“属性”面板中单击“删除此调整图层”按钮。

上手实操

为了能够更好地掌握本章所学的知识内容，下面安排了两个实操习题，让用户动起手来练一练，以达到温故知新的目的。

实操一：更改图片色调

更改图片的色调，使其呈晨光效果。图8-64为原图，图8-65所示是更改后的效果。

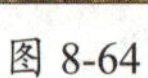

图 8-64

图 8-65

设计要领

- 新建“可选颜色”调整图层，在属性栏中调整“黄”参数和“红”参数。
- 分别新建“色彩平衡”“自然饱和度”“色彩平衡”和“亮度/对比度”调整图层，在属性栏中调整参数。

实操二：转换线稿模式

将图片转换为线稿模式，对比效果如图8-66和图8-67所示。

图 8-66

图 8-67

设计要领

- 复制图层，按Ctrl+Shift+U组合键去色。
- 复制图层，按Ctrl+I组合键反相。
- 更改混合模式为“颜色减淡”。
- 执行“滤镜”→“其它”→“最小值”命令，设置参数。

扫码观看视频

第9章 通道的应用

内容概要

在Photoshop的学习过程中，掌握通道是非常重要的，这是由于它们的功能及实现的效果是其他命令或工具所不能与之相比的。本章将主要对通道的相关知识进行介绍。

知识要点

- 通道的基础知识。
- 通道的基本操作。

数字资源

【本章案例素材来源】：“素材文件\第9章”目录下

【本章案例最终文件】：“素材文件\第9章\案例精讲\为大树更换背景.psd”

案例精讲 为大树更换背景

案/例/描/述

本案例主要讲解的是如何利用通道抠取复杂的图像，例如头发丝、冰块、宠物、云朵、火、树这种边缘复杂的图像。在实操中主要用到的知识点有通道、曲线、“减淡工具”、蒙版、置入对象、选框工具和自由变换等。

扫码观看视频

案/例/详/解

下面将对案例的制作过程进行详细讲解。

步骤01 将素材文件“大树.jpg”拖入Photoshop中，如图9-1所示。

步骤02 执行“窗口”→“通道”命令，弹出“通道”面板，观察几个通道，“蓝”通道对比最明显，所以将“蓝”通道拖至“创建新通道”按钮上复制该通道，如图9-2所示。

图 9-1

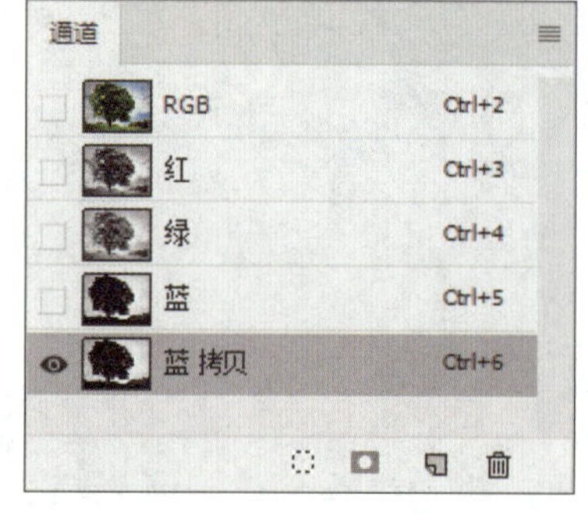

图 9-2

步骤03 按Ctrl+M组合键，在弹出的“曲线”对话框中，选择黑色吸管，吸取大树的颜色，增加大树与背景对比，如图9-3和图9-4所示。

图 9-3

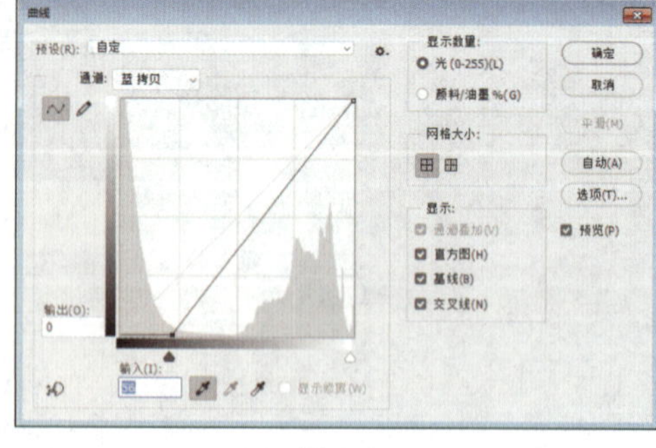

图 9-4

步骤04 选择“减淡工具”，在属性栏中设置参数，如图9-5所示。

图 9-5

步骤05 在背景区域涂抹，如图9-6所示。

步骤06 按住Ctrl键的同时单击“蓝 拷贝”通道缩览图，载入选区，如图9-7所示。

图 9-6

图 9-7

步骤07 返回“图层”面板，按Shift+Ctrl+I组合键反选选区，如图9-8所示。

步骤08 单击“图层”面板底端的“添加图层蒙版” 按钮为图层添加蒙版，如图9-9所示。

图 9-8

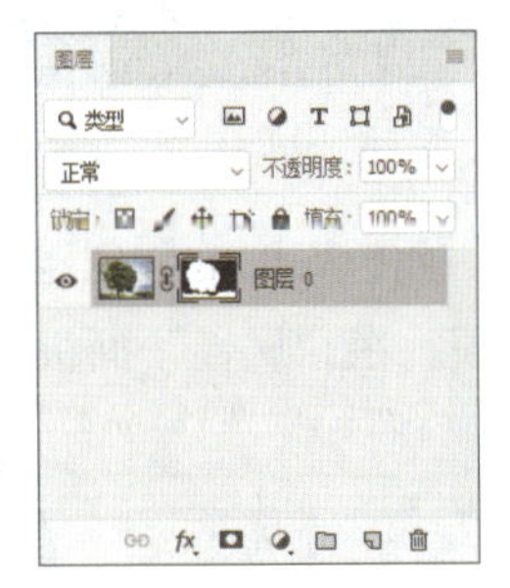

图 9-9

步骤09 设置后的效果如图9-10所示。

步骤10 执行“文件”→“置入嵌入对象”命令，在弹出的面板中置入素材文件“海天一色.jpg”，并移到“图层0”下方，作为背景图层，如图9-11所示。

图 9-10

图 9-11

步骤11 选择该图层，右击鼠标，在弹出的快捷菜单中选择“栅格化图层”选项，如图9-12所示。

步骤12 将背景图层移动到合适位置，如图9-13所示。

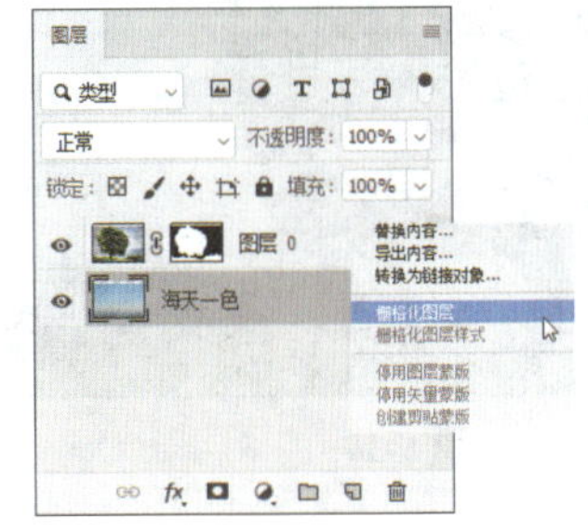

图 9-12

图 9-13

步骤13 选择“矩形选框工具”框选上面天空的部分，按Ctrl+T组合键自由变换并按住Shift键向上拖动，如图9-14所示。

步骤14 对左边使用相同的方法进行调整，如图9-15所示。

图 9-14

图 9-15

步骤15 单击“图层”面板底部的“创建新的填充或调整图层”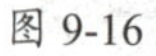按钮，在弹出的快捷菜单中选择“可选颜色”选项，在“属性”面板中设置参数，使画面更加和谐、色调统一，如图9-16和图9-17所示。

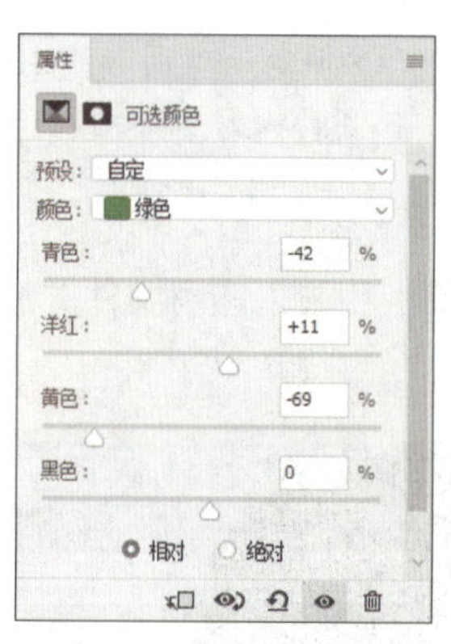

图 9-16

图 9-17

步骤16 创建“色相/饱和度”调整图层，在“属性”面板中设置参数，如图9-18所示，最终效果如图9-19所示。

图 9-18

图 9-19

至此，完成为大树更换背景的制作。

边用边学

9.1 通道的基础知识

通道是在图像编辑时一个非常好用的辅助设计功能，可以帮助用户进行调整颜色、存储选区等操作，帮助用户制作出更加出色的图像。

9.1.1 通道的类型

通道主要用于管理图片颜色信息。不论何种图像模式，都有属于自己的通道，图像模式不同，通道的数量也不同。通道主要分为颜色通道、专色通道、Alpha通道和临时通道。

1. 颜色通道

颜色通道是将构成整体图像的颜色信息整理并表现为单色图像的工具，而图像的颜色模式决定了通道的数量。例如，RGB颜色模式的图像有RGB、红、绿、蓝4种通道，如图9-20所示；CMYK 颜色模式的图像有CMYK、青色、洋红、黄色、黑色5种通道，如图9-21所示；Lab颜色模式的图像有Lab、明度、a、b 4种通道，如图9-22所示；位图和索引颜色模式的图像只有一个位图通道和一个索引通道。

图 9-20

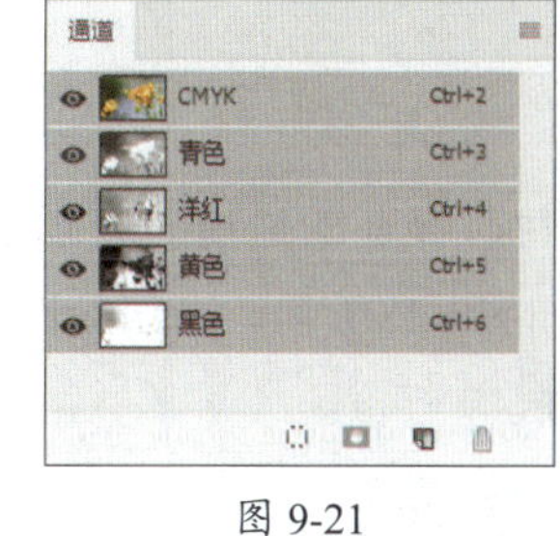

图 9-21

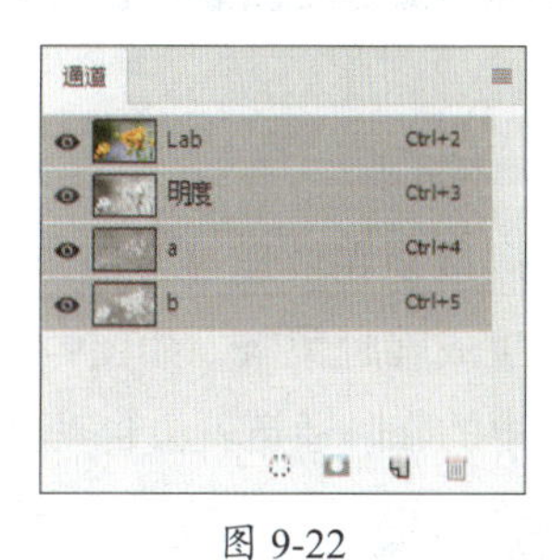

图 9-22

2. 专色通道

专色通道是一类较为特殊的通道，它可以使用除青色、洋红、黄色和黑色以外的颜色来绘制图像。专色通道是用特殊的预混油墨来替代或补充印刷色油墨，以便更好地体现图像效果，常用于需要专色印刷的印刷品。它可以局部使用，也可作为一种色调应用于整个图像中，例如画册中常见的纯红色、蓝色以及证书中的烫金、烫银效果等。

单击“通道”面板中右上角的▤按钮，在弹出的快捷菜单中选择“新建专色通道”选项，弹出“新建专色通道”对话框，如图9-23所示，在该对话框中设置专色通道的颜色和名称，完成后单击“确定”按钮即可新建专色通道，如图9-24所示。

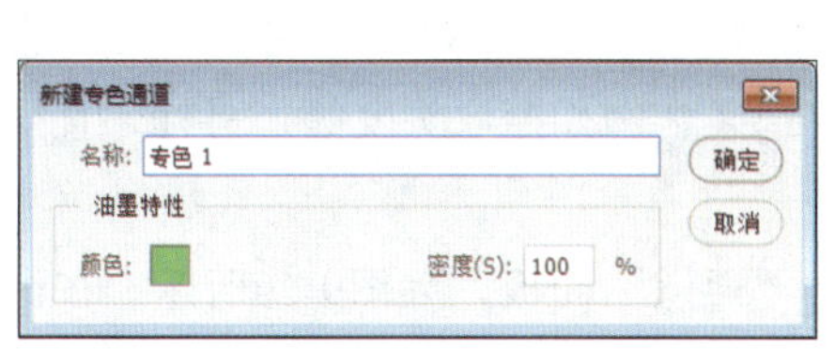

图 9-23

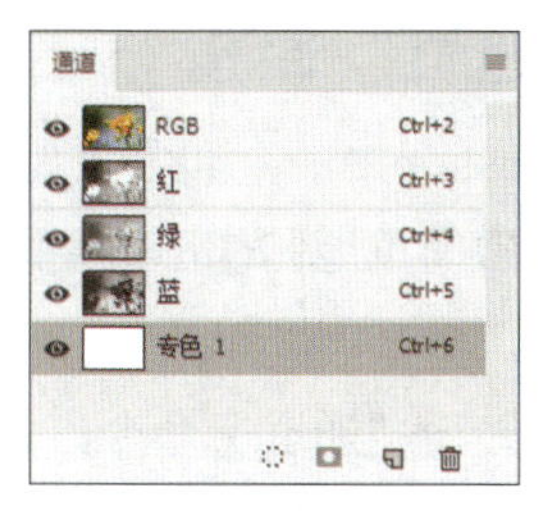

图 9-24

3. Alpha通道

Alpha通道主要用于对选区进行存储、编辑与调用。其中黑色处于未选择状态，白色处于选择状态，灰色则表示部分被选择状态（即羽化区域）。使用白色涂抹Alpha通道可以扩大选区范围；使用黑色涂抹会收缩选区；使用灰色涂抹则可增加羽化范围。

在图像中创建需要保存的选区，然后在“通道”面板中单击“创建新通道”按钮，新建Alpha 1通道。将前景色设置为白色，选择“油漆桶工具”填充选区，如图9-25所示，然后取消选区，即在Alpha 1通道中保存了选区，如图9-26所示。保存选区后则可随时重新载入该选区或将该选区载入其他图像中。

图 9-25

图 9-26

4. 临时通道

临时通道是在“通道”面板中暂时存在的通道。在创建图层蒙版或快速蒙版时，会自动在通道中生成临时蒙版，如图9-27和图9-28所示。当删除图层蒙版或退出快速蒙版时，在“通道”面板中的临时通道就会自动消失。

图 9-27

图 9-28

9.1.2 “通道”面板

通道是Photoshop中一个非常重要的工具，主要用于存放图像的颜色和选区信息。利用通道，用户可以非常简单地制作出很复杂的选区，例如抠取头发等。另外，直接调整通道还可以改变图像的颜色。

执行“窗口”→“通道”命令，打开“通道”面板，如图9-29所示。在该面板中，展示了当前图像文件的颜色模式及其相应的通道。

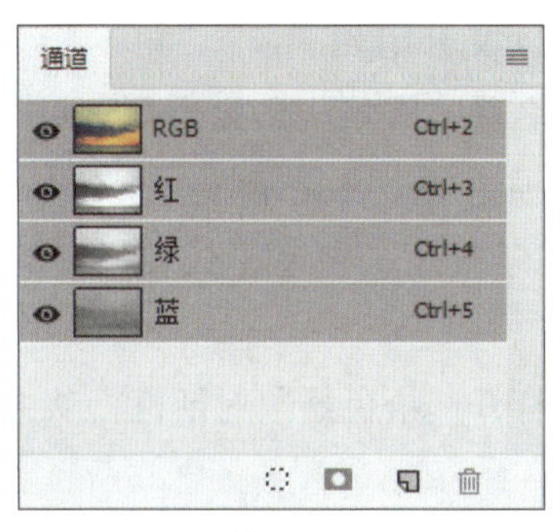

图 9-29

在该面板中，主要选项的含义介绍如下：

- **“指示通道可见性”图标**：图标为形状时，图像编辑窗口显示该通道的图像，单击该图标后，图标变为形状，隐藏该通道的图像。
- **“将通道作为选区载入”按钮**：单击该按钮可将当前通道快速转换为选区。
- **“将选区存储为通道”按钮**：单击该按钮可将图像中选区之外的图像转换为一个蒙版的形式，将选区保存在新建的Alpha通道中。
- **“创建新通道”按钮**：单击该按钮可创建一个新的Alpha通道。
- **“删除当前通道”按钮**：单击该按钮可删除当前通道。

9.2 通道的基本操作

通道的基本操作主要包括创建、复制和删除通道，分离和合并通道以及通道的计算，下面将对其进行具体的介绍。

9.2.1 通道的创建

一般情况下，在Photoshop中新建的通道是保存选择区域信息的Alpha通道，可以更加方便地对图像进行编辑。创建通道分为创建空白通道和创建带选区的通道两种。

1. 创建空白通道

空白通道是指创建的通道属于选区通道，但选区中没有图像等信息。新建通道的方法是：在“通道”面板中单击底部的“创建新通道”按钮即可新建一个空白通道，或单击“通道”面板右上角的按钮，在弹出的快捷菜单中选择“新建通道”选项，弹出“新建通道”对话框，如图9-30所示，在该对话框中设置新通道的名称等参数，单击“确定”按钮即可。

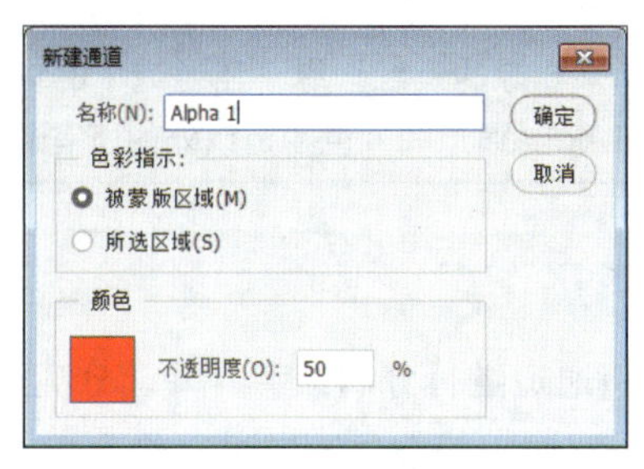

图 9-30

在该对话框中，主要选项的含义介绍如下：

- **名称：**用于设置新通道的名称，其默认名称为“Alpha 1”。
- **色彩指示：**用于确认新建通道的颜色显示方式。选中“被蒙版区域”单选按钮，表示新建通道中的黑色区域代表蒙版区，白色区代表保存的选区；选中“所选区域”单选按钮，含义则相反。
- **颜色：**单击颜色色块，将打开“拾色器”对话框，从中可以设置用于蒙版显示的颜色。

2. 通过选区创建选区通道

选区通道是用于存放选区信息的，可以将需要保留的区域在图像中创建选区，然后在“通道”面板中单击“创建新通道”按钮即可。

将选区创建为新通道后，可在后面的重复操作中快速载入选区。若是在背景图层上创建选区，可直接单击“将选区存储为通道”按钮，快速创建带有选区的Alpha通道。在将选区保存为Alpha通道时，选择区域被保存为白色，非选择区域保存为黑色。如果选择区域具有羽化值，则此类选择区域中被保存为由灰色柔和过渡的通道。

9.2.2 复制与删除通道

如果要对通道中的选区进行编辑，一般都要将该通道的内容复制后再进行编辑，以免编辑后不能还原图像。图像编辑完成后，存储含有Alpha通道的图像会占用一定的磁盘空间，因此在存储含有Alpha通道的图像前，用户可以删除不需要的Alpha通道。

复制或删除通道的方法非常简单，只需拖动需要复制或删除的通道到“创建新通道”按钮或“删除当前通道”按钮上释放鼠标，如图9-31和图9-32所示。或使用鼠标右击需要复制或删除的通道，在弹出的快捷菜单中选择“复制通道”或“删除通道”选项来完成相应的操作。

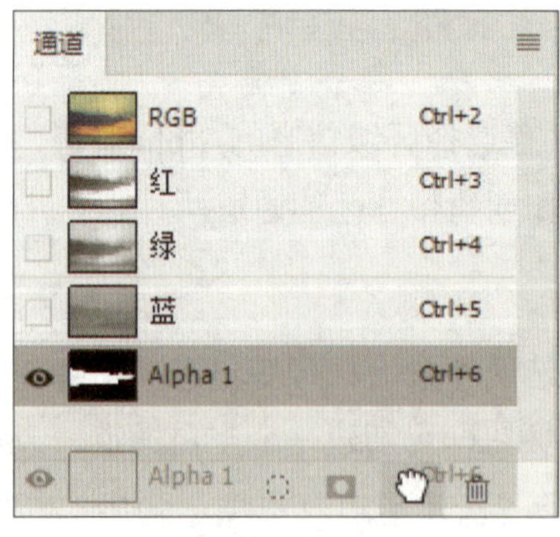

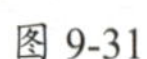
图 9-31

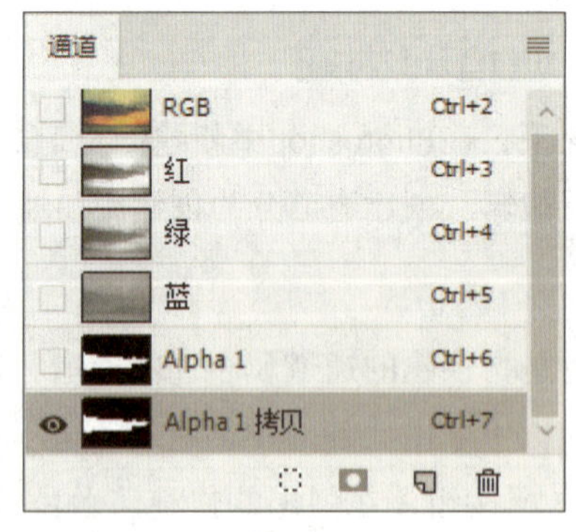

图 9-32

> **提示：**在删除颜色通道时，如果删除的是红、绿、蓝通道中的任意一个，那么RGB通道也会被删除；如果删除RGB通道，那么除了Alpha通道和专色通道以外的所有通道都将被删除。

9.2.3 分离与合并通道

在Photoshop中，用户可以将通道进行分离或者合并。分离通道可将一个图像文件中的各个通道以单个独立文件的形式进行存储，而合并通道可以将分离的通道合并在一个图像文件中。

1. 分离通道

分离通道是将通道中的颜色或选区信息分别存放在不同的独立灰度模式的图像中，分离通道后也可对单个通道中的图像进行操作，常用于无须保留通道的文件格式而保存单个通道信息等情况。

分离通道的方法是：在Photoshop中打开一幅需要分离通道的图像，如图9-33所示。在“通道”面板中单击右上角的 ≡ 按钮，在弹出的快捷菜单中选择“分离通道”选项，如图9-34所示。

图 9-33

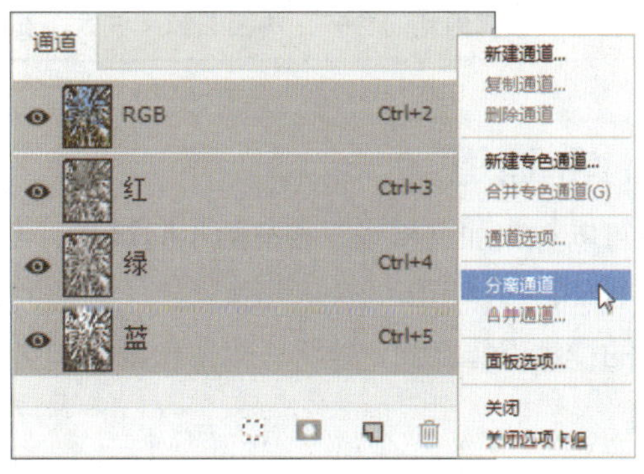

图 9-34

此时软件自动将图像分离为3个灰度图像，如图9-35、图9-36和图9-37所示。

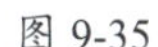

图 9-35　　图 9-36　　图 9-37

提示：当图像的颜色模式不一样时，分离出的通道自然也有所不同。未合并的psd格式的图像文件无法进行分离通道的操作。

2. 合并通道

合并通道是指将分离后的通道图像重新组合成一个新图像文件。通道的合并类似于简单的通道计算，能够先同时将两幅或多幅图像经过分离变为单独通道灰度图像再有选择性地进行合并。

合并通道的方法是：在分离后的图像中，任选一幅灰度图像，单击“通道”面板中右上角的 ≡ 按钮，在弹出的快捷菜单中选择“合并通道”选项，弹出“合并通道”对话框，如图9-38所示。在该对话框中设置模式后单击“确定”按钮，弹出“合并RGB通道”对话框，如图9-39所示。可分别对红色、绿色、蓝色通道进行选择，然后单击“确定”按钮，即可按选择的相应通道进行合并。

图 9-38

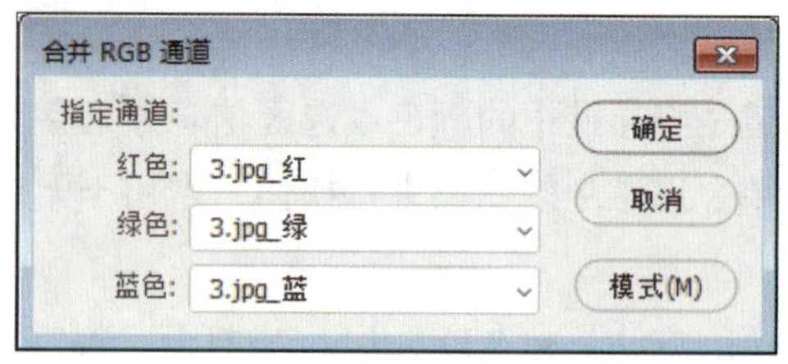

图 9-39

提示：要进行两幅图像通道的合并，两幅图像文件大小和分辨率必须相同，否则无法进行通道合并。

9.2.4 计算通道

选择区域可以有相加、相减、相交的不同算法。Alpha通道同样可以利用计算的方法来实现各种复杂的效果，制作出新的选区图像通道。通道的计算是指将两个来自同一或多个源图像的通道以一定的模式进行混合，能将一幅图像融合到另一幅图像中，快速得到富有变幻的图像效果。

步骤01 打开一幅图像作为背景，如图9-40所示；接着执行“文件”→“置入嵌入图像”命令，置入图像，如图9-41所示。

图 9-40

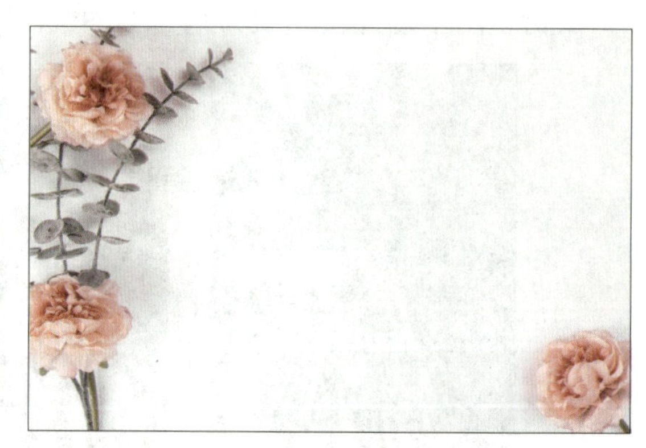

图 9-41

步骤02 执行“图像”→“计算”命令，打开“计算”对话框，设置参数，如图9-42所示；融合后的图像效果如图9-43所示。

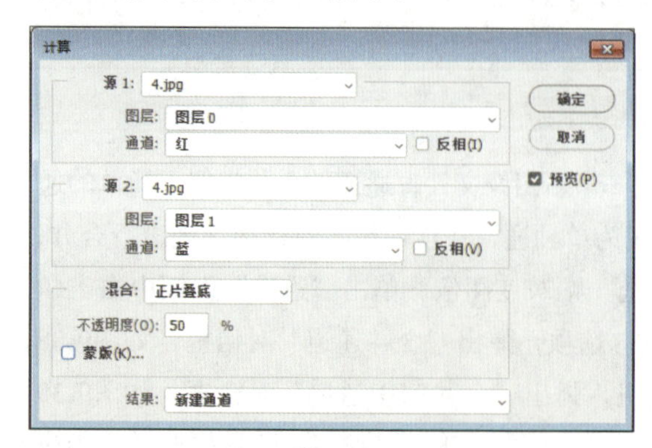

图 9-42

图 9-43

经验之谈 如何使用通道保留细节来修复照片？

通道除了用于抠图、调色外，还常用于修复照片（磨皮），因为它可以最大程度地保留细节。其主要利用通道单一颜色的特点，通过高反差保留滤镜与多次计算得到人物脸部瑕疵部分选区，然后对选区提亮，减小瑕疵与正常皮肤颜色的差异，从而达到磨皮效果。下面以一个案例来介绍具体的操作方法。

步骤01 将素材文件“人物.jpg”拖到Photoshop中，并复制背景图层，如图9-44所示。

步骤02 执行“窗口”→“通道”命令，弹出“通道”面板，观察几个通道，“蓝”通道对比最明显，所以拖动“蓝”通道到“创建新通道”按钮上复制该通道，如图9-45所示。

图 9-44

图 9-45

步骤03 执行“滤镜”→“其它”→“高反差保留”命令，在弹出的“高反差保留”对话框中设置参数，如图9-46和图9-47所示。

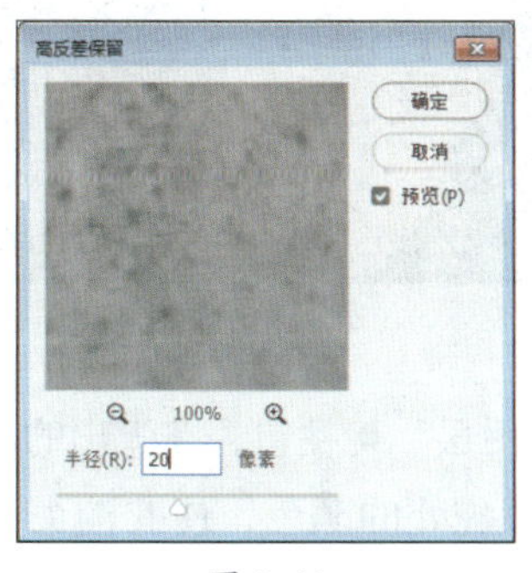

图 9-46

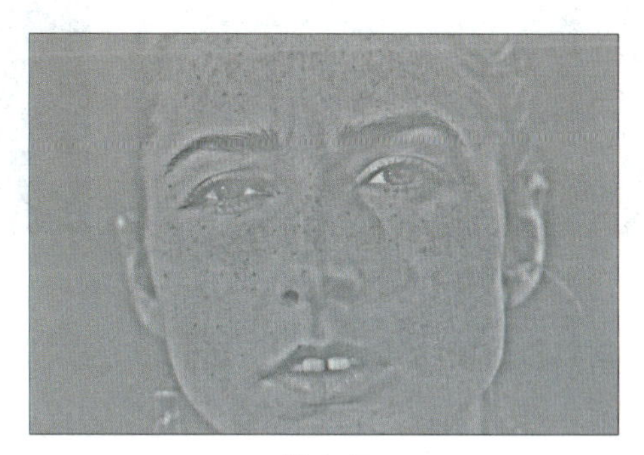

图 9-47

步骤04 执行“图像”→“计算”命令，在弹出的“计算”对话框中设置参数，如图9-48和图9-49所示。

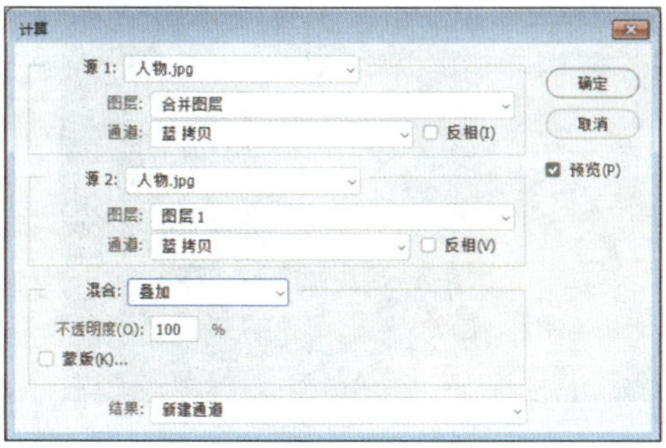

图 9-48

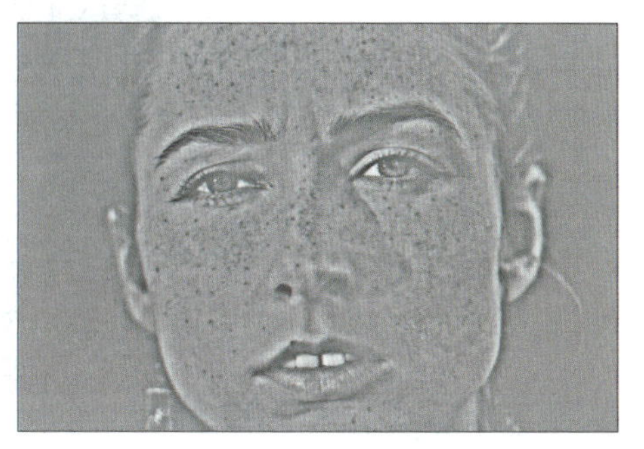

图 9-49

步骤 05 继续执行“图像”→“计算”命令，在弹出的“计算”对话框中设置参数，如图9-50和图9-51所示。

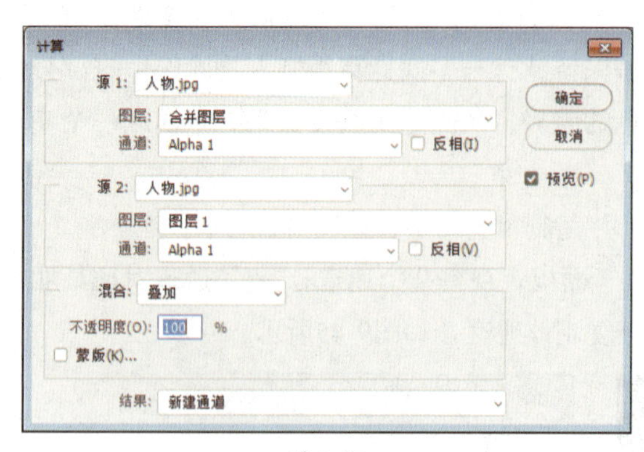

图 9-50

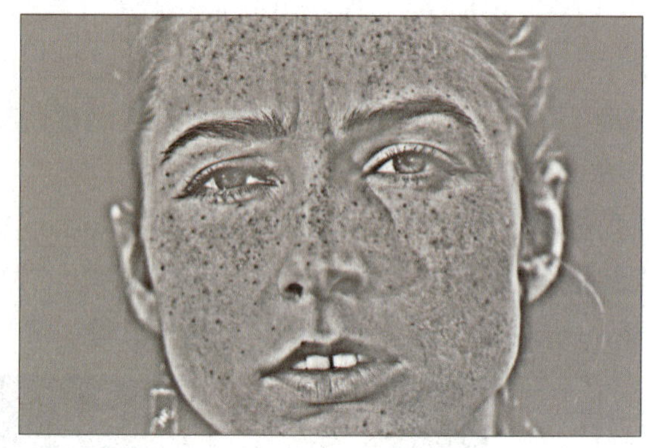

图 9-51

步骤 06 按住Ctrl键单击Alpha 2通道的缩览图，载入选区，如图9-52所示。

步骤 07 单击通道中的“RGB”通道，回到“图层”面板按Ctrl+Shift+I组合键反向，选中瑕疵选区，如图9-53所示。

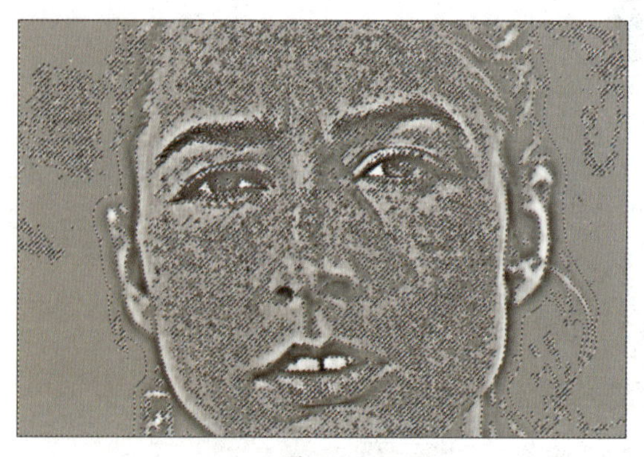

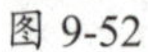

图 9-52

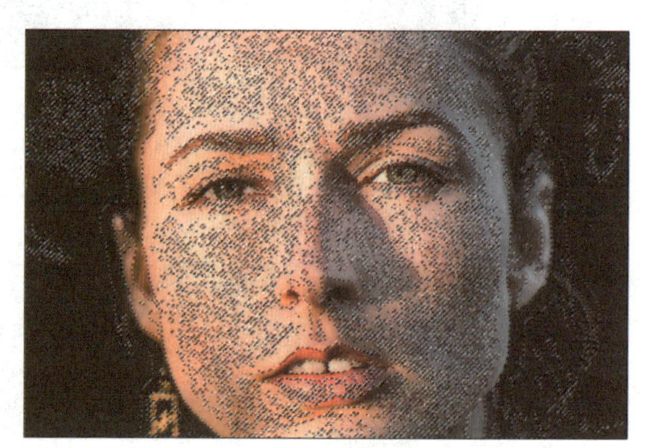

图 9-53

步骤 08 单击“图层”面板底部的“创建新的填充或调整图层”按钮，在弹出的快捷菜单中选择“曲线”选项，在“属性”面板中设置参数，提亮瑕疵处的颜色，使其消失，如图9-54和图9-55所示。

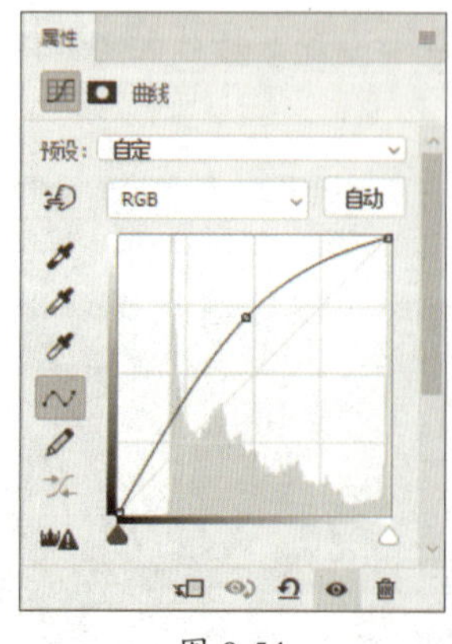

图 9-54

图 9-55

步骤09 创建“曲线”调整图层，在“属性”面板中设置参数，将画面压暗，如图9-56和图9-57所示。

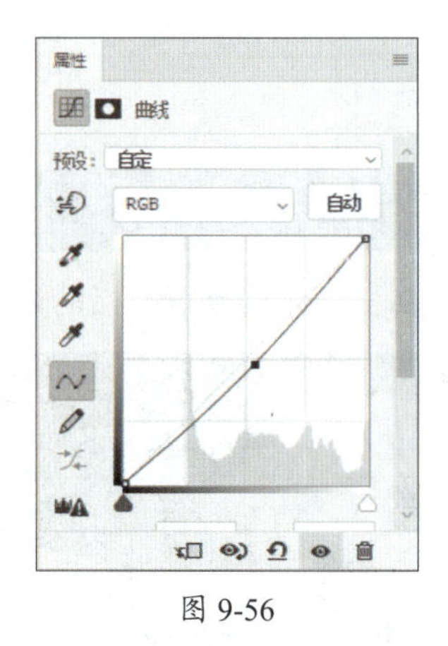

图 9-56　　图 9-57

步骤10 选中调整图层，新建成组并新建蒙版，如图9-58所示。

步骤11 选择“画笔工具”，设置前景色为黑色，在人物五官和脸部轮廓处进行涂抹，如图9-59所示。

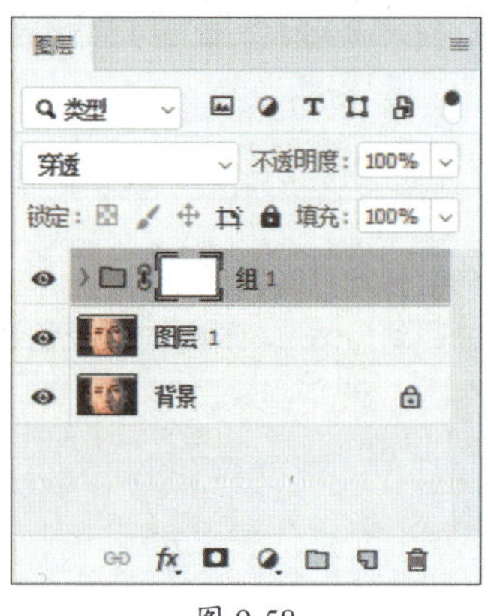

图 9-58　　图 9-59

步骤12 按Shift+Ctrl+Alt+E组合键盖印图层，如图9-60所示。

步骤13 选择“修补工具”对人物脸部的瑕疵进行调整，最终效果如图9-61所示。

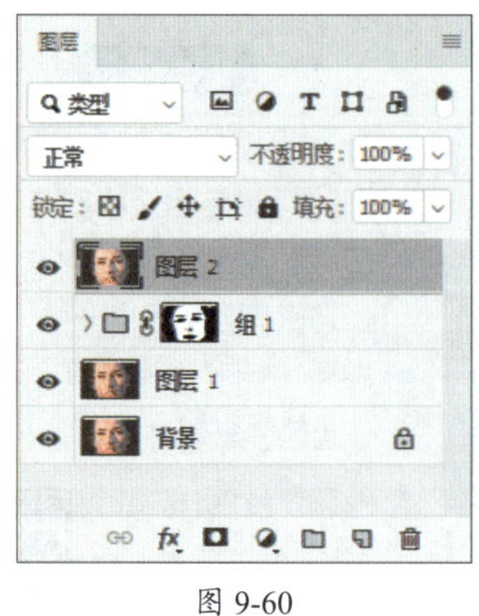

图 9-60　　图 9-61

至此，完成人物脸部细节的磨皮操作。

上手实操

为了能够更好地掌握本章所学的知识内容，下面安排了两个实操习题，让用户动起手来练一练，以达到温故知新的目的。

实操一：调整图片背景

使用通道功能调整图片背景，图9-62所示的是原图，而图9-63所示的是调整后的效果。

图 9-62

图 9-63

设计要领

- 复制对比度强的通道。
- 选择“加深工具”“减淡工具”进行调整。
- 载入背景并调整。
- 选择“曲线”增强对比度。
- 载入选区并回到“图层”面板进行复制选区。

实操二：制作错位故障效果

使用通道功能制作错位故障效果，最终效果如图9-64所示。

图 9-64

设计要领

- 在“红”通道全选移动选区。
- 在“绿”通道全选移动选区。
- 在“蓝”通道全选移动并缩小选区，使其上下距离一样。
- 选择“矩形选框工具”框选部分选区，复制并移动。
- 执行“滤镜”→“风格化”→“风”命令。
- 重复操作。

扫码观看视频

第10章 蒙版的应用

内容概要

在Photoshop中，蒙版是用于控制图像的显示与隐藏区域的，是进行图像合成的重要途径。本章将对蒙版的相关知识进行全面介绍。

知识要点

- 蒙版的创建。
- 蒙版的基本操作。
- 蒙版和通道的转换。

数字资源

【本章案例素材来源】：“素材文件\第10章”目录下
【本章案例最终文件】：“素材文件\第10章\案例精讲\创意合成——书中的世界.psd”

案例精讲 创意合成——书中的世界

案 / 例 / 描 / 述

本案例属于后期创意合成，阅读时开启想象的翅膀。在实操中主要用到的知识点有“钢笔工具”、图层组、置入对象、剪贴蒙版、图层蒙版、图层样式、“魔棒工具”、选择主体、色彩平衡和亮度/对比度等。

扫码观看视频

案 / 例 / 详 / 解

下面将对案例的制作过程进行详细讲解。

步骤 01 将素材文件“背景.jpg”拖至Photoshop中，如图10-1所示。

步骤 02 选择“钢笔工具”绘制镜框，如图10-2所示。

图 10-1

图 10-2

步骤 03 按Ctrl+Enter组合键创建选区，按Ctrl+J组合键复制选区；另一个镜框执行相同操作，如图10-3所示。

步骤 04 按住Shift键选中两个图层，按Ctrl+J组合键复制并按Ctrl+E组合键合并图层，选中全部图层，拖到“创建新组”按钮处，隐藏其组，将拷贝的图层移出“组1”，如图10-4所示。

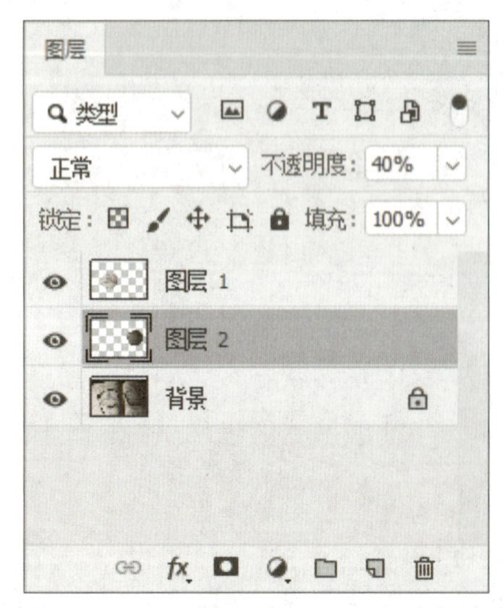

图 10-3

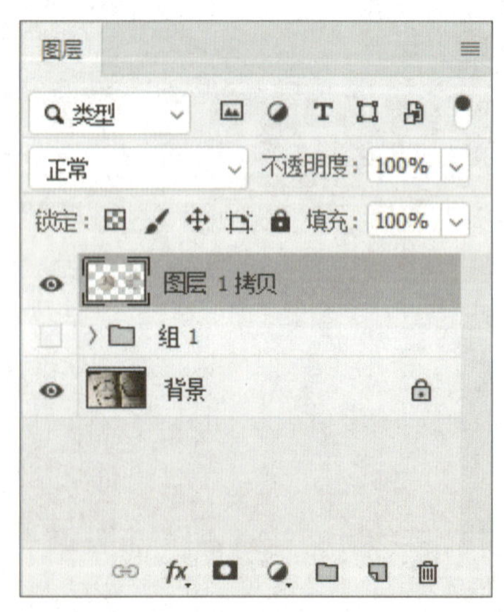

图 10-4

步骤05 执行“文件”→“置入嵌入对象”命令，置入素材文件“宇宙1.jpg”，如图10-5所示。

步骤06 按Ctrl+Alt+G组合键创建剪贴蒙版，如图10-6所示。

图 10-5

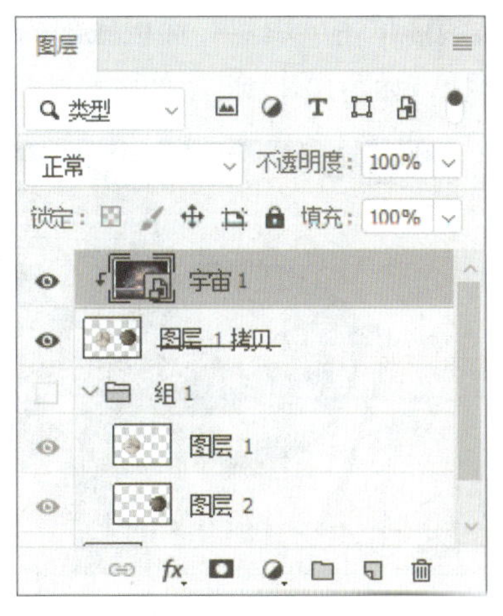

图 10-6

步骤07 按Ctrl+T组合键自由变换调整大小与位置，如图10-7所示。

步骤08 按住Alt键复制该图层并调整合适大小，如图10-8所示。

图 10-7

图 10-8

步骤09 单击“图层”面板底部的“添加矢量蒙版” 按钮，设置前景色为黑色，选择“画笔工具”在图层蒙版上涂抹，如图10-9所示。

步骤10 执行“文件”→“置入嵌入对象”命令，置入素材文件“宇宙2.jpg”，如图10-10所示。

图 10-9

图 10-10

步骤 11 按Ctrl+Alt+G组合键创建剪贴蒙版，按Ctrl+T组合键自由变换调整大小与位置，如图10-11所示。

步骤 12 单击“图层”面板底部的“添加矢量蒙版” 按钮，选择“画笔工具”在图层蒙版上涂抹，如图10-12所示。

图 10-11

图 10-12

步骤 13 执行“文件”→“打开”命令，打开素材文件“宇航员1.jpg”，如图10-13所示。

步骤 14 执行“选择”→“主体”命令，主体周围出现蚂蚁线，按Ctrl+J组合键复制该选区，并隐藏背景图层，如图10-14所示。

步骤 15 选择“魔棒工具”进行画面调整，将多余的背景删除，如图10-15所示。

图 10-13

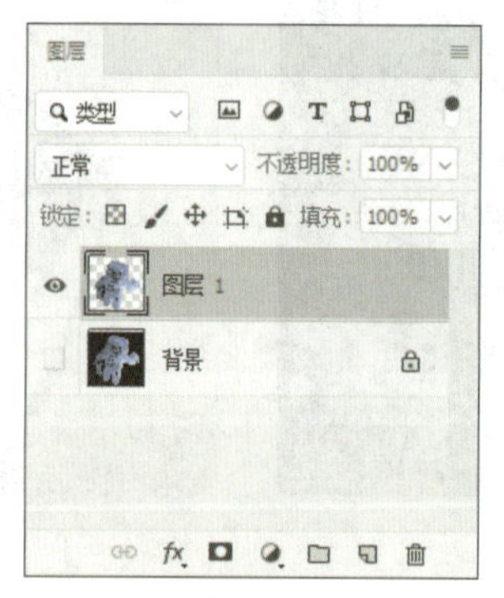

图 10-14

图 10-15

步骤 16 选择“画笔工具”对头盔部分进行处理，如图10-16所示。

步骤 17 将该图层移动到主文档中，如图10-17所示。

图 10-16

图 10-17

步骤18 按Ctrl+T组合键自由变换调整大小与位置，如图10-18所示。

步骤19 执行“文件”→“打开”命令，打开素材文件“宇航员2.jpg”，进行相同的操作，如图10-19所示。

图 10-18

图 10-19

步骤20 执行“文件”→“打开”命令，打开素材文件“飞船.jpg”，进行相同的操作，如图10-20所示。

步骤21 选中宇航员和飞船所在的图层，按Ctrl+Alt+G组合键创建剪贴蒙版，如图10-21所示。

图 10-20

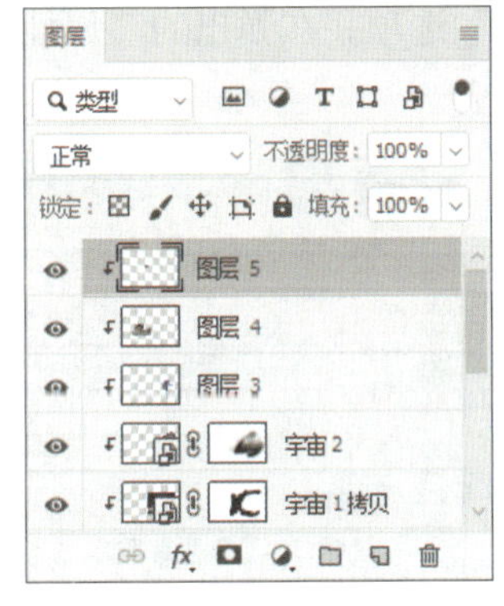

图 10-21

步骤22 按Ctrl+T组合键自由变换调整大小与位置，如图10-22所示。

步骤23 选择图层“宇宙2”，单击面板底部的“创建新的调整图层或填充图层”按钮，在弹出的快捷菜单中选择“色彩平衡”选项，在弹出的“属性”面板中设置参数，如图10-23所示。

图 10-22

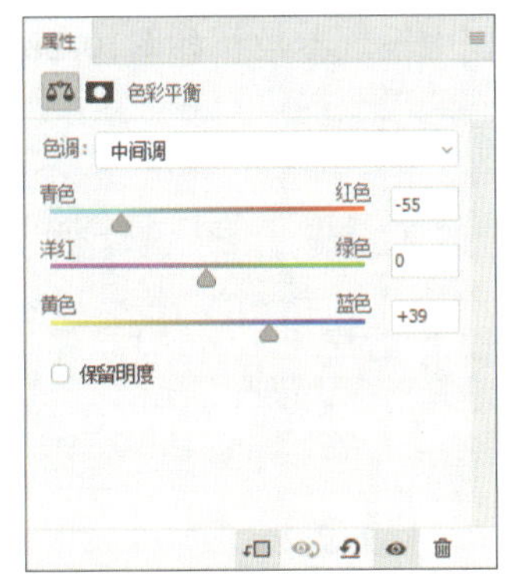

图 10-23

步骤24 选择“图层3”，按Ctrl+B组合键，在弹出的“色彩平衡”对话框中设置参数，如图10-24所示。

步骤25 选择“图层4”，按Ctrl+B组合键，在弹出的“色彩平衡”对话框中设置参数，如图10-25所示。

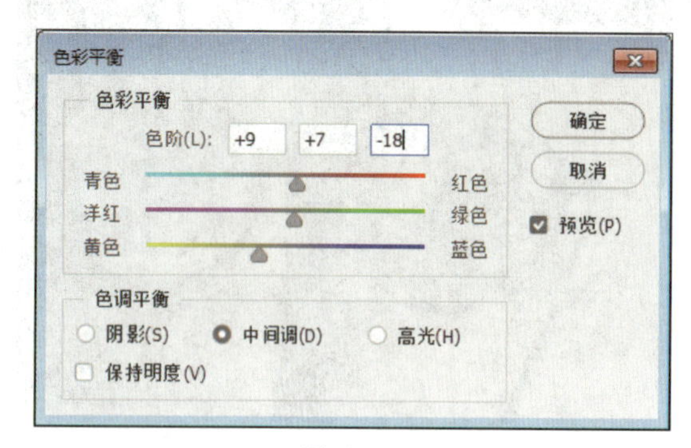

图 10-24

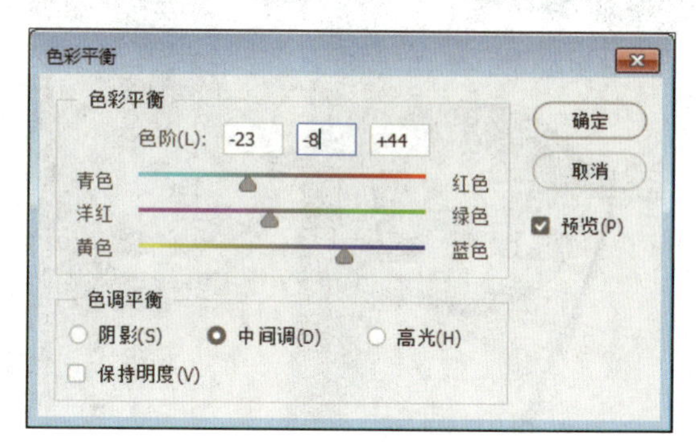

图 10-25

步骤26 选择“图层5”，按Ctrl+B组合键，在弹出的“色彩平衡”对话框中设置参数，如图10-26所示。

步骤27 单击面板底部的“创建新的调整图层或填充图层”按钮，在弹出的快捷菜单中选择“亮度/对比度”选项，在弹出的“属性”面板设置参数，如图10-27所示。按Ctrl+Alt+G组合键创建剪贴蒙版。

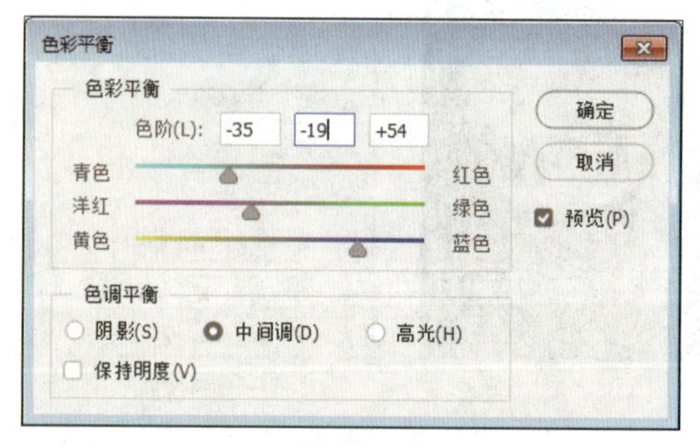

图 10-26

图 10-27

步骤28 双击选择图层“图层 1 拷贝”空白处，在弹出的“图层样式”对话框中设置参数，如图10-28所示。

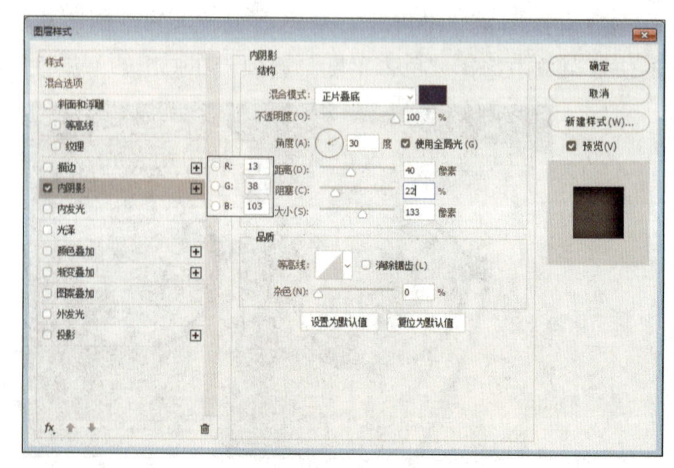

图 10-28

步骤29 选择“图层5”，执行“滤镜”→“模糊”→“动感模糊”命令，在弹出的“动感模糊”对话框中设置参数，如图10-29所示。

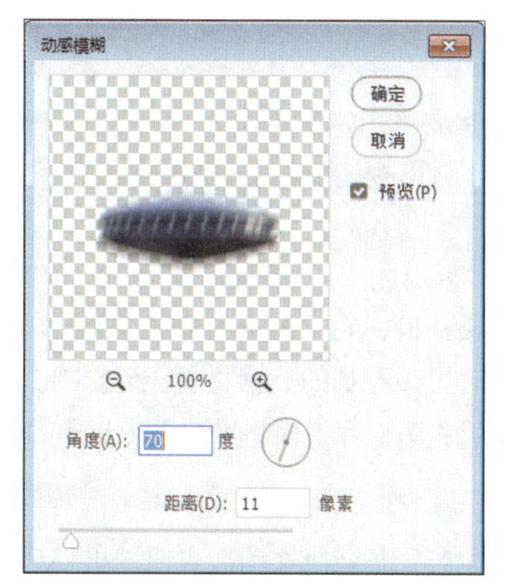

图 10-29

步骤30 最终效果如图10-30所示。

图 10-30

至此，完成创意合成效果的制作。

边用边学

10.1 蒙版的基础知识

蒙版是Photoshop中的一个重要概念，使用蒙版可以将一部分图像区域保护起来。更改蒙版可以对图层应用各种效果，而不会影响该图层上的图像。

10.1.1 蒙版的类型

蒙版是浮在图层之上的一块挡板，它本身不包含图像数据，只是对图层的部分数据起遮挡作用，当对图层进行操作处理时，被遮挡的数据将不会受影响。蒙版类型主要分为快速蒙版、矢量蒙版、图层蒙版、剪贴蒙版和图框，下面将对其进行具体的介绍。

1. 快速蒙版

快速蒙版是一种临时性的蒙版，是暂时在图像表面产生一种与保护膜类似的保护装置，常用于帮助用户快速得到精确的选区。当在快速蒙版模式中工作时，“通道”面板中会出现一个临时快速蒙版通道。快速蒙版主要是快速处理当前选区，不会生成相应附加图层。

创建快速蒙版的方法：单击工具箱底部的“以快速蒙版模式编辑”按钮或者按Q键，进入快速蒙版编辑状态。选择“画笔工具”，适当调整画笔大小，在图像中需要添加快速蒙版的区域进行涂抹，涂抹后的区域呈半透明红色显示，如图10-31所示。然后按Q键退出快速蒙版，从而建立选区，如图10-32所示。

图 10-31

图 10-32

2. 矢量蒙版

矢量蒙版是通过形状控制图像显示区域的，它只能作用于当前图层。其本质为使用路径制作蒙版，遮盖路径覆盖的图像区域，显示无路径覆盖的图像区域。矢量蒙版可以通过形状工具创建，也可以通过路径来创建。

矢量蒙版中创建的形状是矢量图，可以使用钢笔工具和形状工具对图形进行编辑修改，从而改变蒙版的遮罩区域，也可以对它任意缩放。

（1）使用形状工具创建。

单击“自定形状工具”，在属性栏中选择“形状”模式，设置形状样式，在图像中单击并拖动鼠标，绘制形状即可创建矢量蒙版，如图10-33和图10-34所示。

图 10-33

图 10-34

（2）通过路径创建。

选择“钢笔工具”，绘制图像路径，如图10-35所示。执行“图层”→“矢量蒙版”→“当前路径”命令，此时在图像中可以看到效果，如图10-36所示。

图 10-35

图 10-36

3. 图层蒙版

图层蒙版极大地方便了对图像的编辑，它并不是直接编辑图层中的图像，而是通过使用“画笔工具”在蒙版上涂抹，控制图层区域的显示或隐藏，常用于制作图像合成。

添加图层蒙版的方法是：首先选择待添加蒙版的图层为当前图层，然后单击“图层”面板底部的“添加蒙版”按钮，设置前景色为黑色，选择“画笔工具”在图层蒙版上进行绘制即可。在人物图层上新建图层蒙版，如图10-37所示；利用“画笔工具”擦除多余的背景，而只保留人物部分的效果，如图10-38所示。

图 10-37

图 10-38

添加图层蒙版的另一种方法：当图层中有选区时，在“图层”面板上选择该图层，单击面板底部的“添加图层蒙版”按钮，选区内的图像被保留，而选区外的图像将被隐藏。

4. 剪贴蒙版

剪贴蒙版是使用处于下方图层的形状来限制上方图层的显示状态。剪贴蒙版由两部分组成：一部分为基层，即基础层，用于定义显示图像的范围或形状；另一部分为内容层，用于存放将要表现的图像内容。使用剪贴蒙版能够在不影响原图像的同时有效地完成剪贴制作。蒙版中的基底图层名称带下划线，上层图层的缩览图是缩进的。

创建剪贴蒙版有两种方法：在“图层”面板中按Alt键的同时将鼠标移至两图层间的分隔线上，当其变为形状时，单击鼠标左键即可，如图10-39所示；或在“图层”面板中选择要进行剪贴图层中的内容层，按Ctrl+Alt+G组合键即可，如图10-40所示。

图 10-39

图 10-40

在使用剪贴蒙版处理图像时，内容层要位于基础层的上方，才能对图像进行准确剪贴。创建剪贴蒙版后，然后按Ctrl+Alt+G组合键即可释放剪贴蒙版。

5. 图框

Photoshop中的图框功能就是创建一个图片的占位符，可以方便图像的填充。在工具箱中选择“图框工具”可以快速创建图框并将图像置入图框中，具体的操作方法如下：

选择工具箱中的“图框工具”，在属性栏的上方选择矩形图框或椭圆形图框，在一个图像的上方，按鼠标左键拖出图框，松开鼠标后即可将图像嵌入图框中，如图10-41和图10-42所示。

若先创建图框，只需将图片与图框相靠近，图像便会快速进入蒙版状态，且图像在填充进图框时，图像会自适应图框大小，自动转换为智能对象，利于无损缩放。当图片和图框远离时便会重新分成两个图层。

图 10-41

图 10-42

提示：在只有背景图层时使用此工具，要先解锁该背景图层，使其转换为普通图层。

10.1.2 “蒙版”面板

Photoshop中蒙版是将不同灰度色值转换为不同的透明度，并作用到它所在的图层上，使图层不同部位的透明度产生相应的变化。黑色为完全透明，白色为完全不透明。

在“图层”面板中单击“添加矢量蒙版”按钮，执行“窗口”→“属性”命令，弹出“属性”面板，如图10-43所示。

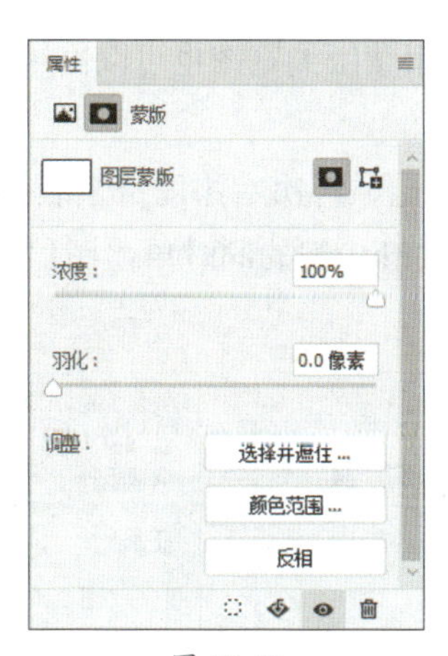

图 10-43

在该面板中，主要选项的含义介绍如下：

- **“添加像素蒙版/添加矢量蒙版”按钮**：单击“添加像素蒙版”按钮，可以为当前图像添加一个像素蒙版，单击“添加矢量蒙版”按钮，可以为当前图层添加一个矢量蒙版。
- **“浓度”选项**：该选项类似于图层的不透明度，用于控制蒙版的不透明度，也就是蒙版遮盖图像的强度。
- **“羽化”选项**：用于控制蒙版边缘的柔化程度。数值越大，蒙版边缘越柔和；数值越小，蒙版边缘越生硬。
- **“选择并遮住”按钮**：单击该按钮，可以在弹出的对话框中修改蒙版边缘。
- **“颜色范围”按钮**：单击该按钮，可以在弹出的“色彩范围”对话框中修改“颜色容差”来修改蒙版的边缘范围。
- **“反相”按钮**：单击该按钮，可以反转蒙版的遮盖区域，即蒙版中黑色部分变成白色，白色部分变成黑色，未遮盖的图像将调整为负片。
- **“从蒙版中载入选区”按钮**：单击该按钮，可以从蒙版中生成选区。按Ctrl键单击蒙版缩览图，也可以载入蒙版的选区。
- **“应用蒙版”按钮**：单击该按钮，可以将蒙版应用到图像中，同时删除蒙版以及被蒙版遮盖的区域。
- **“停用/启用蒙版”按钮**：单击该按钮，可以停用或重新启用蒙版。
- **“删除蒙版”按钮**：单击该按钮，可以删除当前选择的蒙版。

10.2　蒙版的基本操作

蒙版是一种屏蔽，它可以将一部分图像区域保护起来，当选中“通道”面板中的蒙版通道时，前景色和背景色以灰度显示。

■ 10.2.1　停用和启用蒙版

停用和启用蒙版能帮助用户对图像使用蒙版前后的效果进行更多的对比观察。若想暂时取消图层蒙版的应用，可以右击图层蒙版缩览图，在弹出的快捷菜单中选择“停用图层蒙版”选项，或者按Shift键的同时，单击图层蒙版缩览图也可以停用图层蒙版功能，此时图层蒙版缩览图中会出现一个红色的“×”标记。

如果要重新启用图层蒙版的功能，再次右击图层蒙版缩览图，在弹出的快捷菜单中选择“启用图层蒙版”选项，或者再次按Shift键的同时单击图层蒙版缩览图即可恢复蒙版效果，如图10-44和图10-45所示。

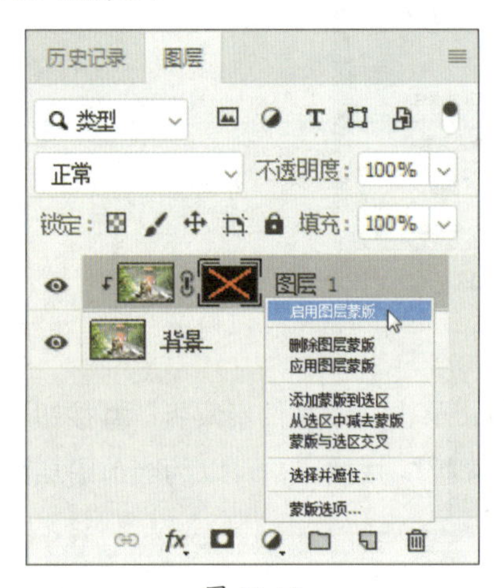

图 10-44

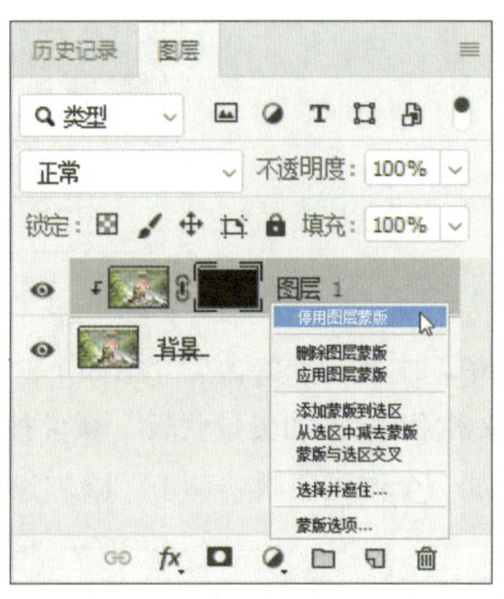

图 10-45

■ 10.2.2　移动和复制蒙版

蒙版可以在不同的图层进行复制或者移动。若要复制蒙版，按住Alt键将蒙版拖到其他图层即可，如图10-46和图10-47所示；若要移动蒙版，只需将蒙版拖到其他图层即可。在“图层”面板中移动图层蒙版和复制图层蒙版，得到图像效果是完全不同的。

图 10-46

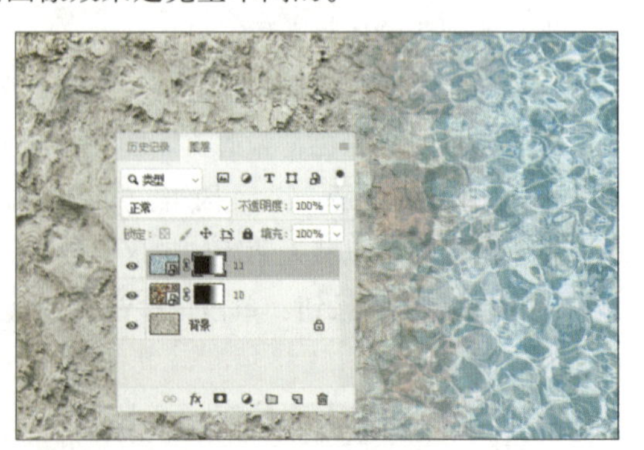

图 10-47

■ 10.2.3 删除和应用蒙版

若需删除图层蒙版，可以右击“图层”面板中的蒙版缩览图，在弹出的快捷菜单中选择“删除图层蒙版”选项。也可将图层缩览图蒙版拖到“删除图层”🗑按钮上，释放鼠标，在弹出的对话框中单击“删除”按钮即可。

应用图层蒙版就是将使用蒙版后的图像效果集成到一个图层中，其功能类似于合并图层。应用图层蒙版的方法是右击图层蒙版缩览图，在弹出的快捷菜单中选择“应用图层蒙版”选项即可，如图10-48和图10-49所示。

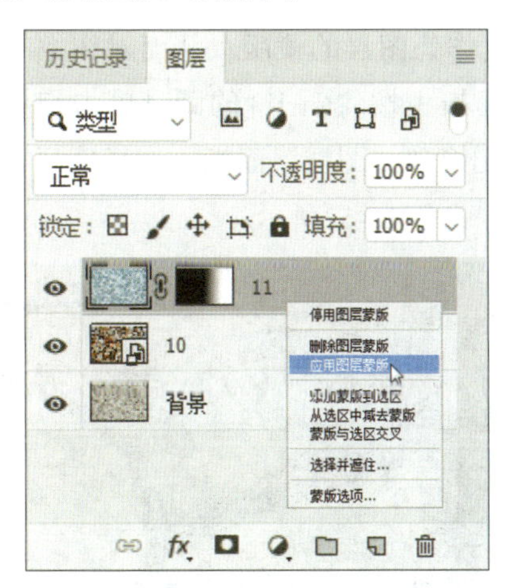

图 10-48

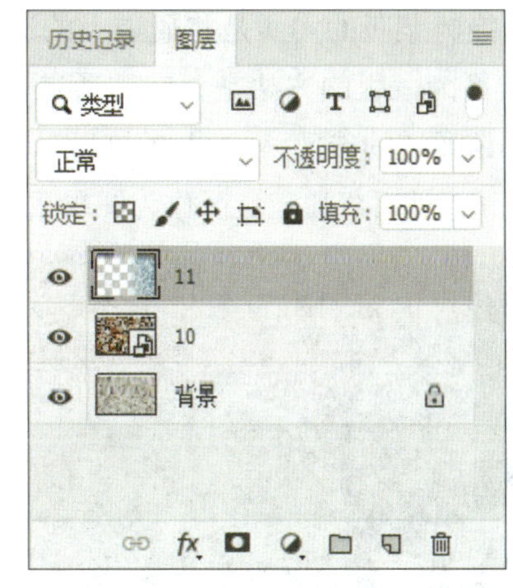

图 10-49

❗ **提示：** 应用图层蒙版须将智能对象图层转换为普通图层。

■ 10.2.4 蒙版和选区的运算

使用鼠标右击图层蒙版缩览图，在弹出的快捷菜单中有3个蒙版和选区运算的命令，如图10-50所示。

图 10-50

1. 添加蒙版到选区

如果当前图像中没有选区，选择“添加蒙版到选区”选项，可以载入图层蒙版到选区；如果当前存在选区，则可以将蒙版的选区添加到当前选区中。

2. 从选区中减去蒙版

如果当前存在选区，选择“从选区中减去蒙版”选项，可从当前选区中减去蒙版的选区。

3. 蒙版与选区交叉

如果当前存在选区，选择“蒙版与选区交叉”选项，可以得到当前选区与蒙版选区的交叉区域。

■ 10.2.5 将通道转换为蒙版

将通道转换为蒙版的实质是将通道中的选区作为图层的蒙版，从而对图像的效果进行调整。将通道转换为蒙版的方法是，在“通道”面板中按住Ctrl键的同时单击相应的通道缩览图，即可载入该通道的选区，如图10-51所示。切换到“图层”面板，选择图层，单击“添加图层蒙版”按钮，即可将通道选区作为图层蒙版，如图10-52所示。

图 10-51

图 10-52

经验之谈 图层蒙版的两种创建方法

图层蒙版主要有两种创建方法，一种是直接创建白色显示蒙版，另一种是创建黑色隐藏蒙版。不同的创建方式有不同的效果展示。

单击“图层”面板底部的“添加蒙版” ◘ 按钮，此时蒙版为白色，如图10-53和图10-54所示。此时需要设置前景色为黑色，选择“画笔工具”在图层蒙版上进行绘制涂抹。

图 10-53

图 10-54

按住Alt键单击“图层”面板底部的“添加蒙版” ◘ 按钮，此时蒙版为黑色，该蒙版不显示，只显示背景，如图10-55和图10-56所示。此时需要设置前景色为白色，选择“画笔工具”在图层蒙版上进行绘制涂抹。

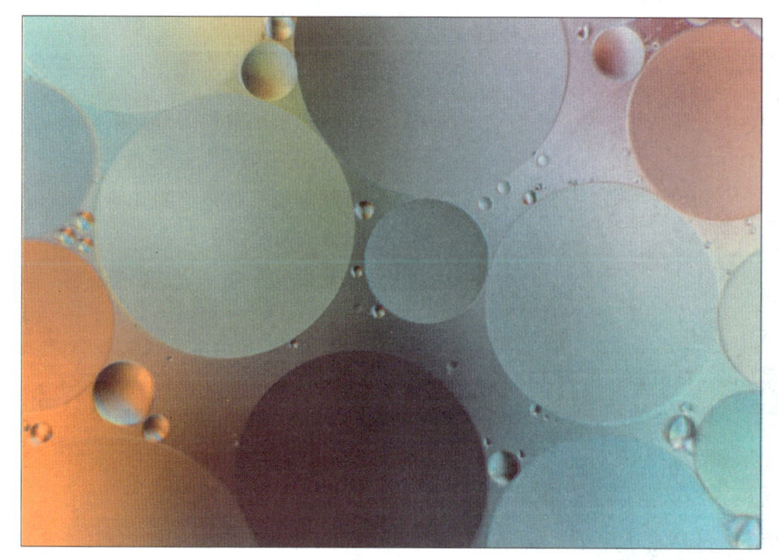

图 10-55

图 10-56

上手实操

为了能够更好地掌握本章所学的知识内容，下面安排了两个实操习题，让用户动起手来练一练，以达到温故知新的目的。

实操一：制作邮票形剪贴画

制作邮票形剪贴画效果，最终效果如图10-57所示。

图 10-57

设计要领

- 新建文档，在“自定形状工具”中选择邮票并进行绘制。
- 置入素材。
- 创建剪贴蒙版并调整位置。

实操二：制作圆形头像

制作圆形头像效果，最终效果如图10-58所示。

图 10-58

设计要领

- 打开图像并解锁背景图形。
- 选择“图框工具”，在属性栏中选择“圆形图框”进行绘制裁剪。
- 在图像中吸取较深的颜色为前景色，创建渐变调整图层（从前景色到透明渐变径向90°缩放自定反向）。
- 创建剪贴蒙版。

第11章 滤镜的应用

内容概要

滤镜是Photoshop中功能最丰富、效果最奇特的工具之一。滤镜是通过不同的方式改变像素数据，以达到对图像进行抽象、艺术化的特殊处理效果。本章将对Photoshop中所提供的滤镜进行详细介绍。

知识要点

- 认识滤镜。
- 独立滤镜的应用。
- 滤镜组的应用。
- 其他滤镜组的应用。

数字资源

【本章案例素材来源】：“素材文件\第11章”目录下

【本章案例最终文件】：“素材文件\第11章\案例精讲\制作怀旧风海报.psd”

案例精讲 制作怀旧风海报

案/例/描/述

本案例是制作怀旧风海报。在实操中主要用到的知识点有滤镜组中的波浪、极坐标、图层样式、渐变填充和文字工具等。

扫码观看视频

案/例/详/解

下面将对案例的制作过程进行详细讲解。

步骤01 打开Photoshop软件，执行“文件”→“新建”命令，打开“新建文档”对话框，设置参数，单击“创建”按钮即可，如图11-1所示。

步骤02 单击前景色色块，在弹出的“拾色器（前景色）”对话框中设置参数，如图11-2所示。

图 11-1

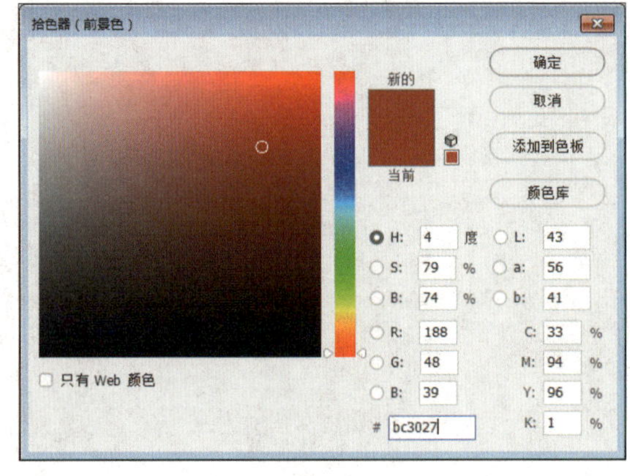

图 11-2

步骤03 单击背景色色块，在弹出的“拾色器（背景色）”对话框中设置参数，如图11-3所示。

步骤04 选择“渐变工具”，单击渐变颜色条，选择“前景色到背景色渐变”，如图11-4所示。

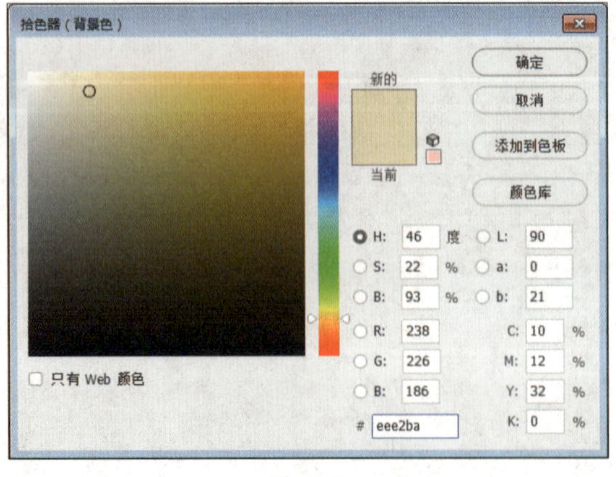

图 11-3

图 11-4

步骤05 从下至上创建渐变，如图11-5所示。

步骤06 执行“滤镜”→“扭曲”→“波浪”命令，在弹出的“波浪”对话框中设置参数，如图11-6所示。

图 11-5

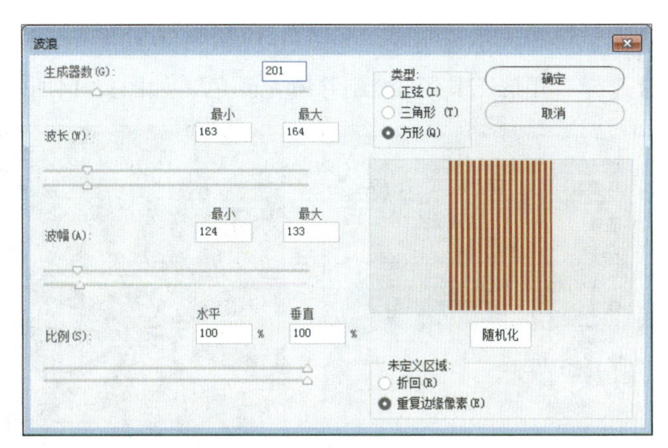

图 11-6

步骤 07 效果如图11-7所示。

步骤 08 执行“滤镜”→“扭曲”→“极坐标”命令，在弹出的“极坐标”对话框中设置参数，如图11-8所示。

图 11-7

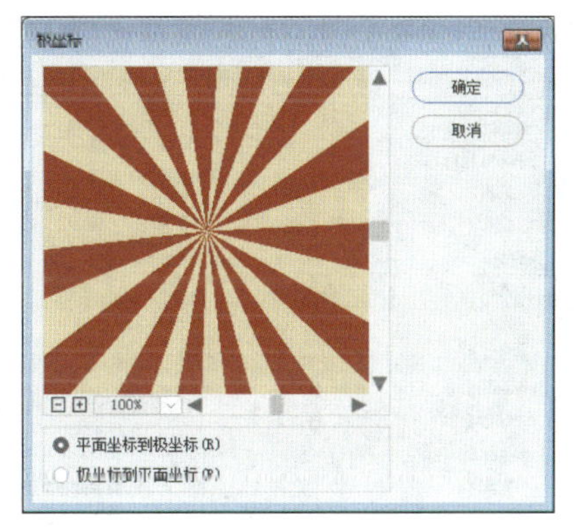

图 11-8

步骤 09 效果如图11-9所示。

步骤 10 单击“切换前景色和背景色”按钮，在“图层”面板中单击底部的“创建新的填充或调整图层”按钮，在弹出的快捷菜单中选择“渐变”选项，在弹出的“渐变填充”对话框中设置参数（默认为颜色到透明渐变填充），如图11-10和图11-11所示。

图 11-9

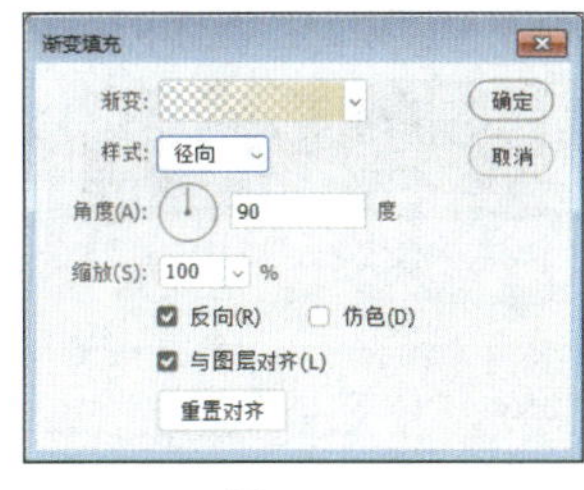

图 11-10

图 11-11

步骤 11 调整该图层不透明度，如图11-12和图11-13所示。

步骤 12 选择“矩形工具”，绘制并填充颜色，如图11-14所示。

图 11-12

图 11-13

图 11-14

步骤 13 双击该图层空白处，在弹出的“图层样式”对话框中设置参数，如图11-15所示。

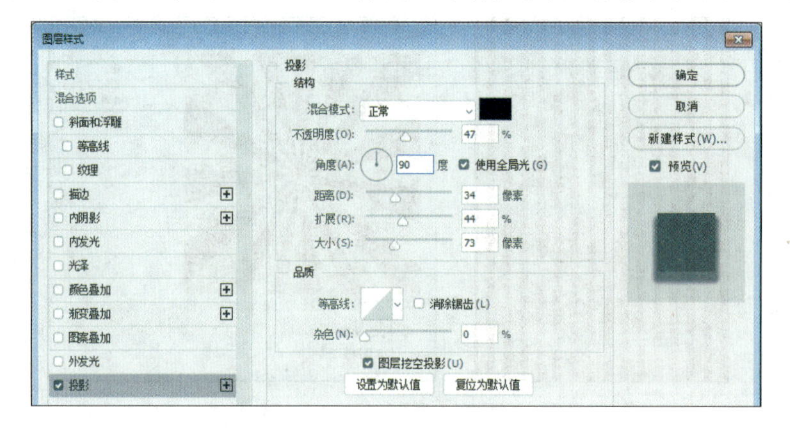

图 11-15

步骤 14 效果如图11-16所示。

步骤 15 将素材文件“复古.psd”拖到Photoshop中，如图11-17所示。

步骤 16 选中素材拖到该文档中，如图11-18所示。

图 11-16

图 11-17

图 11-18

步骤17 选中实心矩形，按Ctrl+T组合键自由变换调整，如图11-19所示。

步骤18 选中矩形框，按Ctrl+T组合键自由变换，右击鼠标，在弹出的快捷菜单中选择“顺时针旋转90度”选项，等比例放大后，按住Shift键调整宽度，如图11-20所示。

步骤19 输入文字，如图11-21所示。

图 11-19

图 11-20

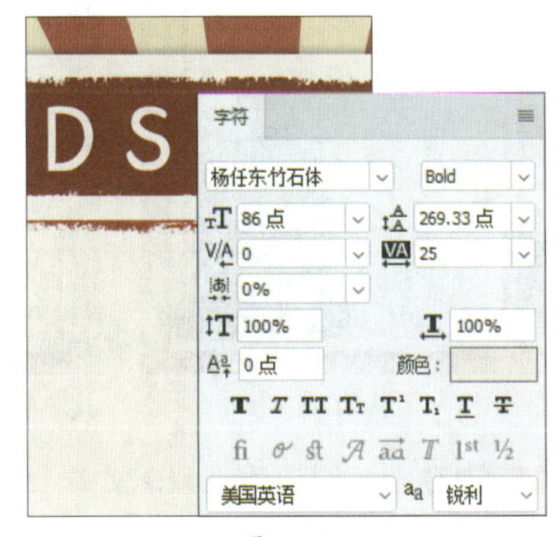

图 11-21

步骤20 继续输入3组文字，如图11-22所示。

步骤21 执行“文件”→“置入嵌入对象”命令，在弹出的“置入”对话框中选择素材文件“佛.png”，如图11-23所示。

步骤22 按Ctrl+J组合键复制该图层，选择“佛”图层，右击鼠标，在弹出的快捷菜单中选择“栅格化图层”选项，更改其不透明度为20%，如图11-24所示。

图 11-22

图 11-23

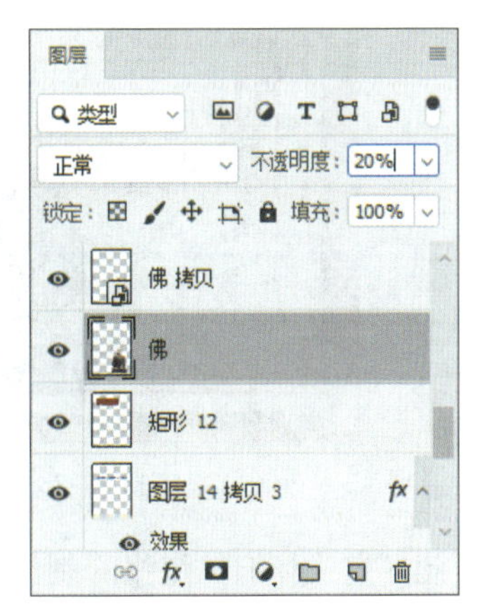

图 11-24

步骤23 按Ctrl+Shift+U组合键去色，移动到合适位置，如图11-25所示。

步骤24 输入两组文字，如图11-26所示。

步骤25 输入3组文字，按住Shift键选中3个文字图层，单击属性栏中的“水平居中对齐”按钮，如图11-27所示。

图 11-25

图 11-26

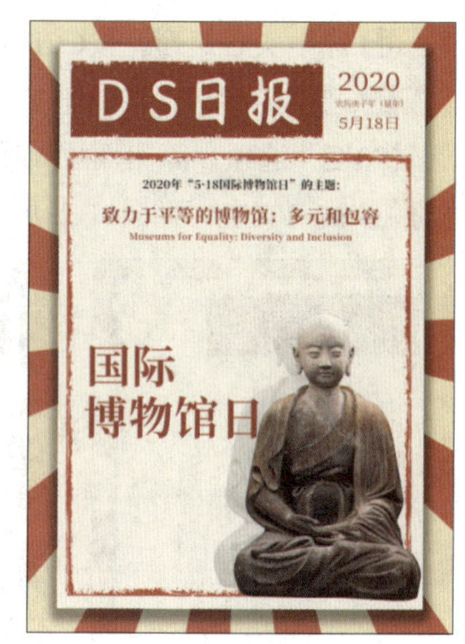

图 11-27

步骤 26 创建文本框，输入段落文字，如图11-28所示。

步骤 27 创建文本框，输入段落文字，最终效果如图11-29所示。

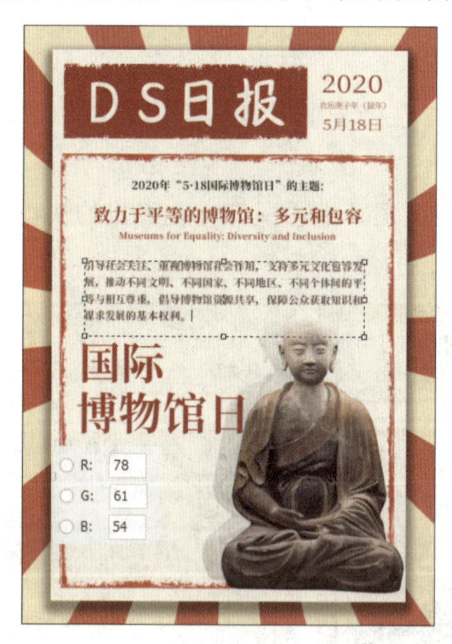

图 11-28

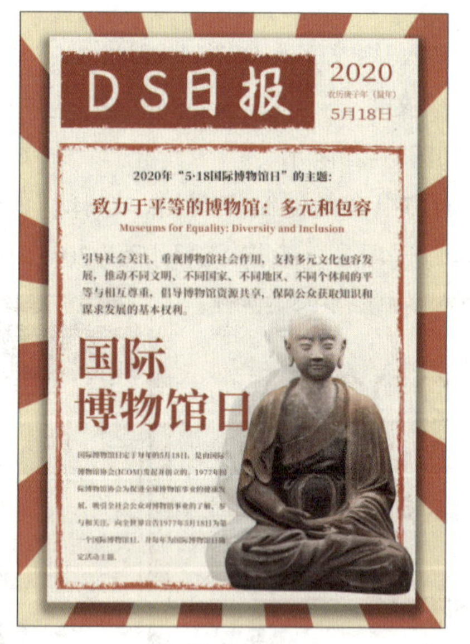

图 11-29

至此，完成怀旧风海报的制作。

边用边学

11.1 认识滤镜

在Photoshop中，滤镜主要用于实现图像的各种特殊效果。该术语源于摄影领域，它是一种安装在摄影器材上的特殊镜头，使用它能够模拟一些特殊的光照效果或者是带有装饰性的纹理效果。

“滤镜”是图像处理软件和视频处理软件所特有的，它的产生主要是为了适应复杂的图像处理的需求。滤镜是一种置入Photoshop的外挂功能模块，也可以说它是一种开放式的程序，它是众多图像处理软件进行图像特殊效果处理而设计的系统处理接口。

在Photoshop中，滤镜主要分为软件自带的内置滤镜和外挂滤镜两种。内置滤镜主要有两种用途：一是用于创作具体的图像特效，主要集中在“风格化”“素描”“扭曲”和“艺术效果”等滤镜组中；另一种用于编辑图像，如减少图像杂色、提高清晰度等，主要集中在“模糊”“锐化”和“杂色”等滤镜组中。

Photoshop中所有的滤镜都在“滤镜”菜单中。单击“滤镜”按钮，弹出“滤镜”菜单，如图11-30所示。在滤镜组中有多个滤镜命令，可通过执行一次或多次滤镜命令为图像添加不一样的效果。

图 11-30

在该菜单中，主要选项的含义介绍如下：

- **第1栏：**显示的是最近使用过的滤镜。
- **第2栏：**“转换为智能滤镜”，可以整合多个不同的滤镜，并对滤镜效果的参数进行调整和修改，让图像的处理过程更智能化。
- **第3栏：**独立特殊滤镜。单击后即可使用。
- **第4栏：**滤镜组。每个滤镜组中又包含多个滤镜命令。

如果安装了外挂滤镜，则会出现在“滤镜”菜单底部。

11.2 独立滤镜

在Photoshop CC中，独立滤镜不包含任何滤镜子菜单，直接执行即可使用，包括滤镜库、自适应广角滤镜、Camera Raw滤镜、镜头校正滤镜、液化滤镜和消失点滤镜。

11.2.1 滤镜库

滤镜库以缩览图的形式，列出了“风格化”“画笔描边”“扭曲”“素描”“纹理”和“艺术效果”等滤镜组中的一些常用滤镜。在实际操作过程中，可以为当前图像多次应用单个滤镜，也可以同时应用多个滤镜。

执行“滤镜”→“滤镜库”命令，打开“滤镜库”对话框。该对话框的左部为滤镜的预览区域，可以通过缩放调节预览的大小；中部为滤镜工具集，在每个滤镜菜单中都有缩略图，让用户更方便直接地观察到每个滤镜应用后的效果；右部为选择各个滤镜后的属性设置区域，可以通过设置其中的参数，更改滤镜所实现的各种不同效果，如图11-31所示。

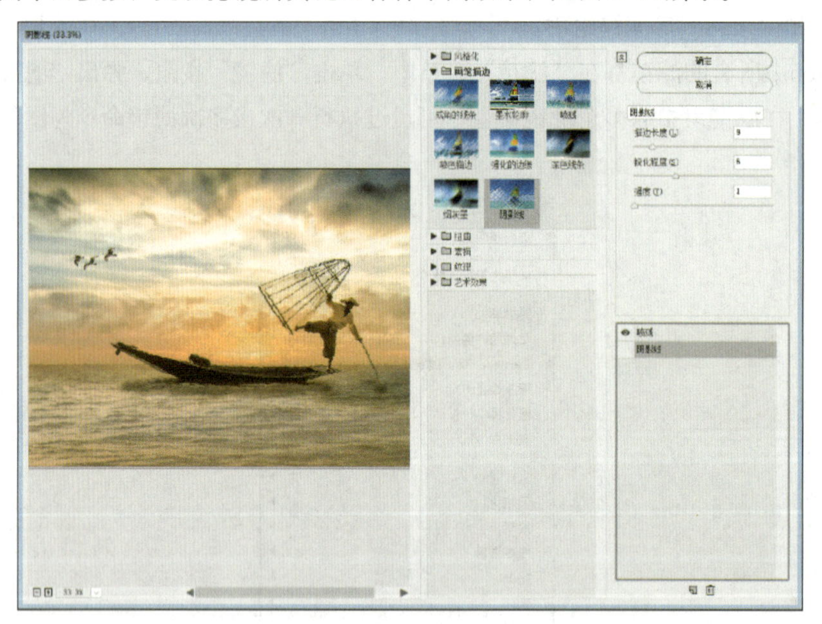

图 11-31

在该对话框中，主要选项的含义介绍如下：

- **预览框：**可预览图像的变化效果，单击底部的⊟和⊞按钮，可缩小或放大预览框中的图像。
- **滤镜组：**该区域中显示了“风格化”“画笔描边”“扭曲”“素描”“纹理”和“艺术效果”6组滤镜，单击每组滤镜前面的三角形图标展开该滤镜组，即可看到该组中所包含的具体滤镜。
- **“显示/隐藏滤镜缩览图”按钮：**单击该按钮可隐藏或显示滤镜缩览图。
- **“滤镜”弹出式菜单与参数设置区域：**在“滤镜”弹出菜单中可以选择所需滤镜，在其下方区域中可设置当前所应用滤镜的各种参数值和选项。
- **选择滤镜显示区域：**单击某一个滤镜效果图层，显示选择该滤镜；其余的属于已应用但未选择的滤镜。

- **“隐藏滤镜”** 👁 **按钮**：单击效果图层前面的👁图标，隐藏滤镜效果，再单击，将显示被隐藏的效果。
- **“新建效果图层”按钮**：若要同时使用多个滤镜，可以单击该按钮，即可新建一个效果图层，从而实现多滤镜的叠加使用。
- **“删除效果图层”按钮**：选择一个效果图层后，单击该按钮即可将其删除。

> **提示**：滤镜库中只包含一部分滤镜效果，如“模糊”滤镜组和“像素化”滤镜组等不在滤镜库中。

11.2.2 自适应广角滤镜

使用“自适应广角”滤镜可以校正因使用广角镜头而造成的镜头扭曲。用户可以快速拉直在全景图或采用鱼眼镜头和广角镜头拍摄的照片中看起来弯曲的线条，例如建筑物在使用广角镜头拍摄时会看起来向内倾斜。

执行“滤镜”→“自适应广角”命令，打开“自适应广角”对话框，如图11-32所示。

图 11-32

在该对话框中，主要工具的含义介绍如下：

- **“约束工具”**：使用该工具，单击图像或拖动端点可添加或编辑约束。按住Shift键单击可添加水平或垂直约束，按住Alt键单击可删除约束。
- **“多边形约束工具”**：使用该工具，单击图像或拖动端点可添加或编辑多边形约束。单击初始起点可结束约束，按住Alt键单击可删除约束。
- **“移动工具”**：使用该工具，拖动鼠标可以在画布中移动内容。
- **“抓手工具”**：放大图像的显示比例后，可使用该工具移动图像，以观察图像的不同区域。
- **“缩放工具”**：使用该工具在预览区域中单击可放大图像的显示比例；按住Alt键在该区域中单击，则会缩小图像的显示比例。

11.2.3 Camera Raw滤镜

Camera Raw滤镜提供了导入和处理相机原始数据的功能，可以用于处理JPEG和TIFF格式文件。执行“滤镜”→“Camera Raw滤镜”命令，弹出“Camera Raw滤镜”对话框，如图11-33所示。其中左上方的工具箱中包括11种工具，可用于画面的局部调整或裁切等操作；右侧的调整区域主要为大量的颜色调整以及明暗调整选项，通过调整滑块可以轻松观察到画面效果的变化。

图 11-33

在该对话框中，主要工具的含义介绍如下：

- **“白平衡工具”**：使用该工具在白色或灰色的图像内容上单击，可校正照片的白平衡。
- **“颜色取样工具”**：使用该工具在图像中单击，可以建立颜色取样点，对话框顶部会显示取样像素的颜色值，以便在调整时观察颜色的变化情况。
- **“目标调整工具”按钮**：长按此按钮，在弹出的快捷菜单中可选择“参数曲线”“色相”“饱和度”和“明亮度”4个选项，然后在图像中拖动鼠标即可应用调整效果。
- **“变换工具”**：调整水平方向和差值方向平衡和透视平衡的工具。
- **“污点去除”**：去除不要的污点杂质，出现两个圆圈，可以修复和仿制。
- **“红眼去除”**：与Photoshop中“红眼工具”相同，可以去除红眼。
- **“调整画笔”**：可对图像的色温、色调、颜色、对比度、饱和度、杂色等进行调节。
- **“渐变滤镜”**：以线性渐变的方式调整图像局部。
- **“径向滤镜”**：以径向渐变的方式调整图像局部。

11.2.4 镜头校正滤镜

“镜头校正”滤镜是对各种相机与镜头的测量自动校正，可以很容易地消除桶状和枕状变形、照片周边暗角，以及造成边缘出现彩色光晕的色像差。执行“滤镜”→“镜头校正”命令，打开“镜头校正”对话框，如图11-34所示。通过“自动校正”选项卡可自动校正拍摄过程中图像产生的镜头缺陷。

图 11-34

在该对话框中，主要工具的含义介绍如下：

- **“移去扭曲工具”** ：向中心拖动或脱离中心以校正失真。
- **“拉直工具”** ：绘制一条直线将图像拉直到新的横轴或竖轴。
- **“移动网格工具”** ：使用该工具可以移动网格，将其与图像对齐。

11.2.5 液化滤镜

使用“液化”滤镜可以扭曲图像，还可以很方便地制作漩涡、湍流、褶皱和收缩等效果。需要注意的是，该滤镜只对RGB、CMYK、Lab和灰度颜色模式的8位图像有效。

在使用该滤镜扭曲图像时，对于不需要变形的区域可以将其冻结，以免被更改；也可以“解冻”已冻结的区域，使它们可以被重新编辑；还可以使用多种重建模式全部或部分反向扭曲或扩展扭曲，或在新区域中重做扭曲。执行“滤镜”→“液化”命令，打开“液化”对话框，如图11-35所示。

图 11-35

在该对话框中，主要工具的含义分别介绍如下：

- **“向前变形工具”**：该工具可以移动图像中的像素，得到变形的效果。
- **“重建工具”**：使用该工具在变形的区域单击鼠标或拖动鼠标进行涂抹，可以使变形区域的图像恢复到原始状态。
- **“平滑工具”**：用于平滑调整后的图像边缘。
- **“顺时针旋转扭曲工具”**：使用该工具在图像中单击鼠标或移动鼠标时，图像会被顺时针旋转扭曲；当按住Alt键单击鼠标时，图像则会被逆时针旋转扭曲。
- **“褶皱工具”**：使用该工具在图像中单击鼠标或移动鼠标时，可以使像素向画笔中间区域的中心移动，使图像产生收缩的效果。
- **“膨胀工具”**：使用该工具在图像中单击鼠标或移动鼠标时，可以使像素向画笔中心区域以外的方向移动，使图像产生膨胀的效果。
- **“左推工具”**：使用该工具可以使图像产生挤压变形的效果。使用该工具垂直向上拖动鼠标时，像素向左移动；向下拖动鼠标时，像素向右移动。当按住Alt键垂直向上拖动鼠标时，像素向右移动；向下拖动鼠标时，像素向左移动。若使用该工具围绕对象顺时针拖动鼠标，可增加其大小；若顺时针拖动鼠标，则减小其大小。
- **“冻结蒙版工具”**：使用该工具可以在预览窗口绘制出冻结区域。在调整时，冻结区域内的图像不会受到变形工具的影响。
- **“解冻蒙版工具”**：使用该工具涂抹冻结区域，能够解除该区域的冻结。
- **“脸部工具”**：该工具会自动识别人的五官和脸型，当鼠标移至五官的上方，图像出现调整五官脸型的线框，拖动线框可以改变五官的位置和大小，也可以在右侧的“人脸识别液化”中设置参数，调整人物的脸型。

11.2.6 消失点滤镜

使用“消失点”滤镜能够在保证图像透视角度不变的前提下，对图像进行绘制、仿制、复制或粘贴以及变换等操作。操作会自动应用透视原理，按照透视的角度和比例来自适应图像的修改，从而大大节约了精确设计和修饰照片所需的时间。执行“滤镜”→“消失点”命令，打开“消失点”对话框，如图11-36所示。

图 11-36

在该对话框中，主要工具的含义介绍如下：

- **“编辑平面工具”**：该工具用于选择、编辑、移动平面和调整平面大小。
- **“创建平面工具”**：使用该工具单击图像中透视平面或对象的四个角可创建平面，还可以从现有的平面伸展节点拖出垂直平面。
- **“选框工具”**：使用该工具在图像中单击并移动可选择该平面上的区域。按住Alt键拖动选区可将区域复制到新目标；按住Ctrl键拖动选区可用源图像填充该区域。
- **“图章工具”**：使用该工具在图像中按住Alt键单击可作为仿制设置源点，然后单击并拖动鼠标来绘画或仿制。按住Shift键单击可将描边扩展到上一次单击处。
- **“画笔工具”**：使用该工具在图像中单击并拖动鼠标可进行绘画。按住Shift键单击可将描边扩展到上一次单击处。选择“修复明亮度”选项可将绘画调整为适应阴影或纹理。
- **“变换工具”**：使用该工具可以缩放、旋转和翻转当前选区。
- **“吸管工具”**：使用该工具在图像中吸取颜色，也可以单击“画笔颜色”色块，即可弹出“拾色器”对话框。
- **“测量工具”**：使用该工具可以在透视平面中测量项目中的距离和角度。

11.3 滤镜组的应用

滤镜组主要包括风格化、模糊、扭曲、锐化、像素化、渲染、杂色和其它等滤镜组，每个滤镜组中又包含多种滤镜效果，可根据需要自行选择所需的图像效果。

11.3.1 “风格化”滤镜组

“风格化”滤镜组用于通过置换图像像素并增加其对比度，在选区中产生印象派绘画以及其他风格化的效果。执行“滤镜”→“风格化”命令，弹出其子菜单，执行相应的菜单命令即可实现滤镜效果，下面将对其进行分别介绍。

1. 查找边缘

该滤镜能查找图像中主色块颜色变化的区域，并将查找到的边缘轮廓描边，使图像看起来像用笔刷勾勒的轮廓。图11-37和图11-38所示为使用“查找边缘”滤镜的前后对比效果图。

图 11-37

图 11-38

2. 等高线

该滤镜用于查找主要亮度区域，并为每个颜色通道勾勒出主要亮度区域，以获得与等高线图中的线条类似的效果，如图11-39所示。

3. 风

该滤镜可以将图像的边缘进行位移，创建出水平线，用于模拟风的动感效果，是制作纹理或为文字添加阴影效果时常用的滤镜工具，效果如图11-40所示。

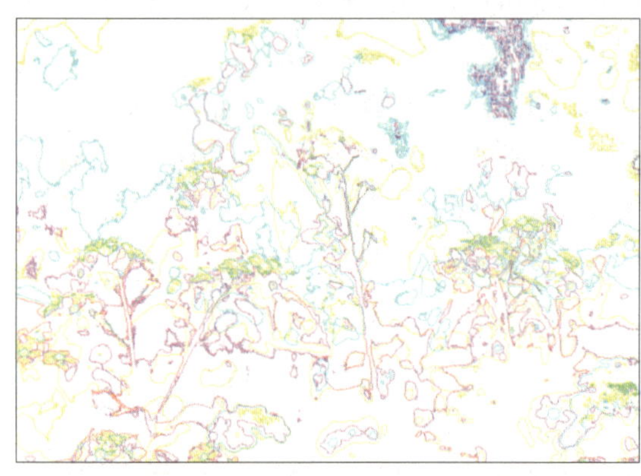

图 11-39

图 11-40

4. 浮雕效果

该滤镜能通过勾画图像的轮廓和降低周围色值来产生灰色的浮凸效果。执行此命令后，图像会自动变为深灰色，生成凸出的视觉效果，如图11-41所示。

5. 扩散

该滤镜可以按指定的方式移动相邻的像素，使图像形成一种类似透过磨砂玻璃观察物体的模糊效果。

6. 拼贴

该滤镜可以将图像分解为一系列块状，并使其偏离原来的位置，进而产生不规则拼砖效果，如图11-42所示。

图 11-41

图 11-42

7. 曝光过度

该滤镜可以混合正片和负片图像，产生类似摄影中的短暂曝光的效果，如图11-43所示。

8. 凸出

该滤镜可以将图像分解成一系列大小相同且重叠的立方体或锥体，以生成特殊的3D效果，如图11-44所示。

图 11-43

图 11-44

9. 油画

该滤镜可以为普通图像添加油画效果，如图11-45所示。

10. 照亮边缘

该滤镜收录在滤镜库中，需执行“滤镜”→“滤镜库”命令，打开“滤镜库”对话框，在“风格化”滤镜组中执行该滤镜命令。使用该滤镜能让图像产生比较明亮的轮廓线，形成一种类似霓虹灯的亮光效果，如图11-46所示。

图 11-45

图 11-46

■ 11.3.2 “模糊”与“模糊画廊”滤镜组

“模糊”滤镜组主要用于不同程度地减少相邻像素间颜色的差异，使图像产生柔和、模糊的效果；“模糊画廊”滤镜组可通过直观的图像控件快速创建截然不同的照片模糊效果。

执行“滤镜”→“模糊”命令，弹出其子菜单，执行相应的菜单命令即可实现滤镜效果，下面将对其进行分别介绍。

1. 表面模糊

该滤镜在保留边缘的同时模糊图像，用于创建特殊效果并消除杂色或粒度，图11-47和图11-48所示为使用“表面模糊”滤镜的前后对比效果图。

图 11-47

图 11-48

2. 动感模糊

该滤镜的效果类似于以固定的曝光时间给一个移动的对象拍照，如图11-49所示。

3. 方框模糊

该滤镜以邻近像素颜色平均值为基准模糊图像，如图11-50所示。

图 11-49

图 11-50

4. 高斯模糊

高斯是指对像素进行加权平均时所产生的钟形曲线。该滤镜可根据数值快速地模糊图像，产生朦胧效果，如图11-51所示。

5. 进一步模糊

与“模糊”滤镜产生的效果一样，但效果强度会增加3～4倍。

6. 径向模糊

该滤镜可以产生具有辐射性模糊的效果，用以模拟相机前后移动或旋转产生的模糊效果，如图11-52所示。

图 11-51

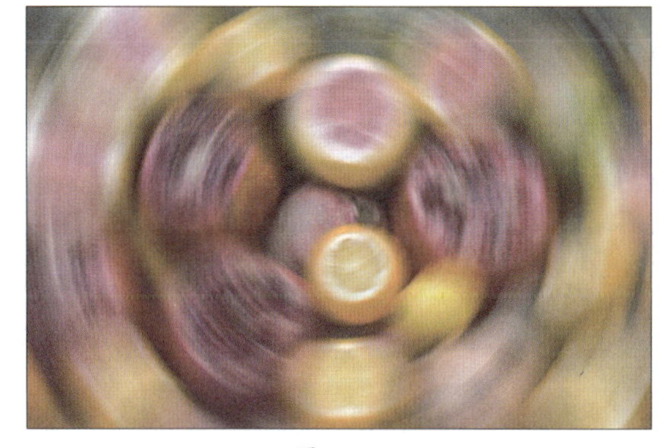

图 11-52

7. 镜头模糊

该滤镜可向图像中添加模糊以产生更窄的景深效果，使图像中的一些对象在焦点内，另一些区域变模糊。用它来处理照片，可创建景深效果，但需要用Alpha通道或图层蒙版的深度值来映射图像中像素的位置，如图11-53所示。

8. 模糊

该滤镜使图像变得模糊一些，它能去除图像中明显的边缘或非常轻度的柔和边缘，如同在照相机的镜头前加入柔光镜所产生的效果。

9. 平均

该滤镜能找出图像或选区中的平均颜色，然后用该颜色填充图像或选区，以创建平滑的外观，如图11-54所示。

图 11-53

图 11-54

10. 特殊模糊

该滤镜能找出图像的边缘并对边界线以内的区域进行模糊处理。它的优点是在模糊图像的同时仍使图像具有清晰的边界，有助于去除图像色调中的颗粒、杂色，从而产生一种边界清晰、中心模糊的效果，如图11-55所示。

11. 形状模糊

该滤镜使用指定的形状作为模糊中心进行模糊，如图11-56所示。

图 11-55

图 11-56

执行“滤镜”→“模糊画廊”命令，弹出其子菜单，执行相应的菜单命令即可实现滤镜效果。该滤镜组下的滤镜命令都可以在如图11-57所示的对话框中进行参数设置。

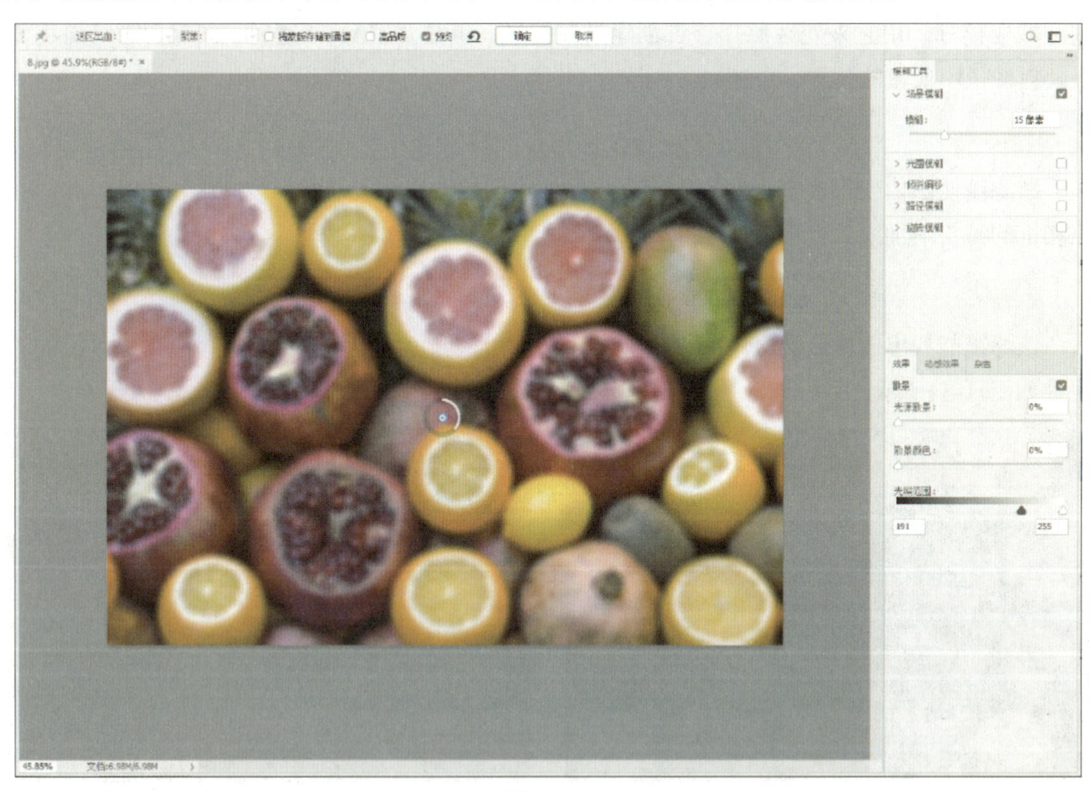

图 11-57

1. 场景模糊

该滤镜可通过定义具有不同模糊量的多个模糊点来创建渐变的模糊效果。将多个图钉添加到图像，并指定每个图钉的模糊量，最终结果是合并图像上所有模糊图钉的效果。也可在图像外部添加图钉，以对边角应用模糊效果。

2. 光圈模糊

该滤镜可使图像模拟浅景深效果，而不论使用何种相机或镜头，也可定义多个焦点。这是使用传统相机技术几乎不可能实现的效果，如图11-58所示。

3. 移轴模糊

该滤镜可模拟倾斜偏移镜头拍摄的图像。此特殊的模糊效果会定义锐化区域，然后在边缘处逐渐变得模糊，可用于模拟微型对象的照片，如图11-59所示。

图 11-58

图 11-59

4. 路径模糊

该滤镜可沿路径创建运动模糊，还可控制形状和模糊量。Photoshop可自动合成应用于图像的多路径模糊效果，如图11-60所示。

5. 旋转模糊

该滤镜可模拟在一个或更多点旋转和模糊图像，效果如图11-61所示。

图 11-60

图 11-61

11.3.3 “扭曲”滤镜组

“扭曲”滤镜组主要用于对平面图像进行扭曲，使其产生旋转、挤压、水波和三维等变形效果。执行“滤镜”→“扭曲”命令，弹出其子菜单，执行相应的菜单命令即可实现滤镜效果，下面将对其进行分别介绍。

1. 波浪

该滤镜可根据设定的波长和波幅产生波浪效果。图11-62和图11-63所示为使用“波浪”滤镜的前后对比效果图。

图 11-62

图 11-63

2. 波纹

该滤镜可根据参数设定产生不同的波纹效果，如图11-64所示。

3. 极坐标

该滤镜可将图像从直角坐标系转换为极坐标系或从极坐标系转换为直角坐标系，产生极端变形效果，如图11-65所示。

图 11-64

图 11-65

4. 挤压

该滤镜可使全部图像或选区图像产生向外或向内挤压的变形效果，如图11-66所示。

5. 切变

该滤镜能根据在对话框中设置的垂直曲线来使图像发生扭曲变形，如图11-67所示。

图 11-66

图 11-67

6. 球面化

该滤镜能使图像区域膨胀实现球形化，形成类似将图像贴在球体或圆柱体表面的效果，如图11-68所示。

7. 水波

该滤镜可模仿水面上产生的起伏状波纹和旋转效果，用于制作同心圆类的波纹，如图11-69所示。

图 11-68

图 11-69

8. 旋转扭曲

该滤镜可使图像产生类似于风轮旋转的效果，甚至可以产生将图像置于一个大旋涡中心的螺旋扭曲效果，如图11-70所示。

9. 置换

该滤镜可用另一幅图像（必须是PSD格式）的亮度值替换当前图像亮度值，使当前图像的像素重新排列，产生位移的效果。

10. 玻璃

该滤镜收录在滤镜库中，需执行“滤镜”→“滤镜库”命令，弹出“滤镜库”对话框，在“扭曲”滤镜组中执行该滤镜命令即可。使用该滤镜能模拟透过玻璃观看图像的效果，如图11-71所示。

图 11-70

图 11-71

11. 海洋波纹

该滤镜收录在滤镜库中，使用该滤镜能为图像表面增加随机间隔的波纹，使图像产生类似海洋表面的波纹效果，如图11-72所示。

12. 扩散亮光

该滤镜收录在滤镜库中，使用该滤镜能使图像产生光热弥漫的效果，用于表现强烈光线和烟雾效果，如图11-73所示。

图 11-72

图 11-73

■ 11.3.4 “锐化”滤镜组

“锐化”滤镜组主要是通过增强图像相邻像素间的对比度，使图像轮廓分明、纹理清晰，以减弱图像的模糊程度。执行“滤镜”→“锐化”命令，弹出其子菜单，执行相应的菜单命令即可实现滤镜效果，下面将对其进行分别介绍。

1. USM锐化

该滤镜是调整边缘细节的对比度，并在边缘的每侧生成一条亮线和一条暗线，图11-74和图11-75所示为使用“USM锐化”滤镜的前后对比效果图。

图 11-74

图 11-75

2. 防抖

该滤镜可有效地降低由于抖动产生的模糊。

3. 进一步锐化

该滤镜通过增强图像相邻像素的对比度来达到清晰图像的目的，锐化效果强烈。

4. 锐化

该滤镜可增加图像像素之间的对比度，使图像清晰化，锐化效果微小。

5. 锐化边缘

该滤镜只锐化图像的边缘，同时保留总体的平滑度。

6. 智能锐化

该滤镜可设置锐化算法，或控制在阴影和高光区域中进行的锐化量，以获得更好的边缘检测并减少锐化晕圈，是一种高级锐化方法。

11.3.5 “像素化”滤镜组

“像素化”滤镜组是通过将图像中相似颜色值的像素转换为单元格的方法，使图像分块或平面化，将图像分解成肉眼可见的像素颗粒，如方形、不规则多边形和点状等，从视觉上看，就是图像被转换为由不同色块组成的图像。

执行“滤镜”→“像素化”命令，弹出其子菜单，执行相应的菜单命令即可实现滤镜效果，下面将对其进行分别介绍。

1. 彩块化

该滤镜使图像中纯色或相似颜色凝结为彩色块，从而产生类似宝石刻画般的效果。图11-76和图11-77所示为使用“彩块化”滤镜的前后对比效果图。

图 11-76

图 11-77

2. 彩色半调

该滤镜模拟在图像的每个通道上使用放大的半调网屏的效果。对于每个通道，滤镜将图像划分为小矩形，并用圆形替换每个矩形，圆形的大小与矩形的亮度成比例，如图11-78所示。

3. 点状化

该滤镜在图像中随机产生彩色斑点，点与点间的空隙可以用背景色填充，如图11-79所示。

图 11-78

图 11-79

4. 晶格化

该滤镜可将图像中颜色相近的像素集中到一个多边形网格中，从而将图像分割成许多个多边形的小色块，产生晶格化的效果，如图11-80所示。

5. 马赛克

该滤镜可将图像分解成许多规则排列的小方块，实现图像的网格化，每个网格中的像素均使用本网格内的平均颜色填充，从而产生类似马赛克般的效果，如图11-81所示。

图 11-80

图 11-81

6. 碎片

该滤镜的使用可使所建选区或整幅图像复制4个副本，并将其均匀分布、相互偏移，以得到重影效果。该滤镜没有对话框，执行命令后即可应用，效果如图11-82所示。

7. 铜版雕刻

该滤镜能将图像转换为黑白区域的随机图案或彩色图像中完全饱和颜色的随机图案，如图11-83所示。

图 11-82

图 11-83

■ 11.3.6 “渲染”滤镜组

使用“渲染”滤镜组能够在图像中产生光线照明的效果，通过渲染滤镜，用户还可以制作云彩效果。执行“滤镜”→“渲染”命令，弹出其子菜单，执行相应的菜单命令即可实现滤镜效果，下面将对其进行分别介绍。

1. 火焰

该滤镜可给图像中选定路径添加火焰效果。

2. 图片框

该滤镜可给图像添加各种样式的边框。

3. 树

该滤镜可给图像添加各种样式的树。

4. 分层云彩

该滤镜可使用前景色和背景色对图像中的原有像素进行差异运算，产生图像与云彩背景混合并反白的效果。图11-84和图11-85所示为使用“分层云彩”滤镜的前后对比效果图。

图 11-84

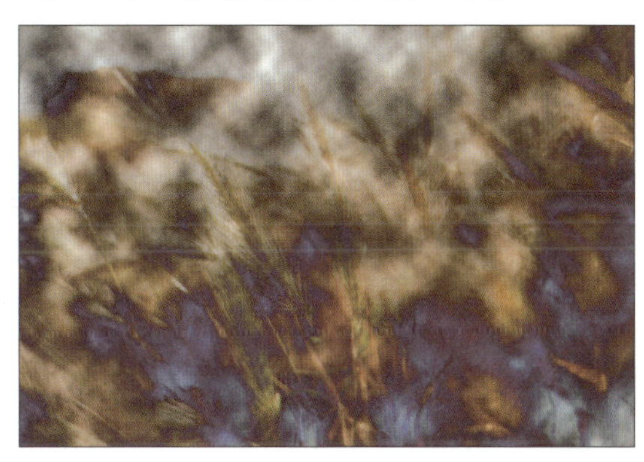

图 11-85

5. 光照效果

该滤镜包括17种不同的光照风格、3种光照类型和4组光照属性，可以在RGB图像上制作出各种光照效果，也可以加入新的纹理及浮雕效果，使平面图像产生三维立体的效果，如图11-86所示。

图 11-86

6. 镜头光晕

该滤镜通过为图像添加不同类型的镜头，从而模拟镜头产生的眩光效果，这是摄影技术中一种典型的光晕效果处理方法，如图11-87所示。

图 11-87

7. 纤维

该滤镜用于将前景色和背景色混合填充图像，从而生成类似纤维效果。

8. 云彩

该滤镜是唯一能在空白透明层上工作的滤镜，不使用图像现有像素进行计算，而是使用前景色和背景色计算，通常用于制作天空、云彩、烟雾等效果。

■ 11.3.7 “杂色”滤镜组

使用“杂色”滤镜组可给图像添加一些随机产生的干扰颗粒（即噪点），还可创建不同寻常的纹理或去掉图像中有缺陷的区域。执行“滤镜”→“杂色”命令，弹出其子菜单，执行相应的菜单命令即可实现滤镜效果，下面将分别对其进行介绍。

1. 减少杂色

该滤镜用于去除扫描照片和数码相机拍摄照片上产生的杂色。

2. 蒙尘与划痕

该滤镜通过将图像中有缺陷的像素融入周围的像素，达到除尘和涂抹的效果。图11-88和图11-89所示为使用“蒙尘与划痕”滤镜的前后对比效果图。

图 11-88

图 11-89

3. 去斑

该滤镜通过对图像或选区内的图像进行轻微地模糊、柔化，从而达到掩饰图像中细小斑点、消除轻微折痕的作用。这种模糊在去掉杂色的同时还会保留原来图像的细节。

4. 添加杂色

该滤镜可为图像添加一些细小的像素颗粒，使其混合到图像内的同时产生色散效果，常用于添加杂点纹理效果，如图11-90所示。

5. 中间值

该滤镜可采用杂点和其周围像素的折中颜色来平滑图像中的区域，也是一种用于去除杂点的滤镜，可减少图像中杂色的干扰，如图11-91所示。

图 11-90

图 11-91

11.3.8 “其它”滤镜组

“其它”滤镜组可以用于创建自定义滤镜，也可以修饰图像的某些细节部分。执行“滤镜”→“其它”命令，弹出其子菜单，执行相应的菜单命令即可实现滤镜效果，下面将对其进行分别介绍。

1. HSB/HSL

该滤镜可以将图像中每个像素的RGB转换为HSB或HSL。图11-92和图11-93所示为使用“HSB/HSL”滤镜的前后对比效果图。

图 11-92

图 11-93

2. 高反差保留

该滤镜可以在有强烈颜色转变发生的地方按指定的半径保留边缘细节，并且不显示图像的其余部分，与浮雕效果类似，如图11-94所示。

3. 位移

该滤镜可在参数设置对话框中调整参数值来控制图像的偏移，如图11-95所示。

图 11-94

图 11-95

4. 自定

该滤镜可以创建存储自定义滤镜，可以更改图像中每个像素的亮度值，根据周围的像素值为每个像素重新指定一个值。

5. 最大值

该滤镜有收缩效果，向外扩展白色区域，并收缩黑色区域，如图11-96所示。

6. 最小值

该滤镜有扩展效果，向外扩展黑色区域，并收缩白色区域，如图11-97所示。

图 11-96

图 11-97

11.4 其他滤镜组

其他滤镜组主要介绍的是滤镜库里的滤镜，例如画笔描边、素描、纹理和艺术效果滤镜组等，每个滤镜组中又包含多种滤镜效果，可根据需要自行选择所需的图像效果。

■ 11.4.1 “画笔描边”滤镜组

“画笔描边”滤镜组用于模拟不同的画笔或油墨笔刷来勾画图像，使图像产生手绘效果。这些滤镜可以对图像增加颗粒、绘画、杂色、边缘细线或纹理，以得到点画效果。

执行“滤镜”→“滤镜库”命令，打开“滤镜库”对话框，在“画笔描边”滤镜组中执行相应的菜单命令即可实现滤镜效果，下面将对其进行分别介绍。

1. 成角的线条

该滤镜用于模拟倾斜的笔刷效果，即使用两种角度的线条对图像进行修描。其中，一个方向的线条绘制图像的亮区，用相反方向的线条绘制暗区。图11-98和图11-99所示为使用“成角的线条”滤镜的前后对比效果图。

图 11-98

图 11-99

2. 墨水轮廓

该滤镜采用钢笔画的风格，用纤细的线条在原细节上重绘图像，能使图像的边界部分产生类似用油墨勾绘轮廓的效果，如图11-100所示。

3. 喷溅

该滤镜用于为图像添加一种类似于笔墨喷溅的艺术效果。该滤镜的“喷色半径”选项用于设置笔墨喷溅的范围，“平滑度”选项用于设置图像喷射墨点的平滑程度，如图11-101所示。

图 11-100

图 11-101

4. 喷色描边

该滤镜和“喷溅”滤镜效果相似，可以产生在画面上喷洒水后形成的效果，或有一种被雨水打湿的视觉效果，还可以产生斜纹飞溅效果。

5. 强化的边缘

该滤镜可对图像的边缘进行强化处理。设置低的边缘亮度控制值时，强化效果类似黑色油墨；设置高的边缘亮度控制值时，强化效果类似白色粉笔，如图11-102所示。

6. 深色线条

该滤镜通过用短而密的线条来绘制图像中的深色区域，用长而白的线条来绘制图像中颜色较浅的区域，从而产生一种很强的黑色阴影效果，如图11-103所示。

图 11-102

图 11-103

7. 烟灰墨

该滤镜可通过计算图像中像素值的分布，对图像进行概括性的描述，进而产生用饱含黑色墨水的画笔在宣纸上进行绘画的效果。它能使带有文字的图像产生更特别的效果，也被称为书法滤镜，如图11-104所示。

8. 阴影线

该滤镜可以产生具有十字交叉线网格风格的图像，如同在粗糙的画布上使用笔刷画出十字交叉线作画时所产生的效果一样，给人一种随意编织的感觉，如图11-105所示。

图 11-104

图 11-105

■ 11.4.2 “素描”滤镜组

使用“素描”滤镜组可以为图像增加纹理，模拟素描、速写等艺术效果，也可以在图像中加入底纹而产生三维效果。需要注意的是，大多数素描滤镜在重绘图像是要应用前景色和背景色，因此前景色和背景色的设置将对该组滤镜的效果起决定性作用。执行“滤镜”→“滤镜库”命令，打开“滤镜库”对话框，在“素描”滤镜组中执行相应的菜单命令即可实现滤镜效果，下面将对其进行分别介绍。

1. 半调图案

该滤镜用于在保持连续的色调范围的同时，模拟半调网屏的效果。图11-106和图11-107所示为使用“半调图案”滤镜的前后对比效果图。

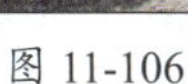

图 11-106

图 11-107

2. 便条纸

该滤镜用于使图像呈现类似于浮雕的凹陷压印图案，其中前景色作为凹陷部分，而背景色作为凸出部分，如图11-108所示。

3. 粉笔和炭笔

该滤镜模拟使用粉笔和炭笔重绘图像的高光和中间色调，其背景为粗糙粉笔绘制的纯中间色调，阴影区域用黑色对角炭笔线条替换。炭笔用前景色绘制，粉笔用背景色绘制，如图11-109所示。

图 11-108

图 11-109

4. 铬黄渐变

该滤镜用于将图像处理成好像是磨光的铬的表面的效果，高光在反射表面上是高点，暗调是低点。在该对话框中，“平滑度”选项用于调节光滑程度，其参数越高，边缘的像素数量减少得就越多。应用此滤镜后，可使用“色阶”对话框增加图像的对比度，如图11-110所示。

5. 绘图笔

该滤镜用于使用细的、线状的油墨描边以获取原图像中的细节，多用于对扫描图像进行描边。此滤镜使用前景色作为油墨，并使用背景色作为纸张，以替换原图像中的颜色，如图11-111所示。

图 11-110

图 11-111

6. 基底凸现

该滤镜用于使图像产生浅浮雕式的雕刻状和在光照下变化各异的表面。图像的暗区呈现前景色，而浅色使用背景色。该滤镜主要用于制作粗糙的浮雕效果。在该对话框中，“细节”参数在最小值或最大值都能获得较好的效果，如图11-112所示。

7. 石膏效果

该滤镜用于使图像呈现石膏画效果，并使用前景色和背景色上色，暗区凸起，亮区凹陷。如图11-113所示。

图 11-112

图 11-113

8. 水彩画纸

该滤镜用于使图像产生好像绘制在潮湿的纤维纸上的渗色涂抹效果，使颜色溢出并混合，是“素描”滤镜组中唯一能大致保持原图色彩的滤镜，如图11-114所示。

9. 撕边

该滤镜用于模拟撕破的纸张效果，在其使用过程中会用前景色与背景色为图像着色，对于由文字或高对比度对象组成的图像尤其有用，如图11-115所示。

图 11-114

图 11-115

10. 炭笔

该滤镜用于使图像产生色调分离的、涂抹的炭笔画效果，主要边缘以粗线条绘制，而中间色调用对角描边进行素描。炭笔使用前景色，纸张使用背景色。

11. 炭精笔

该滤镜用于模拟图像中纯黑和纯白的炭精笔纹理效果。暗部区域使用前景色，亮度区域使用背景色，如图11-116所示。

12. 图章

该滤镜用于简化图像，凸出主体，使之产生用橡皮或木制图章印章的效果，用于黑白图像时效果最佳，如图11-117所示。

图 11-116

图 11-117

13. 网状

该滤镜用于模拟胶片药膜的可控收缩和扭曲的图像效果，从而使图像在暗调区域呈结块状，在高光区域呈轻微颗粒化，如图11-118所示。

14. 影印

该滤镜用于模拟影印图像的效果。大的暗区趋向于只拷贝边缘四周，而中间色调要么是纯黑色，要么是纯白色，如图11-119所示。

图 11-118

图 11-119

■ 11.4.3 “纹理”滤镜组

使用“纹理”滤镜组可以为图像添加深度感或材质感，主要功能是在图像中添加各种纹理。执行“滤镜”→“滤镜库”命令，打开“滤镜库”对话框，在“纹理”滤镜组中执行相应的菜单命令即可实现滤镜效果，下面将对其进行分别介绍。

1. 龟裂缝

该滤镜用于模拟龟裂的效果，使用该滤镜可以对包含多种颜色值或灰度值的图像创建浮雕效果。图11-120和图11-121所示为使用“龟裂缝”滤镜的前后对比效果图。

图 11-120

图 11-121

2. 颗粒

该滤镜主要用于在图像中创建不同类型的颗粒纹理，包括“强度”“对比度”和“颗粒类型”3个选项。其中，颗粒类型有常规、柔和、喷洒、结块、强反差、扩大、点刻、水平、垂直和斑点。图11-122所示为水平颗粒类型的效果。

3. 马赛克拼贴

使用该滤镜可使图像看起来是由若干小碎片拼贴组成，包括“拼贴大小”“缝隙宽度”和“加亮缝隙”3个选项。

4. 拼缀图

该滤镜用于将图像拆分成多个规则排列的小方块，并选用图像中的颜色对各方块进行填充，以产生一种类似建筑拼贴瓷砖的效果，该滤镜的“方形大小”和“凸现”两个选项能够减小或增大拼贴的深度，从而模拟高光和阴影，如图11-123所示。

图 11-122

图 11-123

5. 染色玻璃

该滤镜可将图像分割成不规则的多边形色块，然后用前景色勾画其轮廓，产生一种视觉上的彩色玻璃效果，如图11-124所示。

6. 纹理化

该滤镜用于为图像添加预设的纹理或自定义的纹理，使图像看起来富有质感，用于处理含有文字的图像，使文字呈现丰富的特殊效果，如图11-125所示。

图 11-124

图 11-125

11.4.4 “艺术效果”滤镜组

使用“艺术效果”滤镜组可以模拟现实生活，制作绘画效果或特殊效果，可以为作品添加艺术特色。该类滤镜只能应用于RGB模式的图像。执行“滤镜”→“滤镜库”命令，弹出“滤镜库”对话框，在“艺术效果”滤镜组中执行相应的菜单命令即可实现滤镜效果，下面将对其进行分别介绍。

1. 壁画

该滤镜用于模拟在墙壁上水彩壁画的效果，它使用短、圆与粗略轻涂的小块颜料，以一种粗糙的风格绘制图像。图11-126和图11-127所示为使用“壁画”滤镜的前后对比效果图。

图 11-126

图 11-127

2. 彩色铅笔

该滤镜用于模拟使用彩色铅笔在纯色背景上绘制图像的效果。其中，纯色背景采用工具栏中的背景色，在图像中较平滑的区域显示出来；图像中较明显的边缘被保留并带有粗糙的阴影线外观，如图11-128所示。

3. 粗糙蜡笔

使用该滤镜可使图像看起来像是用彩色蜡笔在带纹理的背景上描边，产生一种不平整、浮雕感的纹理。其中，在深色区域，纹理比较明显；而在亮色区域，粉笔看起来很厚重，几乎看不见纹理，如图11-129所示。

图 11-128

图 11-129

4. 底纹效果

该滤镜可模拟在底图上绘画，以产生一种纹理描绘的效果，如图11-130所示。

5. 干画笔

使用该滤镜可模拟使用干画笔技术（介于水彩和油彩之间）绘制图像边缘，它将通过图像的颜色范围降低至普通颜色范围来简化图像，如图11-131所示。

图 11-130

图 11-131

6. 海报边缘

使用该滤镜可以自动追踪图像中颜色变化剧烈的区域，并在图像的边缘上绘制黑色线条，如图11-132所示。

7. 海绵

该滤镜可用于模拟现实生活中的海绵，在图像添加浸湿的效果，从而使图像带有强烈的对比效果，如图11-133所示。

图 11-132

图 11-133

8. 绘画涂抹

在该滤镜的应用中，可以选取多种类型和大小（1～50）的画笔来创建涂抹效果。其中，“画笔类型”包括简单、未处理光照、未处理深色、宽锐化、宽模糊和火花6种，效果如图11-134所示。

9. 胶片颗粒

使用该滤镜可使图像产生一种布满黑色颗粒的效果，包括“颗粒”“高光区域”和“强度”3个选项。其中，“强度”用于调节颗粒纹理的强度，值越大，亮度强度就越大，否则反之，效果如图11-135所示。

图 11-134

图 11-135

10. 木刻

使用该滤镜可使图像产生由粗糙剪切的彩纸组成的效果，高对比度图像看起来像黑色剪影，而彩色图像看起来像是由几层彩纸构成，如图11-136所示。

11. 霓虹灯光

该滤镜用于模拟霓虹灯光的效果，它是将各种类型的发光添加到图像中各对象上，这对于在柔化图像外观时为图像着色很有效，如图11-137所示。

图 11-136

图 11-137

12. 水彩

该滤镜主要用于模拟水彩画的效果，即以水彩的风格绘制图像，简化图像细节，如图11-138所示。

13. 塑料包装

该滤镜可使图像产生表面质感强烈并富有立体感的塑料包装效果，如图11-139所示。

图 11-138

图 11-139

14. 调色刀

使用该滤镜可以使图像中相近的颜色相互融合，减少了细节，以产生写意效果，如图11-140所示。

15. 涂抹棒

使用该滤镜可以产生使用粗糙物体在图像进行涂抹的效果，能够模拟在纸上涂抹粉笔画或蜡笔画的效果，如图11-141所示。

图 11-140

图 11-141

经验之谈 智能滤镜的应用

应用于智能对象的任何滤镜都是智能滤镜。智能滤镜可以应用除“镜头模糊”“火焰图片框”“树”和“消失点”之外的任意滤镜（已启用智能滤镜功能）。另外，执行“图像”→“调整”→“阴影/高光”命令，所产生的效果也可以作为智能滤镜效果显示。

打开一幅图像，执行“滤镜”→“转换为智能滤镜”命令，或者右击鼠标，在弹出的快捷菜单中选择“转换为智能对象”选项，如图11-142所示。执行任意一个滤镜，该智能对象则会显示类似于图层样式的列表，可以进行编辑、停用、删除滤镜，如图11-143所示。双击滤镜名称右侧的“编辑混合选项”按钮，可以设置智能滤镜与图像的混合模式，在弹出的“混合选项”对话框中可调节滤镜的模式和不透明度，如图11-144所示。

图 11-142

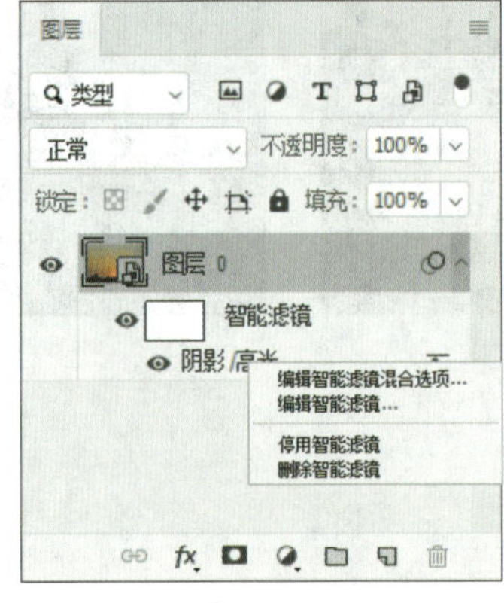

图 11-143

图 11-144

应用智能滤镜可进行以下操作：

1. 隐藏智能滤镜

- 要隐藏单个智能滤镜，在“图层”面板中单击该智能滤镜旁边的“切换单个智能滤镜可见性”按钮，如图11-145所示。要显示智能滤镜，在该列中再次单击即可。
- 要隐藏应用于智能对象图层的所有智能滤镜，在“图层”面板中单击该智能滤镜旁边的“切换所有智能滤镜可见性”按钮，如图11-146所示。要显示智能滤镜，在该列中再次单击即可。

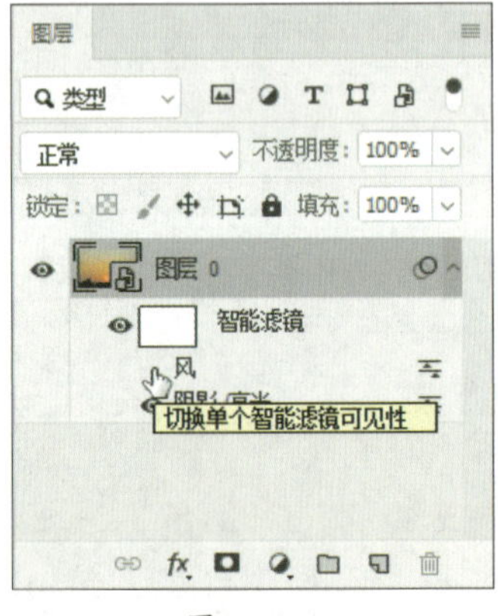

图 11-145

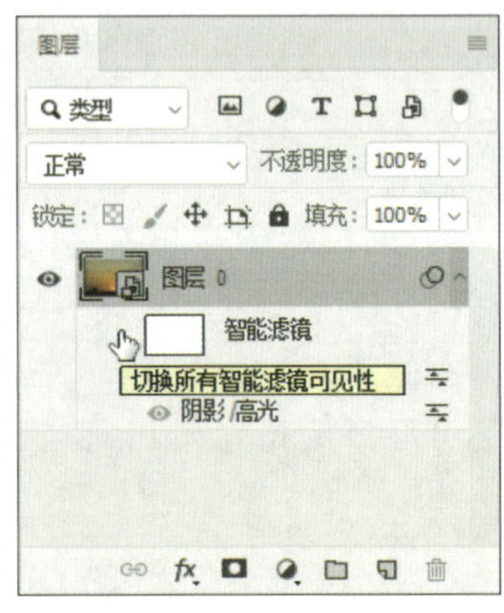

图 11-146

2. 对智能滤镜重新排序

在“图层”面板中，将智能滤镜在列表中上下拖动，Photoshop将按照由下而上的顺序应用智能滤镜。

3. 复制智能滤镜

在“图层”面板中，按住Alt键并将智能滤镜从一个智能对象拖到另一个智能对象上，可以全部复制，也可以选择性单个复制，如图11-147和图11-148所示。

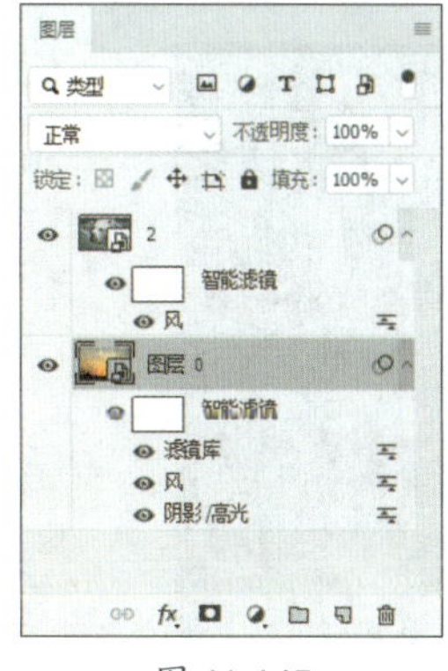

图 11-147

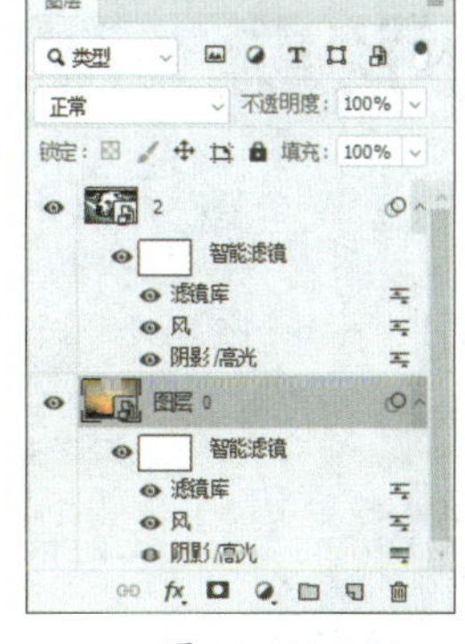

图 11-148

4. 删除智能滤镜

- 要删除单个智能滤镜，将该滤镜拖到“图层”面板底部的“删除”按钮，如图11-149所示。
- 要删除应用于智能对象图层的所有智能滤镜，只需右击鼠标，在弹出的快捷菜单中选择“清除智能滤镜”选项即可，如图11-150所示。按住“智能滤镜”拖到“图层”面板底部的“删除”按钮也可删除。

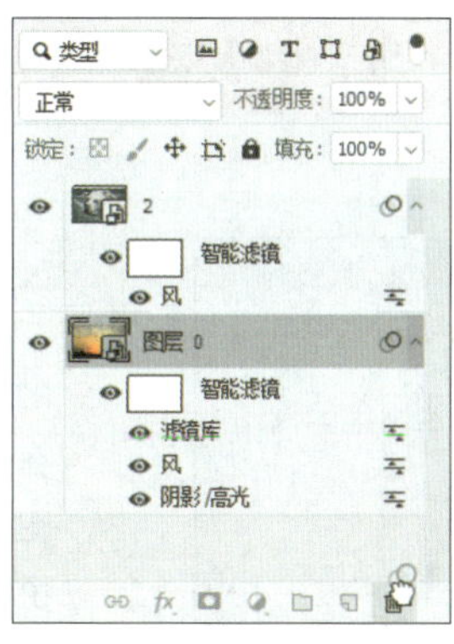

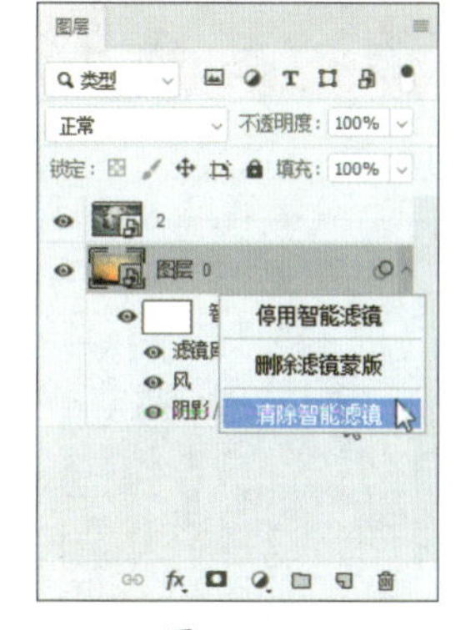

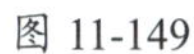

图 11-149　　图 11-150

> **提示：** 滤镜蒙版的工作方式与图层蒙版类似。
> - 滤镜蒙版将作为Alpha通道存储在“通道”面板中，可以将其边界作为选区载入。
> - 在调整时用黑色绘制的滤镜区域将隐藏，用白色绘制的区域将可见，用灰度绘制的区域将以不同级别的透明度出现。
> - 使用“蒙版”面板中的控件可以更改滤镜蒙版浓度，为蒙版边缘添加羽化效果或反相蒙版。

上手实操

为了能够更好地掌握本章所学的知识内容，下面安排了两个实操习题，让用户动起手来练一练，以达到温故知新的目的。

实操一：制作水彩画效果

最终效果如图11-151所示。

图 11-151

设计要领

- 将图层转换为智能对象模式。
- 打开滤镜库，选择“干画笔”滤镜。
- 执行“模糊”→“特殊模糊”命令。
- 更改智能滤镜与图像的混合模式为“滤色”。
- 执行“滤镜”→“风格化”→“查找边缘”命令。
- 更改智能滤镜与图像的混合模式为“正片叠底”。

实操二：贴图

最终效果如图11-152所示。

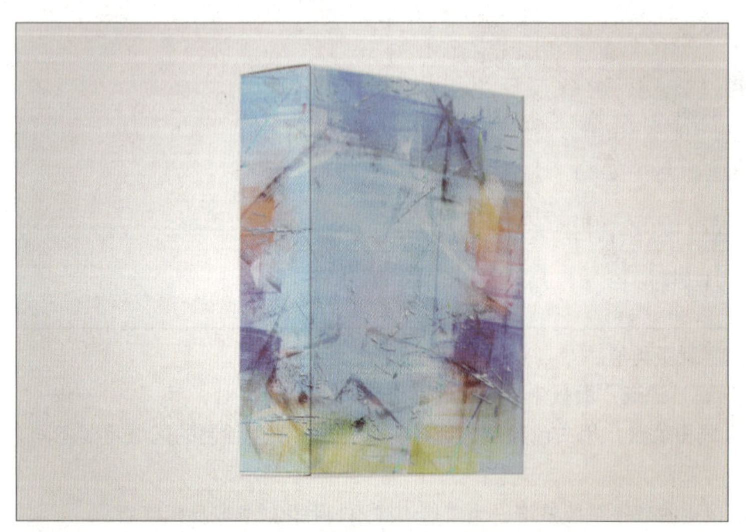

图 11-152

设计要领

- 全选复制要贴的图。
- 在盒子文档中新建透明图层。
- 执行“滤镜”→“消失点”命令。
- 绘制角点、粘贴并调整。
- 设置图层混合模式为“正片叠底”。

扫码观看视频

第12章 自动化处理与打印输出

内容概要

随着 Photoshop 软件的不断更新升级，新版本中的动作和自动化应用越来越受用户的亲睐。这是因为利用该智能化、自动化平台，可以使软件本身自动完成一些复杂的或重复性的操作任务，从而在很大程度上提高设计者的创作效率。

知识要点

- “动作”面板。
- 动作的应用。
- 自动化工具的应用。
- 打印输出相关知识。

数字资源

【本章案例素材来源】：“素材文件\第12章”目录下

【本章案例最终文件】：“素材文件\第12章\案例精讲\水印”目录下

案例精讲 批量制作水印效果

案/例/描/述

本案例主要介绍的是如何保护自己的版权，快捷批量添加水印。在实操中主要用到的知识点有文字工具、定义图案、图层样式、自动化批处理等。

扫码观看视频

案/例/详/解

下面将对案例的制作过程进行详细讲解。

步骤01 打开Photoshop软件，执行“文件”→“新建”命令，打开“新建文档”对话框，设置参数，单击“创建”按钮即可，如图12-1所示。

步骤02 选择“横排文字工具”输入文字，如图12-2所示。

步骤03 在属性栏中单击“切换字符和段落面板”按钮，在弹出的“字符”面板中设置参数，如图12-3所示。

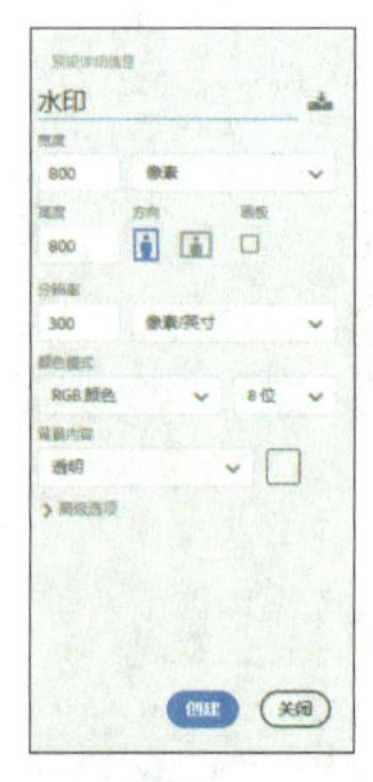

图 12-1

图 12-2

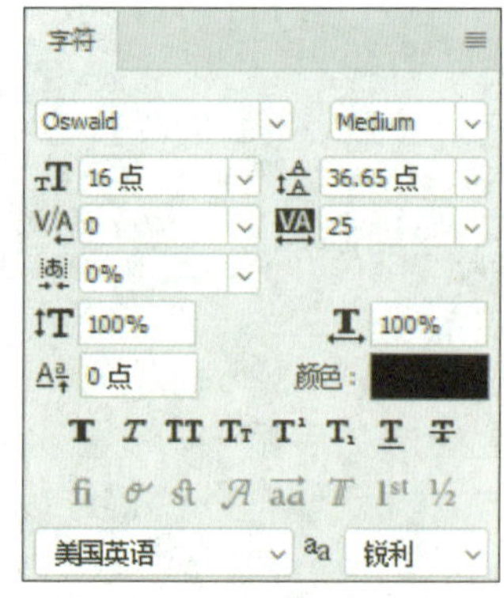

图 12-3

步骤04 按Ctrl+' 组合键显示网格，移动该图层使其水平垂直居中对齐，如图12-4所示。

步骤05 按Ctrl+T组合键自由变换，按住Shift键旋转3次45°，如图12-5所示。

步骤06 按住Alt键，复制移动4个图层，如图12-6所示。

图 12-4

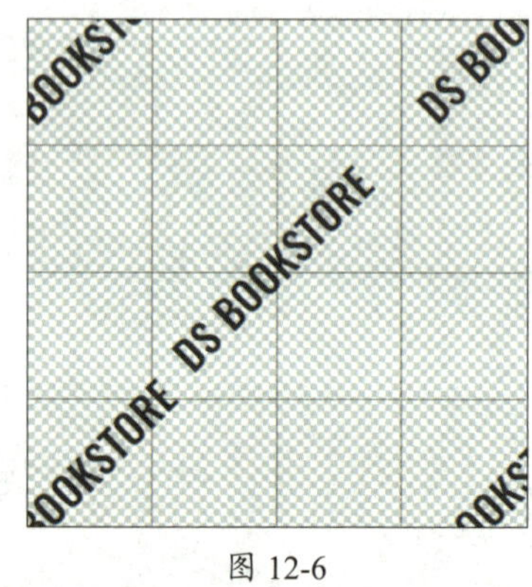

图 12-5

图 12-6

步骤07 按Ctrl+T组合键自由变换，将中心点放置于四周端点处，如图12-7所示。

步骤08 按住Alt键，再复制移动2个图层，如图12-8所示。

步骤09 执行“编辑”→“定义图案”命令，在弹出的“图案名称”对话框中输入名称后单击“确定”按钮，如图12-9所示。

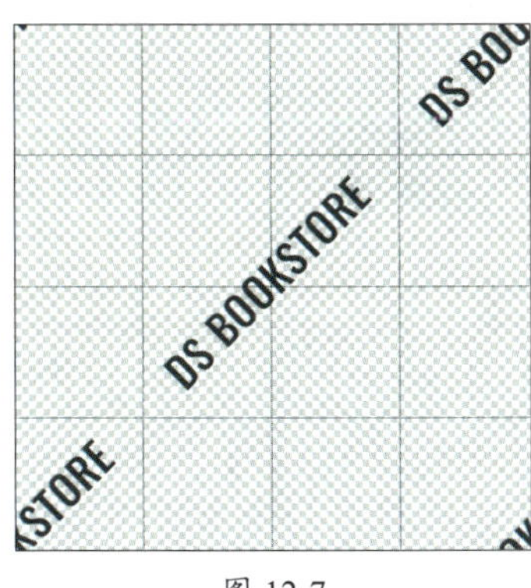

图 12-7

图 12-8

图 12-9

步骤10 将素材文件“1.jpg”拖到Photoshop中，如图12-10所示。

步骤11 按Alt+F9组合键，打开“动作”面板，单击面板底部的“创建新组”按钮，在弹出的“新建组”对话框中输入名称，如图12-11所示。

图 12-10

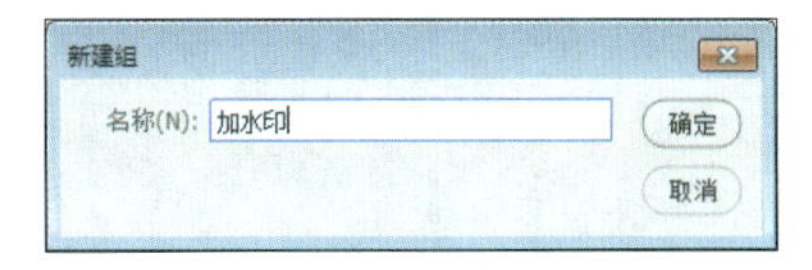

图 12-11

步骤12 单击面板底部的“创建新动作”按钮，在弹出“新建动作”对话框的“名称”文本框中输入“加水印”，单击“记录”按钮即可，如图12-12所示。此时动作面板底部的“开始记录”按钮呈红色状态。

步骤13 在“图层”面板中单击“创建新图层”按钮，并选择“油漆桶工具”填充颜色，如图12-13所示。

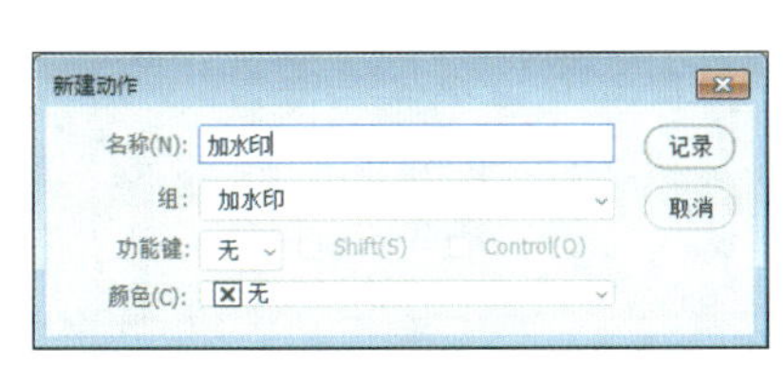

图 12-12

图 12-13

步骤14 双击该图层，在弹出的“图层样式”对话框中设置参数，如图12-14所示。

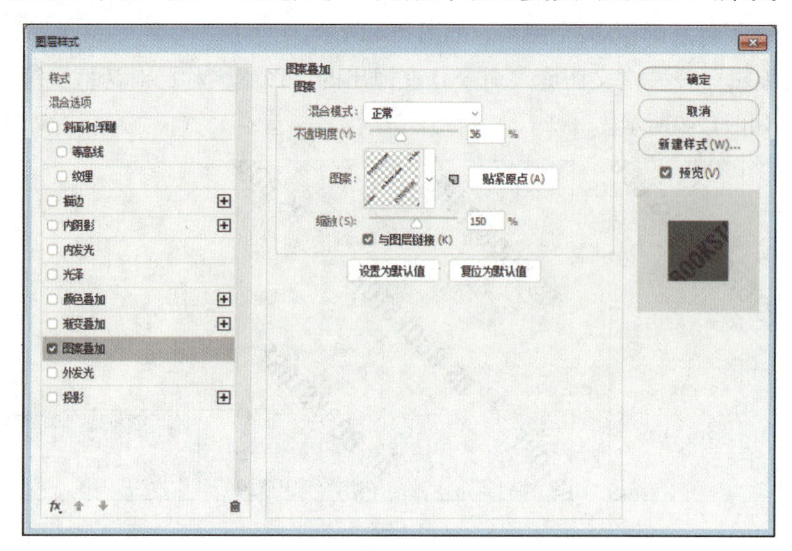

图 12-14

步骤15 在“图层”面板中单击“创建新图层”按钮，并选择“油漆桶工具”填充颜色，如图12-15所示。

图 12-15

步骤16 在“图层”面板中设置填充为0%，如图12-16所示。

步骤17 按Ctrl+E组合键合并图层，按Ctrl+S组合键存储文件，如图12-17所示。

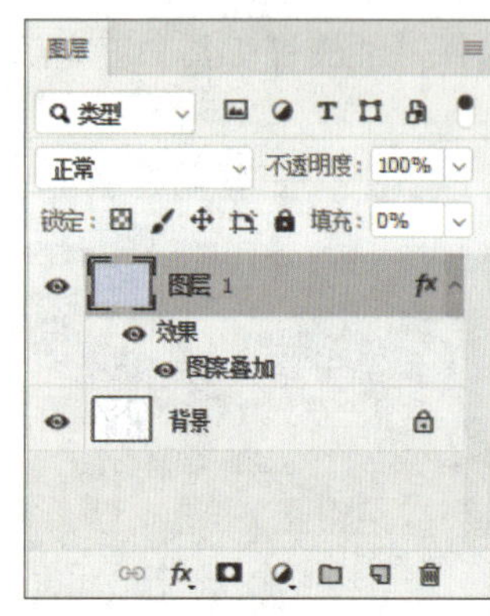

图 12-16

图 12-17

步骤18 在“动作”面板中单击“停止记录”按钮，此时“开始记录”按钮由红色变成黑色，如图12-18和图12-19所示。

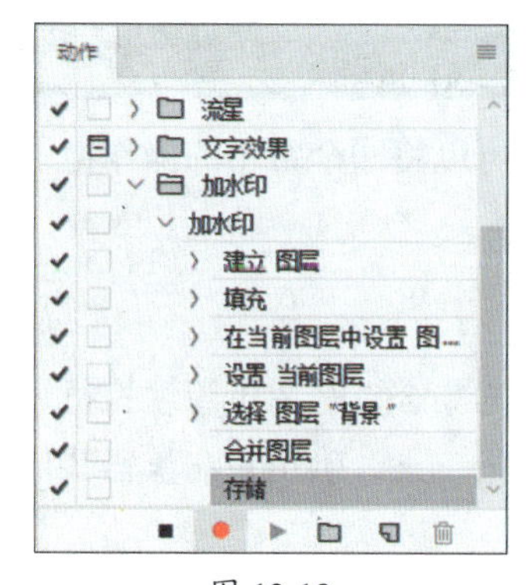

图 12-18

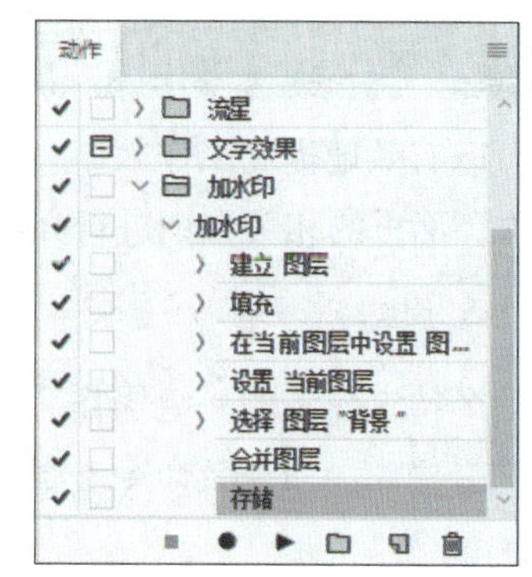

图 12-19

步骤19 执行“文件”→“自动”→“批处理”命令，在弹出的“批处理”对话框中设置参数，如图12-20所示。

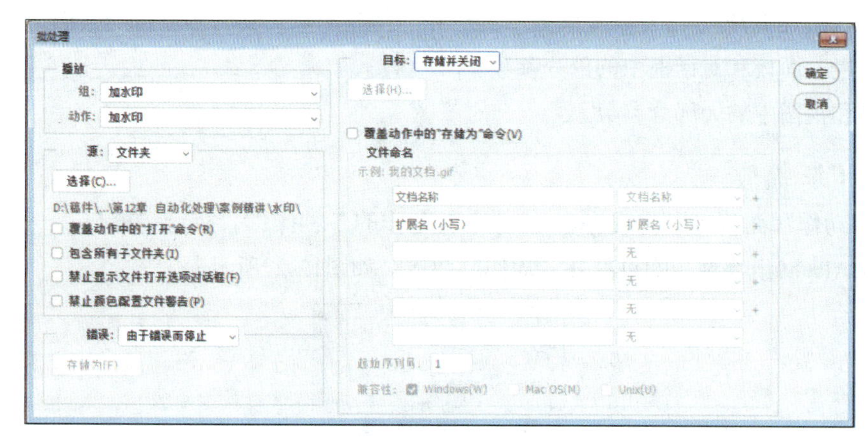

图 12-20

步骤20 设置完成后，系统将自动为其他文件添加水印操作，最终效果如图12-21所示。

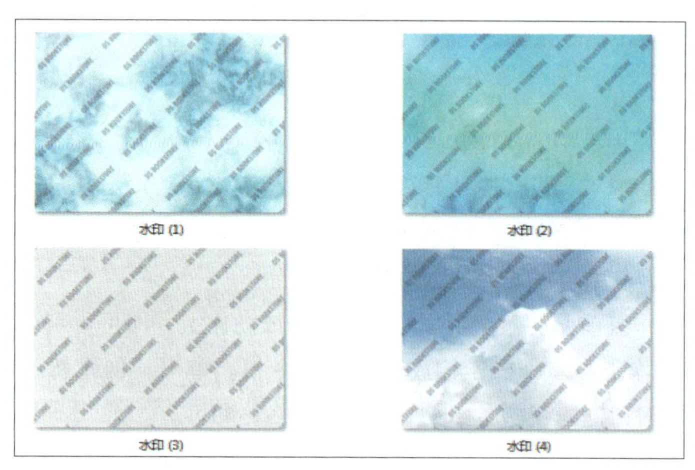

图 12-21

至此，完成批量添加水印的操作。

边用边学

12.1 动作与“动作”面板

利用“动作”可以有效地提高工作效率，它可以将一个常用的操作记录下来反复使用。本节将对动作及“动作”面板的相关知识进行介绍。

1. 动作

动作是指完成某个特定任务的一组操作命令的集合，是用于管理执行过的操作步骤的一种工具，它可以将大部分操作、命令及命令参数记录下来，供用户在执行其他相同操作时使用，从而提高工作效率。

在Photoshop中，大多数命令和工具操作都可以记录在动作中，但它也有无能为力的时候，以下为不能被直接记录的命令和操作：

- 使用“钢笔工具”手绘的路径。
- 使用“画笔工具”“污点修复画笔工具”和“仿制图章工具”等进行的操作。
- 属性栏、面板和对话框中的部分参数。
- 窗口和视图中的大部分参数。

2. “动作”面板

使用“动作”面板可以完成Photoshop中对动作的各种操作。执行“窗口”→“动作”命令，或者按Alt+F9组合键，即可打开“动作”面板，如图12-22所示。

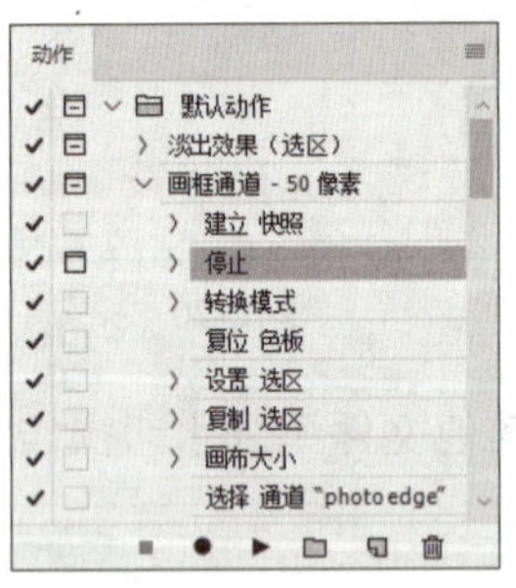

图 12-22

下面将对“动作”面板中的动作和按钮进行详细介绍。

- **动作组：**默认情况下，仅“默认动作”一个组出现在面板中，其功能与图层组相同，用于归类动作。单击面板底部的“创建新组” 按钮即可创建一个新的动作组，打开“新建组”对话框，从中可设置新创建的动作组名称。
- **动作：**单击动作组前面的三角形图标 ，展开该动作组，即可看到该组中所包含的具体动作。这些动作是由多种操作构成的一组命令集。单击“创建新动作”按钮 ，打开“新建动作”对话框，在“名称”文本框输入名称即可。
- **操作命令：**单击动作前面的三角形图标 展开该动作，即可看到动作中所包含的具体命令。这些具体的操作命令位于相应的动作下，是录制动作时系统根据不同操作所作出的记录，一个动作可以没有操作记录，也可以有多个操作记录。

- **“切换对话开/关”** ：用于选择在动作执行时是否弹出各种对话框或菜单。若动作中的命令显示该按钮，表示在执行该命令时会弹出对话框以供设置参数；若隐藏该按钮时，表示忽略对话框，动作按先前设定的参数执行。
- **“切换项目开/关”** ：用于选择需要执行的动作。关闭该按钮，可以屏蔽此命令，使其在动作播放时不被执行。
- **按钮组** ：这些按钮用于对动作的各种控制，从左至右各个按钮的功能依次是停止播放/记录、开始记录和播放选定的动作。

单击“动作”面板右上角的下三角按钮，会显示出“动作”面板的菜单命令，这些命令用于对动作进行操作，包括复制动作、插入停止等操作。从面板的菜单中选择“按钮模式”选项，可将每个动作以按钮的状态显示，直接单击即可。

12.2 动作的应用

“动作”功能可以将一系列的操作命令组合成一个单独的动作，执行这个动作就相当于执行这一系列的操作命令，而且可以重复使用，使执行任务自动化。

12.2.1 应用预设

应用预设是指将“动作”面板中已录制的动作应用于图像文件或相应的图层上。具体的方法是选择需要应用预设的图层，在“动作”面板中选择需执行的动作，然后单击“播放选定的动作”按钮即可运行该动作。

除了默认动作组外，Photoshop还自带了多个动作组，每个动作组中包含了许多同类型的动作。在“动作”面板中单击右上角的按钮，在弹出的快捷菜单中选择相应的动作即可将其载入“动作”面板中。这些可添加的动作组包括命令、画框、图像效果、LAB-黑白技术、制作、流星、文字效果、纹理和视频动作。

应用“图像效果”→“暴风雪”动作预设的前后对比效果图如图12-23和图12-24所示。

图 12-23

图 12-24

12.2.2 创建动作

如果软件自带的动作仍无法满足工作需要，用户可根据实际情况自行录制合适的动作。首先打开“动作”面板，单击面板底部的“创建新组”按钮，弹出“新建组”对话框，如图12-25所示。从中输入动作组名称，单击“确定”按钮。

继续在“动作”面板中单击“创建新动作”按钮，弹出“新建动作”对话框，从中输入动作名称，如图12-26所示。选择动作所在的组，在“功能键”下拉列表中选择动作执行的快捷键，在“颜色”下拉列表中为动作选择颜色，完成后单击“记录”按钮。此时“动作”面板底部的“开始记录”按钮呈红色状态，软件则开始记录用户对图像所操作过的每一个动作，待用户录制完成后单击“停止”按钮即可。

图 12-25

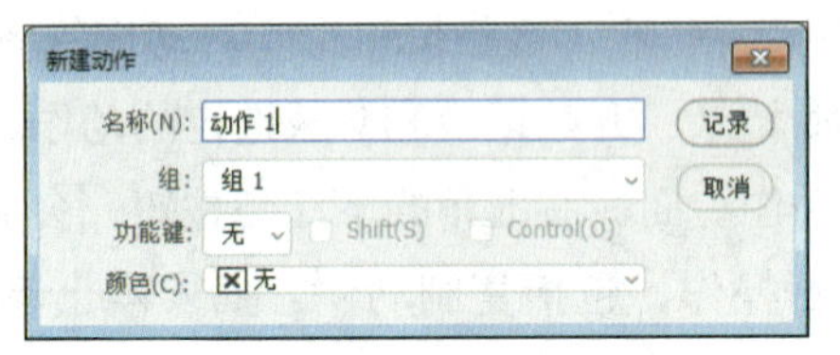

图 12-26

若果要停止记录，单击“动作”面板底部的“停止播放/记录”按钮即可。记录完成后，单击“开始记录”按钮，仍可以在动作中追加记录或插入记录。

■ 12.2.3　编辑动作

记录完成后，用户还可以对动作下的相关操作命令进行适当调整编辑，让动作预设更符合自身的需要。如果需要重新编辑一个动作，只需要双击该动作即可进行重新编辑了。

在“动作”面板中，将命令拖到同一动作中或另一动作中的新位置，可重新排列动作的位置。

若创建的动作类似于某个动作，则不需要重新记录，只需选择该动作，选择面板菜单中的复制选项或在按住Alt键的同时拖动，即可快速完成复制操作，如图12-27和图12-28所示。

图 12-27

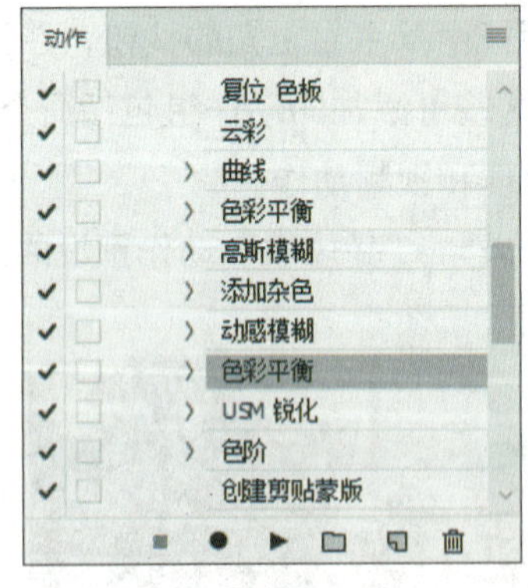

图 12-28

对于多余的不需要的动作命令，可以从“动作”面板中删除。选择相应的动作命令后单击“删除” 按钮，在弹出的对话框中单击“确定”按钮即可实现删除操作。

在记录动作时，如果需要将路径的创建过程插入动作中，选择“插入路径”选项。插入路径的方法是创建路径后，从“动作”面板菜单中选择“插入路径”选项即可。

要将路径插入已有的动作中，可以在“动作”面板中选择需要在其后面插入路径的动作步骤，并在“路径”面板中选择该路径，然后选择“动作”面板菜单中的“插入路径”选项，此时在所选择动作步骤的后面就会出现“设置工作路径”动作，如图12-29和图12-30所示。

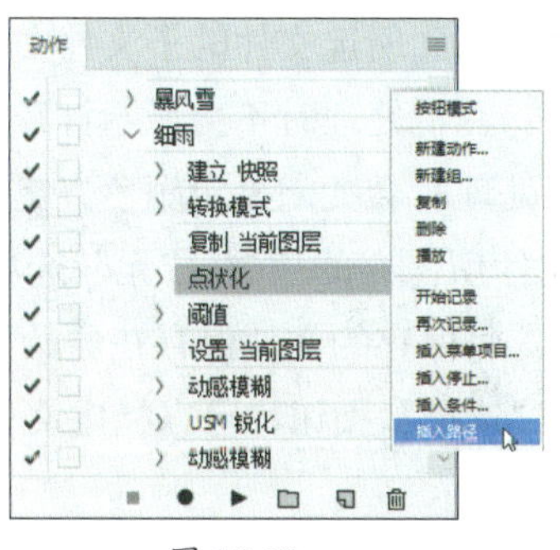

图 12-29

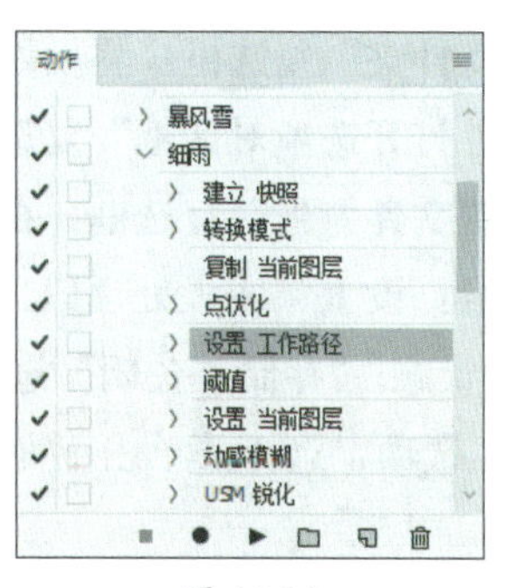

图 12-30

12.3 自动化工具

在Photoshop中包含了一些内建的自动化工具，这些工具用于执行公共的制作任务，如操作批处理等，其中一些工具适合了在动作中使用，熟练掌握这些自动化命令能帮助用户提高工作效率。

12.3.1 批处理图像的应用

“批处理”命令可以对一个文件夹中的文件应用动作，在执行命令之前应该将要处理的图片存放在同一个文件夹内。

动作在被记录和保存之后，执行“文件”→“自动”→“批处理”命令，打开“批处理”对话框，如图12-31所示，可对多个图像文件执行相同的动作，从而实现图像自动化处理操作。

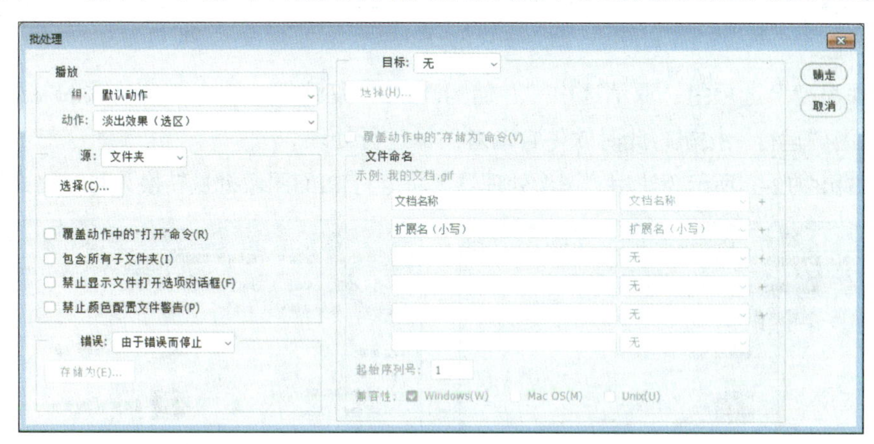

图 12-31

在该对话框中，主要选项的含义介绍如下：

- **“播放”选项组：**选择用于处理文件的动作。
- **“源”选项组：**选择要处理的文件。“文件夹”选项：选择并单击下面的“选择”选择(C)...按钮时，可以在弹出的对话框中选择一个文件夹。“导入”选项：可以处理来自扫描仪、数码相机、PDF文档的图像。“打开的文件”选项：可以处理当前所有打开的文件。“Bridge”选项：可以处理Adobe Bridge中选定的文件。
- **“覆盖动作中的‘打开’命令”复选框：**在批处理时可以忽略动作中记录的“打开”命令。

- **“包含所有子文件夹”复选框：**将批处理应用到所选文件的子文件中。
- **“禁止显示文件打开选项对话框”复选框：**在批处理时不会显示打开文件选项对话框。
- **“禁止颜色配置文件警告”复选框：**在批处理时会关闭显示颜色方案信息。
- **“目标”选项组：**设置完成批处理以后文件所保存的位置。“无”选项：不保存文件，文件仍处于打开状态。“存储并关闭”选项：将保存的文件保存在原始文件夹并覆盖原始文件。“文件夹”选项：选择并单击下面的“选择”按钮，可以指定文件夹进行保存。

12.3.2 图像处理器的应用

“图像处理器”能快速地对文件夹中图像的文件格式进行转换，节省工作时间。执行“文件”→“脚本”→“图像处理器”命令，打开“图像处理器”对话框，如图12-32所示。

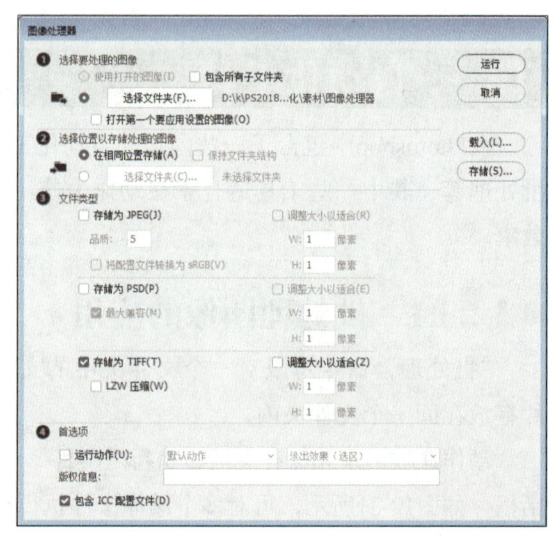

图 12-32

在该对话框中，主要选项的含义介绍如下：

- **“选择要处理的图像”选项组：**单击“选择文件夹”按钮，在弹出的对话框中指定要处理图像所在的文件夹位置。
- **“选择位置以存储处理的图像”选项组：**单击“选择文件夹”按钮，在弹出的对话框中指定存放处理后图像的文件夹位置。
- **“文件类型”选项组：**取消选中“存储为JPEG”复选框，选中相应格式的复选框，完成后单击“运行”按钮，此时软件自动对图像进行处理。

图12-33和图12-34所示为使用“图像处理器”命令将JPEG图像批量转换为TIFF格式图像文件。

图 12-33

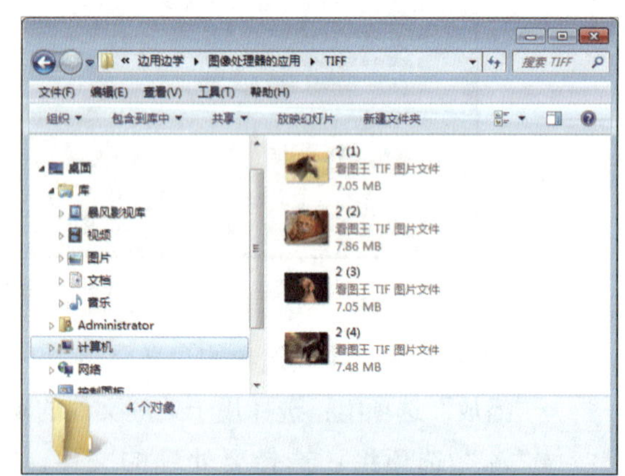

图 12-34

> **提示：**在弹出的“图像处理器”对话框的“文件类型”选项区中，可同时选中多个文件类型的复选框，此时运用图像处理器将同时将文件夹中的文件转换为多种文件格式图像。

■ 12.3.3 Photomerge命令的应用

受广角镜头的制约，有时使用数码相机拍摄全景图像会变得比较困难。执行“Photomerge”命令，可以将照相机在同一水平线拍摄的序列照片进行合成。该命令可以自动重叠相同的色彩像素，也可以由用户指定源文件的组合位置，系统会自动汇集为全景图。全景图完成之后，仍然可以根据需要更改个别照片的位置。

执行“文件”→“自动”→“Photomerge”命令，弹出“Photomerge”对话框，如图12-35所示。单击“添加打开的文件”按钮，完成后单击“确定”按钮。此时软件自动对图像进行合成。

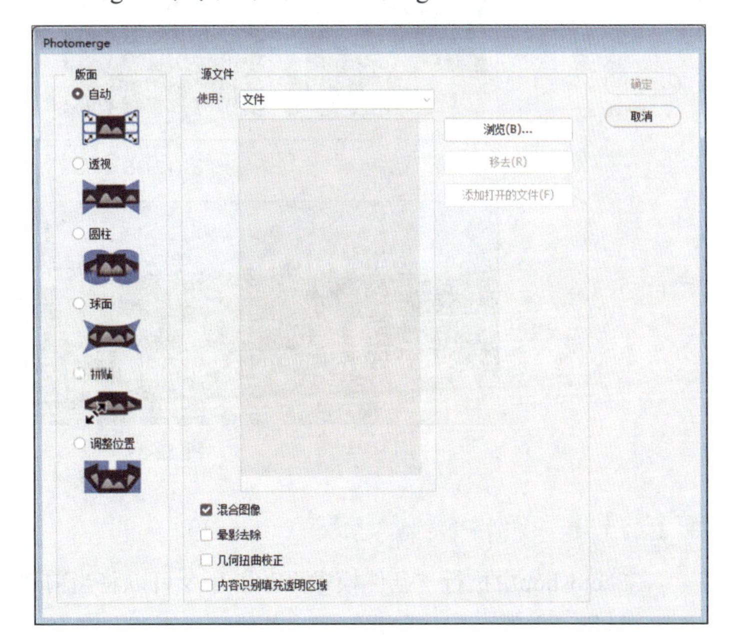

图 12-35

在该对话框中，主要选项的含义介绍如下：

- **版面：** 用于设置转换为全景图片时的模式。
- **自动：** Photoshop分析源图像并应用“透视”或“圆柱”或“球面”版面，具体取决于何种版面能够生成更好的Photomerge。
- **透视：** 通过将源图像中的一个图像（默认情况下为中间的图像）指定为参考图像来创建一致的复合图像。然后变换其他图像（必要时进行位置调整、伸展或斜切），以便匹配图层的重叠内容。
- **圆柱：** 通过在展开的圆柱上显示各个图像，来减少在“透视”版面中会出现的“领结”扭曲。文件的重叠内容仍匹配。将参考图像居中放置。最适合于创建宽全景图。
- **球面：** 将图像对齐并变换，效果类似于映射球体内部，模拟观看360°全景的视觉体验。例如，拍摄了一组环绕360°的图像，使用此选项可创建360°全景图。
- **拼贴：** 对齐图层并匹配重叠内容，同时变换（旋转或缩放）任何源图层。
- **调整位置：** 对齐图层并匹配重叠内容，但不会变换（伸展或斜切）任何源图层。
- **使用：** 包括文件和文件夹。选择文件时，可以直接将选择的文件合并图像；选择文件夹时，可以直接将选择的文件夹中的文件合并图像。
- **混合图像：** 找出图像间最佳边界并根据这些边界创建接缝，匹配图像的颜色。关闭“混合图像”时，将执行简单的矩形混合。如果要手动修饰混合蒙版，此操作将更为可取。
- **晕影去除：** 在因镜头瑕疵或镜头遮光处理不当而导致边缘较暗的图像中去除晕影并执行曝光度补偿。
- **几何扭曲校正：** 补偿桶形、枕形或鱼眼失真。
- **内容识别填充透明区域：** 使用附近的相似图像内容无缝填充透明区域。

- **浏览：**单击该按钮，可选择合成全景图的文件或文件夹。
- **移去：**单击该按钮，可删除列表中选中的文件。
- **添加打开的文件：**单击该按钮，可以将软件中打开的文件直接添加到列表中。

执行“Photomerge”命令后拼合的全景照片如图12-36和图12-37所示。

图 12-36

图 12-37

12.3.4　条件模式更改

在Photoshop中执行“条件模式更改”命令可以将当前选取的图像颜色模式转换为自定颜色模式。执行“文件”→“自动”→“条件模式更改”命令，将打开“条件模式更改”对话框，如图12-38所示。

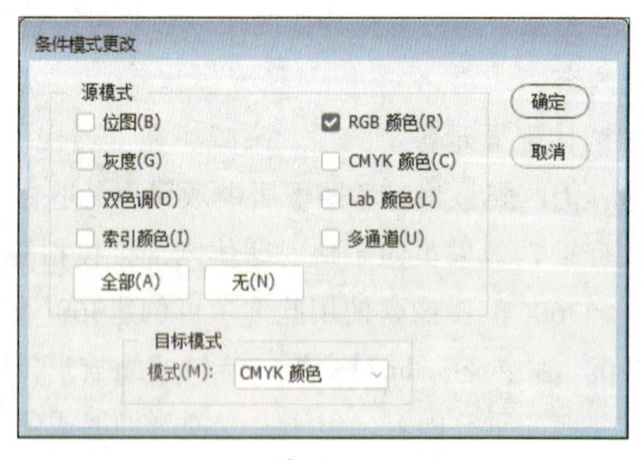

图 12-38

在该对话框中，主要选项的含义介绍如下：

- **“源模式”选项区：**用于设置将要转换的颜色模式。
- **“目标模式”选项区：**用于设置图像的目标颜色模式。

12.3.5　联系表

在Photoshop中执行“联系表Ⅱ”命令，可将多个图像文件自动拼合在一幅图像中，生成缩览图。执行“文件”→“自动”→“联系表Ⅱ”命令，打开“联系表Ⅱ”对话框，如图12-39所示。

在该对话框中，主要选项的含义介绍如下：

- **源图像：**单击“选取”按钮，在弹出的对话框中指定要生成图像缩览图所在文件夹的位置。选中“包含所有子文件夹”复选框选择所在文件夹里所有子文件的图像。
- **文档：**设置拼合图片的一些参数，包括尺寸、分辨率等。选中“拼合所有图层”复选框则合并所有图层，取消选中则在图像中生成独立图层。
- **缩览图：**设置缩览图生成的规则，如先横向还是先纵向、行列数目、是否旋转等。
- **将文件名用作题注：**可设置是否使用文件名作为图片标注、设置字体与大小。

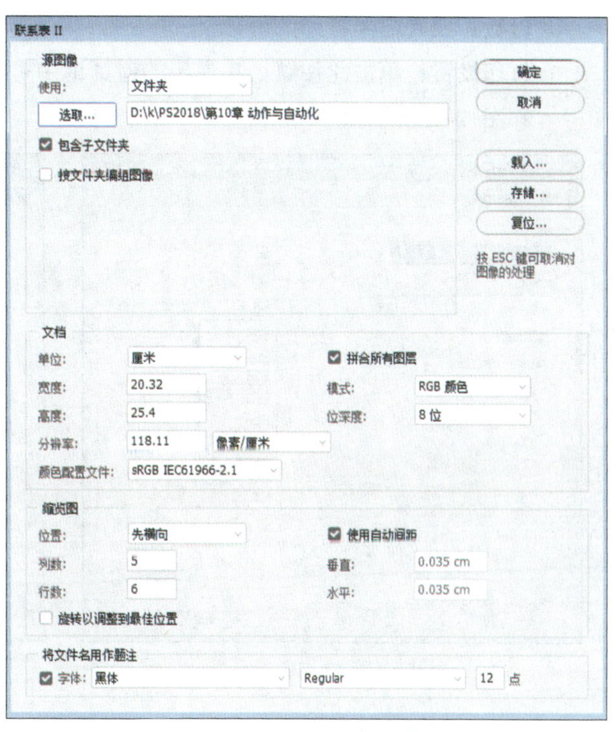

图 12-39

12.4 打印输出

文件在打印前需要对其印刷参数进行设置，执行“文件”→“打印”命令，打开“Photoshop打印设置”对话框，在该对话框中可以预览打印效果，并且对打印机、打印份数、位置大小和色彩管理等进行设置，如图12-40所示。

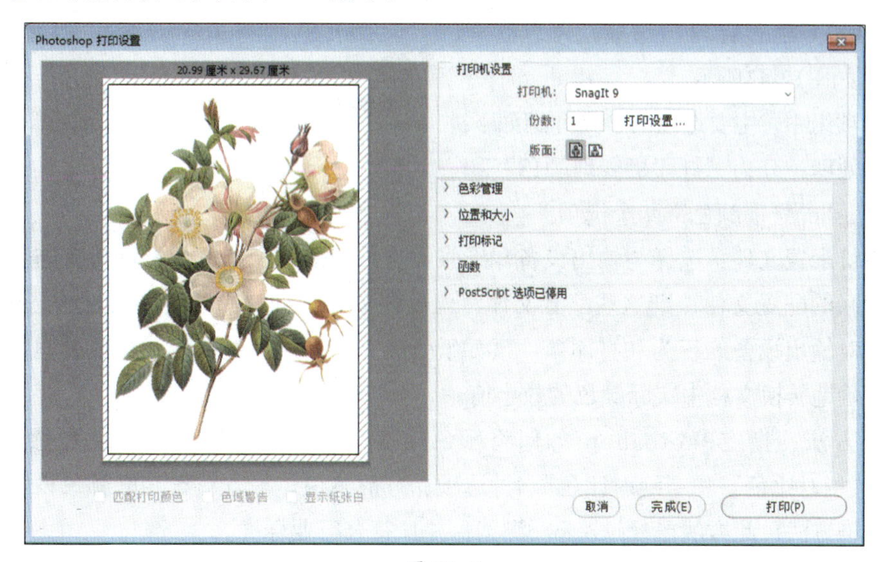

图 12-40

在该对话框中，主要选项的含义介绍如下：

- **打印机：**在其下拉列表中可以选择打印机。
- **份数：**设置需要打印的份数。
- **打印设置：**单击此按钮，在弹出的对话框中可以设置布局和纸张/质量的参数，如图12-41和图12-42所示。

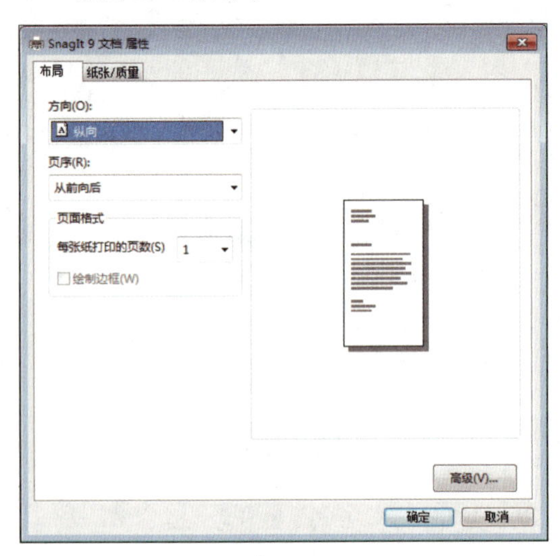

图 12-41

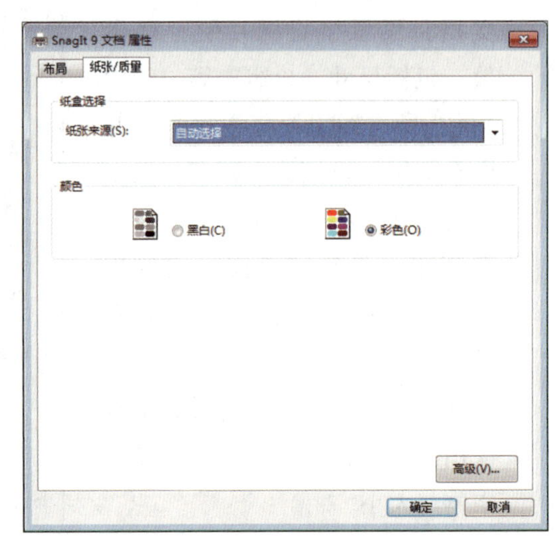

图 12-42

- **版面：**设置打印纸张的方向：纵向或横向。

■ 12.4.1　打印中的色彩管理

针对特定打印机、油墨和纸张组合的自定颜色配置文件，可以设置“Photoshop管理颜色”，通常会取得更好的效果。在“Photoshop打印设置”对话框中可以对打印的色彩进行设置，单击“色彩管理”选项，可以展开其选项组，如图12-43所示。

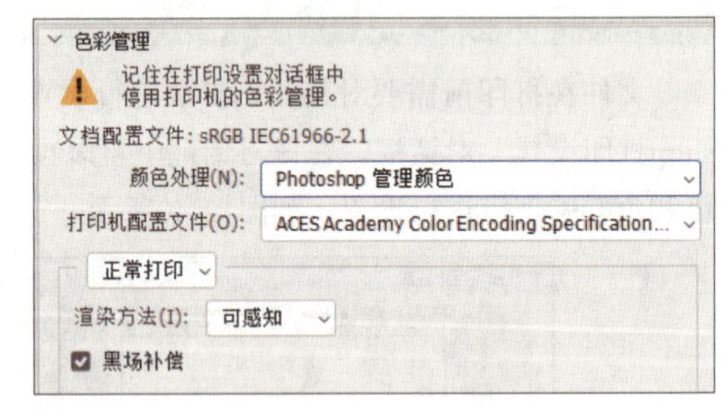

图 12-43

在该选项组中，主要选项的含义介绍如下：

- **颜色处理：**分为“打印机管理颜色”和“Photoshop管理颜色”两个选项。
- **打印机配置文件：**选择与输出设备和纸张类型最匹配的配置文件。如果有与当前打印机相关联的配置文件，则这些配置文件将出现在菜单顶部（默认配置文件被选中）。配置文件对输出设备的行为和打印条件（如纸张类型）描述得越准确，色彩管理系统就可以越准确地转换文档中实际颜色的数字值。
- **渲染方法：**指定Photoshop 如何将颜色转换为目标色彩空间。有“可感知”“饱和度”“相对比色”和“绝对比色”4种选项。一般来说，最好对选定的颜色设置使用默认的渲染方法，此方法已经过Adobe测试，并且符合行业标准。
- **黑场补偿：**通过模拟输出设备的全部动态范围来保留图像中的阴影细节。

在打印预览图下方有3个选项，如图12-44所示。

图 12-44

3个选项的含义介绍如下：

- **匹配打印颜色：** 选择此选项可在预览区域中查看图像颜色的实际打印效果。
- **色域警告：** 在选中“匹配打印颜色”时，启用此选项。选择以在图像中高亮显示溢色，具体取决于选定的打印机配置文件。色域是指颜色系统可以显示或打印的颜色范围。
- **显示纸张白：** 将预览中的白色设置为选定的打印机配置文件中的纸张颜色。如果在比白色带有更多浅褐色的灰白色纸张（如新闻纸或艺术纸）上进行打印，使用此选项可产生更加精确的打印预览。

■ 12.4.2 打印中的位置和大小

图像的基准输出大小由“图像大小”对话框中的文档大小设置决定。如果在“打印”对话框中缩放图像，则会更改所打印图像的大小和分辨率。在“Photoshop打印设置”对话框中可对打印的位置和大小进行设置，单击“位置和大小”选项，可以展开其选项组，如图12-45所示。

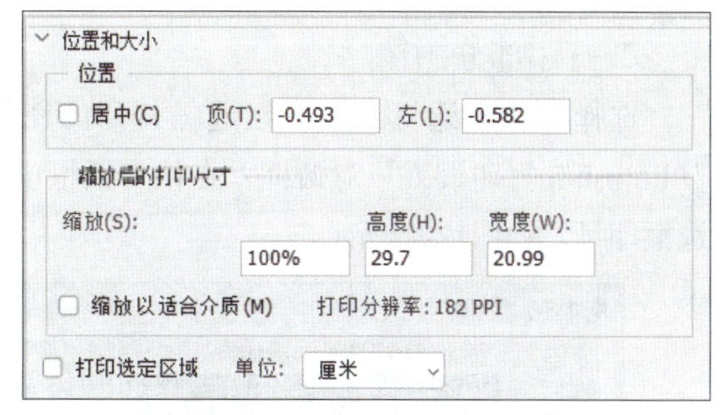

图 12-45

在该选项组中，主要选项的含义介绍如下：

- **位置：** 选中“居中”复选框，可以将图像定位于打印区域的中心；取消选中“居中”复选框，则可以设置“顶”和“左”的数值，或在预览区域使用鼠标自由移动图像位置。
- **缩放后的打印尺寸：** 将图像缩放打印。选中“缩放以适合介质”复选框，可以自动缩放图像到适合纸张的可打印区域，打印在该区域中最大的图片；取消选中该复选框，可以手动设置缩放的大小。

■ 12.4.3 打印中的打印标记

在“Photoshop打印设置”对话框中可以指定页面标记和其他输出内容，单击“打印标记”选项，可以展开其选项组，如图12-46所示。

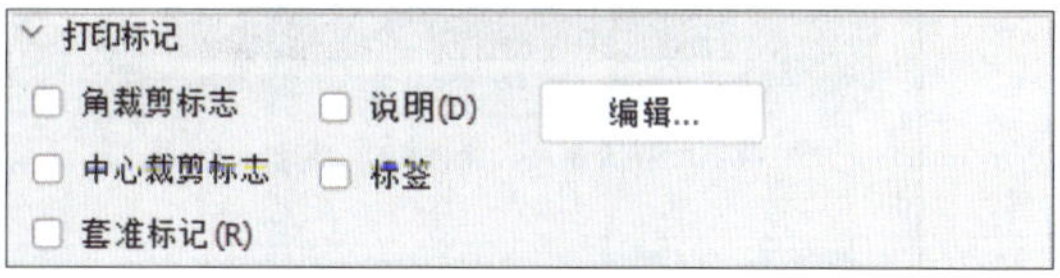

图 12-46

在该选项组中，主要选项的含义介绍如下：

- **角裁剪标志：** 在要裁剪页面的位置打印裁剪标记。
- **中心裁剪标志：** 可以在每条边的中心打印裁剪标志。
- **套准标记：** 在图像上打印套准标记（包括靶心和星形靶），此标记主要用于对齐PostScript打印机上的分色。
- **说明：** 打印在“文件简介”对话框中输入的说明文本。
- **标签：** 在图像上方打印文件名。若打印分色，则会将分色名称作为标签打印。

经验之谈 如何打印矢量数据和部分图像？

1. 打印矢量数据

如果图像包含矢量图形（如形状和文字），Photoshop可以将矢量数据发送到PostScript打印机。当选取包含矢量数据时，Photoshop向打印机发送每个文字图层和每个矢量形状图层的单独图像。这些附加图像打印在基本图像之上，并使用它们的矢量轮廓剪贴。因此，即使每个图层的内容受限于图像文件的分辨率，矢量图形的边缘仍以打印机的全分辨率打印。

执行“文件”→“打印”命令，打开“Photoshop打印设置”对话框，在该对话框中滑到最后，找到“PostScript选项”进行设置，选中“包含矢量数据”复选框即可。

提示： 某些混合模式和图层效果需要栅格化的矢量数据。

2. 打印部分图像

选择“矩形选框工具”框选需打印的图像部分，执行“文件”→“打印”命令，打开“Photoshop打印设置”对话框，在该对话框中选择“位置和大小”，选中“打印选定区域”复选框即可，如图12-47所示。

图 12-47

上手实操

为了能够更好地掌握本章所学的知识内容，下面安排了两个实操习题，让用户动起手来练一练，以达到温故知新的目的。

实操一：创建联系表

利用Photoshop创建联系表，最终效果如图12-48所示。

图 12-48

设计要领

- 执行“文件”→“自动”→“联系表 II”命令，设置参数（拼合所有图层）。
- 更改备注。

实操二：批量应用“笔刷形画框”

批量应用“笔刷形画框”，最终效果如图12-49所示。

图 12-49

设计要领

- 在“动作”面板中添加应用预设“画框”。
- 执行“文件”→“自动”→“批处理”命令，设置参数。

附录 Adobe Photoshop CC 键盘快捷键※

1. 应用程序菜单

命　令	快捷键
（1）文件	
新建...	Ctrl+N
打开...	Ctrl+O
在 Bridge 中浏览...	Alt+Ctrl+O Shift+Ctrl+O
打开为...	Alt+Shift+Ctrl+O
关闭	Ctrl+W
关闭全部	Alt+Ctrl+W
关闭并转到 Bridge...	Shift+Ctrl+W
存储	Ctrl+S
存储为...	Shift+Ctrl+S Alt+Ctrl+S
恢复	F12
导出>	
导出为...	Alt+Shift+Ctrl+W
存储为 Web 所用格式（旧版）...	Alt+Shift+Ctrl+S
文件简介...	Alt+Shift+Ctrl+I
打印...	Ctrl+P
打印一份	Alt+Shift+Ctrl+P
退出	Ctrl+Q
（2）编辑	
还原	Ctrl+Z
重做	Shift+Ctrl+Z
切换最终状态	Alt+Ctrl+Z
渐隐...	Shift+Ctrl+F
剪切	Ctrl+X F2
拷贝	Ctrl+C F3
合并拷贝	Shift+Ctrl+C
粘贴	Ctrl+V F4
原位粘贴	Shift+Ctrl+V
贴入	Alt+Shift+Ctrl+V
搜索	Ctrl+F
填充...	Shift+F5
内容识别缩放	Alt+Shift+Ctrl+C
自由变换	Ctrl+T

命　令	快捷键
变换>	
再次	Shift+Ctrl+T
颜色设置...	Shift+Ctrl+K
键盘快捷键...	Alt+Shift+Ctrl+K
菜单...	Alt+Shift+Ctrl+M
首选项>	
常规...	Ctrl+K
（3）图像	
调整>	
色阶...	Ctrl+L
曲线...	Ctrl+M
色相/饱和度...	Ctrl+U
色彩平衡...	Ctrl+B
黑白...	Alt+Shift+Ctrl+B
反相	Ctrl+I
去色	Shift+Ctrl+U
自动色调	Shift+Ctrl+L
自动对比度	Alt+Shift+Ctrl+L
自动颜色	Shift+Ctrl+B
图像大小...	Alt+Ctrl+I
画布大小...	Alt+Ctrl+C
（4）图层	
新建>	
图层...	Shift+Ctrl+N
通过拷贝的形状图层	Ctrl+J
通过剪切的形状图层	Shift+Ctrl+J
快速导出为 PNG	Shift+Ctrl+'
导出为...	Alt+Shift+Ctrl+'
创建/释放剪贴蒙版	Alt+Ctrl+G
图层编组	Ctrl+G
取消图层编组	Shift+Ctrl+G
隐藏图层	Ctrl+,
排列>	
置为顶层	Shift+Ctrl+]
前移一层	Ctrl+]
后移一层	Ctrl+[
置为底层	Shift+Ctrl+[
锁定图层...	Ctrl+/

※ 此快捷键为软件默认的快捷按键，读者可以根据自身的使用习惯进行自定义设置。

命　令	快捷键
合并图层	Ctrl+E
合并可见图层	Shift+Ctrl+E
（5）选择	
全部	Ctrl+A
取消选择	Ctrl+D
重新选择	Shift+Ctrl+D
反选	Shift+Ctrl+I Shift+F7
所有图层	Alt+Ctrl+A
查找图层	Alt+Shift+Ctrl+F
选择并遮住...	Alt+Ctrl+R
修改> 羽化...	Shift+F6
（6）滤镜	
上次滤镜操作	Alt+Ctrl+F
自适应广角...	Alt+Shift+Ctrl+A
Camera Raw 滤镜...	Shift+Ctrl+A
镜头校正...	Shift+Ctrl+R
液化...	Shift+Ctrl+X
消失点...	Alt+Ctrl+V
（7）视图	
放大	Ctrl++ Ctrl+=
缩小	Ctrl+-
按屏幕大小缩放	Ctrl+0
100%	Ctrl+1 Alt+Ctrl+0
显示额外内容	Ctrl+H
显示>	
目标路径	Shift+Ctrl+H
网格	Ctrl+'
参考线	Ctrl+;
标尺	Ctrl+R
对齐	Shift+Ctrl+;
锁定参考线	Alt+Ctrl+;
（8）窗口	
动作	Alt+F9 F9
画笔设置	F5
图层	F7
信息	F8
颜色	F6

2. 工具

工　具	快捷键
移动工具	V
画板工具	V
矩形选框工具	M
椭圆选框工具	M
套索工具	L
多边形套索工具	L
磁性套索工具	L
快速选择工具	W
魔棒工具	W
裁剪工具	C
透视裁剪工具	C
切片工具	C
切片选择工具	C
图框工具	K
吸管工具	I
3D 材质吸管工具	I
颜色取样器工具	I
标尺工具	I
注释工具	I
计数工具	I
污点修复画笔工具	J
修复画笔工具	J
修补工具	J
内容感知移动工具	J
红眼工具	J
画笔工具	B
铅笔工具	B
颜色替换工具	B
混合器画笔工具	B
仿制图章工具	S
图案图章工具	S
历史记录画笔工具	Y
历史记录艺术画笔工具	Y
橡皮擦工具	E
背景橡皮擦工具	E
魔术橡皮擦工具	E
渐变工具	G
油漆桶工具	G
3D 材质拖放工具	G
减淡工具	O
加深工具	O
海绵工具	O

工　具	快捷键
钢笔工具	P
自由钢笔工具	P
弯度钢笔工具	P
横排文字工具	T
直排文字工具	T
直排文字蒙版工具	T
横排文字蒙版工具	T
路径选择工具	A
直接选择工具	A
矩形工具	U
圆角矩形工具	U
椭圆工具	U
多边形工具	U
直线工具	U
自定形状工具	U
抓手工具	H
旋转视图工具	R
缩放工具	Z
默认前景色/背景色	D
前景色/背景色互换	X
切换标准/快速蒙版模式	Q
切换屏幕模式	F
切换保留透明区域	/
减小画笔大小	[
增加画笔大小	]
减小画笔硬度	{
增加画笔硬度	}
渐细画笔	,
渐粗画笔	.
最细画笔	<
最粗画笔	>

3. 任务空间

命　令	快捷键
（1）选择并遮住	
工具>	
快速选择工具	W
调整边缘画笔工具	R
画笔工具	B
套索工具	L
多边形套索工具	L
抓手工具	H
缩放工具	Z
属性和工具选项>	
循环切换工具模式	E
显示边缘	J
显示原稿	P
循环切换视图模式	F
停用视图	X
闪烁虚线	M
叠加	V
黑底	A
白底	T
黑白	K
图层	Y
洋葱皮	O
（2）内容识别填充	
工具>	
取样画笔工具	B
套索工具	L
多边形套索工具	L
抓手工具	H
缩放工具	Z
属性和工具选项>	
循环切换工具模式	E